“十三五”机电工程实践系列规划教材

机电工程基础实训系列

数字电路实验

主　编　施　琴　冯　凯

副主编　娄朴根

参　编　许凤慧　侯　煜　徐韦佳

东南大学出版社

SOUTHEAST UNIVERSITY PRESS

·南京·

内 容 简 介

本书共分 6 章，第 1 章介绍了数字电路实验基础知识；第 2、3 两章为数字电路基础与设计实验；第 4 章介绍了 Proteus 仿真技术；第 5 章为 STM32 单片机的基本应用实验；第 6 章以硬木课堂为基础，选用其系列产品 e-Lab 模数混合综合实验平台作为实践支撑，介绍了互联网+入门实验基础。

本书可作为高等院校电子、电路等专业的教学用书，也可作为相关工程技术人员和电路设计爱好者的参考书。

图书在版编目(CIP)数据

数字电路实验 / 施琴，冯凯主编. —南京：东南大学出版社，2021. 1

机电工程基础实训系列

ISBN 978-7-5641-9256-3

Ⅰ. ①数… Ⅱ. ①施… ②冯… Ⅲ. ①数字电路—实验—高等学校—教材 Ⅳ. TN79-33

中国版本图书馆 CIP 数据核字(2020)第 240201 号

数字电路实验

主　　编　施　琴　冯　凯
出版发行　东南大学出版社
出 版 人　江建中
社　　址　南京市四牌楼 2 号
邮　　编　210096

经　　销　全国各地新华书店
印　　刷　广东虎彩云印刷有限公司
开　　本　787 mm×1092 mm　1/16
印　　张　15
字　　数　390 千字
版　　次　2021 年 1 月第 1 版
印　　次　2021 年 1 月第 1 次印刷
书　　号　ISBN 978-7-5641-9256-3
定　　价　53.00 元

(本社图书若有印装质量问题，请直接与营销部联系。电话：025-83791830)

前　言

本书是编者在多年数字电路实验教学经验的基础上，结合当前实验技术发展趋势，总结梳理完成。内容编排体现实验技术多样性特色，将 Proteus 仿真技术、STM32 单片机应用技术及硬木课堂融入数字电路实验，从而全方位、多角度提高学生的实验技能。

全书共分 6 章，内容层次上有一定递进关系。

第 1 章介绍了数字电路实验的基础知识。对进行数字电路实验需要了解的相关内容进行了阐述。如集成电路特性与使用要点、数字电路的连接、数字电路实验的准备、过程及报告撰写等。

第 2 章涵盖了数字电路的基础实验，从简单的门电路到中规模元器件，设置内容比较饱满，有助于学生更好地理解相关理论知识。

第 3 章为提高设计型实验，每个内容都有比较详细的设计过程，设计电路都经过实际验证，稳定可靠。

第 4 章介绍了 Proteus 仿真技术，结合数字电路中常用教学案例，对 Proteus 的使用流程进行了详细说明。

第 5 章以任务项目为牵引，详细阐述了 STM32F103 ZET6 微控制器单片机的基本原理及使用方法。

第 6 章以硬木课堂为基础，选用其系列产品 e-Lab 模数混合综合实验平台作为实践支撑，介绍了互联网＋入门实验基础。

本书的编写得到陆军工程大学基础部的大力支持，基础部汪泽焱主任提供了很多宝贵的思路，在此表示深深的感谢！由于编者学识水平有限，书中难免存在不妥之处，恳请读者批评指正。

编者

2020 年 8 月

目 录

1 数字电路实验基础知识 …………………………………………………………（1）

1.1 数字集成电路 …………………………………………………………（1）

1.2 数字电路实验 …………………………………………………………（6）

2 数字电路基础实验 …………………………………………………………（8）

2.1 简单逻辑门电路实验 …………………………………………………………（8）

2.2 OC门与三态门实验 …………………………………………………………（12）

2.3 组合逻辑电路实验 …………………………………………………………（16）

2.4 加法器实验 …………………………………………………………（22）

2.5 数据比较器实验 …………………………………………………………（26）

2.6 编码器实验 …………………………………………………………（29）

2.7 数据选择器实验 …………………………………………………………（31）

2.8 译码器实验 …………………………………………………………（34）

2.9 触发器实验 …………………………………………………………（38）

2.10 中规模计数器实验 …………………………………………………………（46）

2.11 中规模移位寄存器实验 …………………………………………………………（54）

2.12 555定时器实验 …………………………………………………………（61）

2.13 数字秒表实验 …………………………………………………………（69）

2.14 模/数和数/模转换器实验 …………………………………………………………（72）

3 设计型实验 …………………………………………………………（82）

3.1 四中断排序器 …………………………………………………………（82）

3.2 血型配对系统 …………………………………………………………（83）

3.3 四路彩灯控制器 …………………………………………………………（84）

3.4 交通灯控制系统 …………………………………………………………（86）

3.5 多路智力竞赛抢答器 …………………………………………………………（89）

3.6 数字钟系统 …………………………………………………………（93）

3.7 随机存取存储器应用 …………………………………………………………（96）

4 Proteus 仿真实验 ………………………………………………………… (100)

4.1 Proteus 8.0 专业版 ISIS 的使用………………………………………… (100)

4.2 基础原理验证型实验仿真 ………………………………………………… (112)

4.3 综合设计提高型实验仿真 ………………………………………………… (130)

5 STM32 单片机的使用 ……………………………………………………… (153)

5.1 单片机概述 ……………………………………………………………… (153)

5.2 STM32 单片机教学开发板的使用………………………………………… (159)

5.3 STM32 单片机的基本实验………………………………………………… (193)

6 互联网＋实验入门 ………………………………………………………… (210)

6.1 平台介绍 ………………………………………………………………… (210)

6.2 虚拟仪器上位机软件 ……………………………………………………… (213)

6.3 虚拟仪器的使用 ………………………………………………………… (214)

6.4 实验案例 ………………………………………………………………… (220)

附录 常用集成电路引脚图……………………………………………………… (225)

参考文献……………………………………………………………………… (234)

1 数字电路实验基础知识

1.1 数字集成电路

数字集成电路按制作工艺分，比较典型的是双极型和场效应两大系列。双极型集成电路主要以 TTL(Transistor-Transistor Logic)型为代表，TTL 集成电路是利用电子和空穴两种载流子导电的，所以称为双极型电路。场效应集成电路是只用一种载流子导电的电路，这就是 MOS(Metal-Oxide-Semiconductor)电路，其中用电子导电的称为 NMOS 电路，用空穴导电的称为 PMOS 电路，如果用 NMOS 与 PMOS 复合起来的电路称为 CMOS(Complementary MOS)电路，CMOS 集成电路使用最为广泛。

数字集成电路总的发展趋势是型号越来越多、集成度越来越高、产品速度越来越快、功耗越来越小、体积越来越小，可编程、多值化趋势非常明显。

数字集成电路按集成度可分为小规模、中规模、大规模和超大规模。小规模集成电路(SSI)是在一块硅片上制成 1～10 个门，通常为逻辑单元电路，如逻辑门、触发器等。中规模集成电路(MSI)的集成度为 10～100 门/片，通常是逻辑功能电路，如译码器、数据选择器、计数器、寄存器等。大规模集成电路(LSI)集成度为 100 门/片以上。超大规模集成电路(VLSI)的集成度为 1000 门/片以上，通常是一个小的数字逻辑系统。现已制成规模更大的极大规模集成电路。

国产 TTL 集成电路的标准系列为 CT54/74 系列或 CT0000 系列，其功能和外引线排列与国外 54/74 系列相同。国产 CMOS 集成电路主要为 CC(CH)4000 系列，其功能和外引线排列与国外 CD4000 系列相对应。高速 CMOS 系列中，74HC 和 74HCT 系列相对应，74HC4000 系列与 CC4000 系列相对应。

1.1.1 TTL 集成电路特性与使用要点

1) TTL 集成电路具有以下特点

(1) 输入端通常有钳位二极管，减少了反射干扰的影响。

(2) 输出阻抗低，带容性负载的能力较强。

(3) 有较大的噪声容限。

(4) 推荐电源电压为+5 V。

2) TTL 集成电路输入、输出性质

当输入端为高电平时，输入电流是反向二极管的漏电流，电流极小，其方向是从外部流入输入端。

当输入端为低电平时，电流由 V_{CC}端经内部电路流出输入端，电流较大，当与上一级电路衔接时，将决定上级电路的负载能力。

高电平输出电压在负载不大时为 3.5 V 左右。

低电平输出时，允许后级电路灌入电流，随着灌入电流的增加，输出低电平将升高，一般 LS 系列 TTL 集成电路允许灌入 8 mA 电流，即可吸收后级 20 个 LS 系列标准门的灌入电流。最大允许低电平输出电压为 0.4 V。

3）TTL 集成电路使用要求

(1) 电源电压可在 4.75～5.25 V 范围内，不能将电源与地颠倒接错，也不能接高于 5.5 V 的电源，否则会损坏集成电路。

(2) 输入端不能直接与高于+5.5 V 或低于−0.5 V 的低内阻电源连接，否则会因为低内阻电源供给较大电流而烧坏集成电路。

(3) 输出端不能与电源或地短接，必须通过电阻与电源连接，以提高输出电平。

(4) 插入或拔出集成电路时，务必切断电源，否则会因电源冲击而造成永久损坏。

(5) 多余输入端不能悬空，处理方法参考图 1.1.1、图 1.1.2。

(6) 环境温度在 0～70 ℃范围内。

(7) 高电平输入电压 $U_{IH}>2$ V，低电平输入电压 $U_{IL}<0.8$ V。

(8) 输出电流应小于最大推荐值(元器件手册)。

(9) 工作频率不能高，一般的门和触发器的最高工作频率约 30 MHz。

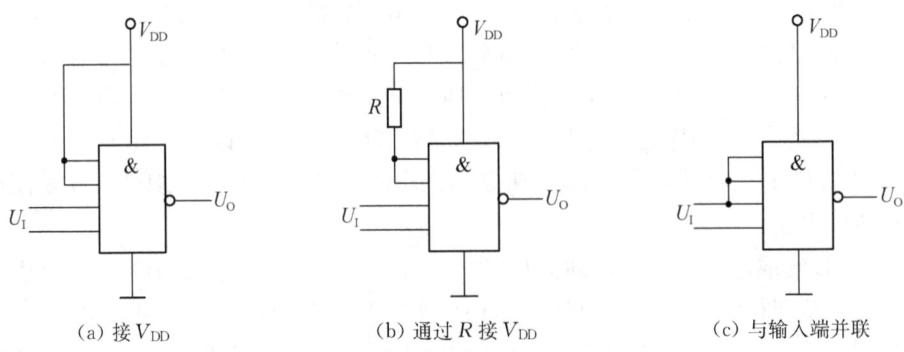

图 1.1.1　与非门多余输入端的处理

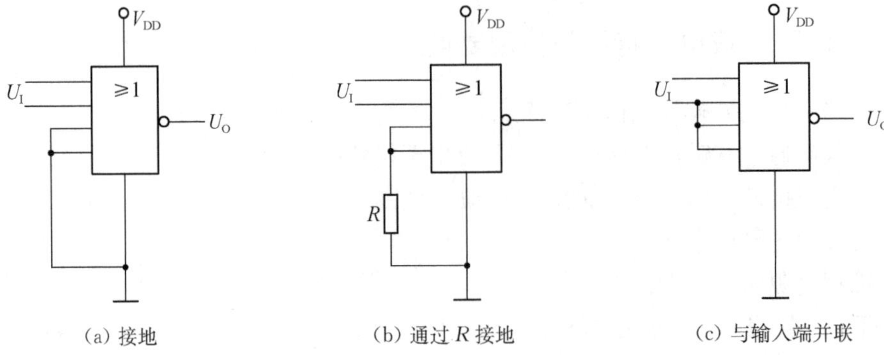

图 1.1.2　或非门多余输入端的处理

1.1.2 CMOS集成电路特性与使用要点

1) CMOS集成电路具有以下特点

(1) 静态功耗低:漏极电源电压 $V_{DD}=5$ V的中规模集成电路的静态功耗小于100 μW,从而有利于提高集成度和封装密度、降低成本、减小电源功耗。

(2) 电源电压范围宽:4000系列CMOS集成电路的电源电压范围为3~18 V,选择电源的余地大,电源设计要求低。

(3) 输入阻抗高:正常工作的CMOS集成电路,其输入端保护二极管处于反偏状态,直流输入阻抗可大于100 MΩ,在工作频率较高时,应考虑输入电容的影响。

(4) 扇出能力强:在低频工作时,一个输出端可驱动50个以上CMOS集成电路的输入端,这主要是因为CMOS集成电路的输入阻抗高的缘故。

(5) 抗干扰能力强:CMOS集成电路的电压噪声容限可达电源电压的45%,而且高电平和低电平的噪声容限值基本相等。

(6) 逻辑摆幅大:空载时,输出高电平 $U_{OH}>(V_{DD}-0.05\text{ V})$,低电平 $U_{OL}<(V_{SS}+0.05\text{ V})$,其中 V_{SS} 为源极电源电压。

(7) CMOS集成电路的输入端与 V_{SS} 端之间接有保护二极管,除了电平变换器等一些接口电路外,输入端与 V_{DD} 端之间也接有保护二极管,因此,在正常运输和焊接CMOS集成电路时,一般不会因感应电荷而损坏集成电路。但是,在使用CMOS集成电路时,输入信号的低电平不能低于 $(V_{SS}-0.5\text{ V})$,除某些接口电路外,输入信号的高电平不得高于 $(V_{DD}+0.5\text{ V})$,否则可能引起保护二极管导通,甚至损坏,进而可能使输入级损坏。

2) CMOS集成电路输入、输出性质

一般CC系列的输入阻抗高达 10^{10} Ω,输入电容为5 pF,输入高电平通常要求在3.5 V以上,输入低电平通常为1.5 V以下。因CMOS集成电路的输出结构具有对称性,故对高、低电平具有相同的输出能力。当输出端负载很轻时,输出高电平时将十分接近电源电压,输出低电平时将十分接近地电位。

高速CMOS集成电路54/74系列的子系列54/74HCT,其输入电平与TTL集成电路完全相同,因此在相互代换时,不需考虑电平的匹配问题。

3) CMOS集成电路使用要点

CMOS集成电路由于输入阻抗很高,故极易受外界干扰、冲击和静电击穿。尽管生产时在输入端加入了标准保护电路,但为了防止静电击穿,在使用CMOS集成电路时必须采用以下安全措施。

(1) 存放CMOS集成电路时要屏蔽,一般放在金属容器中,或用导电材料将引脚短路,不要放在易产生静电、高压的化工材料或化纤织物中。

(2) 焊接CMOS集成电路时,一般用20 W内热式电烙铁,而且电烙铁要有良好的接地线;也可以用电烙铁断电后的余热快速焊接。

(3) 为了防止输入端保护二极管反向击穿,输入电压必须处在 V_{DD} 与 V_{SS} 之间,即 $V_{DD}\geqslant U_I\geqslant V_{SS}$。

(4) 测试CMOS集成电路时,如果信号电源和电路供电采用两组电源,则在开机时应先接通电路供电电源，后开启信号电源；关机时，应先关断信号电源，后关断电路供电电源，即在 CMOS 集成电路本身没有接通供电电源的情况下，不允许输入端有信号输入。

(5) 多余输入端绝对不能悬空，否则容易受到外界干扰，破坏正常的逻辑关系，甚至损坏集成电路。对于与门、与非门的多余输入端应接 V_{DD} 或高电平，或与使用的输入端并联，如图 1.1.1 所示。对于或门、或非门多余的输入端应接地或低电平，或与使用的输入端并联，如图 1.1.2 所示。

(6) 在印制电路板(PCB)上安装 CMOS 集成电路时，必须在其他元器件安装就绪后再安装 CMOS 集成电路，避免 CMOS 集成电路输入端悬空。CMOS 集成电路从 PCB 上拔出时，务必切断 PCB 上的电源。

(7) 输入端连线较长时，由于分布电容和分布电感的影响，容易构成 LC 振荡或损坏保护二极管，必须在输入端串联 1 个 10～20 kΩ 的电阻。

(8) 防止 CMOS 集成电路输入端噪声干扰的方法是：在前一级与 CMOS 集成电路之间接入施密特触发器整形电路，或加入滤波电容滤掉噪声。

1.1.3 数字集成电路的连接

在实际的数字电路系统中，需要将一定数量的集成电路按设计要求连接起来。这时，前级电路的输出将与后级电路的输入相连并驱动后级电路工作，这就存在电平的配合和带负载能力这两个需要妥善解决的问题。

可用下列几个表达式来说明连接时所要满足的条件：

$$U_{OH}(\text{前级}) \geqslant U_{IH}(\text{后级})$$

$$U_{OL}(\text{前级}) \geqslant U_{IL}(\text{后级})$$

$$I_{OH}(\text{前级}) \geqslant nI_{IH}(\text{后级})$$

$$I_{OL}(\text{前级}) \geqslant nI_{IL}(\text{后级})$$

式中：n 为后级门的数目。

一般情况下，在同一数字系统内，应选用同一系列的集成电路，即都用 TTL 集成电路或都用 CMOS 集成电路，避免元器件之间的不匹配问题。如不同系列的集成电路混用，应注意它们之间的匹配问题。

1) TTL 集成电路与 TTL 集成电路的连接

TTL 集成电路的所有系列由于电路结构形式相同，电平配合比较方便，不需要外接元器件便可直接连接，不足之处是受输出低电平时负载能力的限制。

2) TTL 集成电路驱动 CMOS 集成电路

TTL 集成电路驱动 CMOS 集成电路时，由于 CMOS 集成电路的输入阻抗高，故此驱动电流一般不会受到限制，但在电平配合问题上，低电平是可以的，高电平时有困难，所以 TTL 集成电路驱动 CMOS 集成电路要解决的主要问题是逻辑电平的匹配。TTL 集成电路在满载时，输出高电平通常低于 CMOS 集成电路对输入高电平的要求，因为 TTL 集成电路输出高电平的下限值为 2.4 V，而 CMOS 集成电路输入高电平与工作的电源电压有关，即 $U_{IH}=0.7V_{DD}$，当 $V_{DD}=5$ V 时，$U_{IH}=3.5$ V，由此造成逻辑电平不匹配。因此，为保证 TTL 集成电路输出高电平时，后级的 CMOS 集成电路能可靠工作，通常要外接一个上拉电阻 R，如图 1.1.3 所示，使输出高电平达到 3.5 V 以上，R 的取值为 2～6.2 kΩ 较合适，这时 TTL 集成电路后级的 CMOS 集成电路的数目实际上是没有什么限制的。

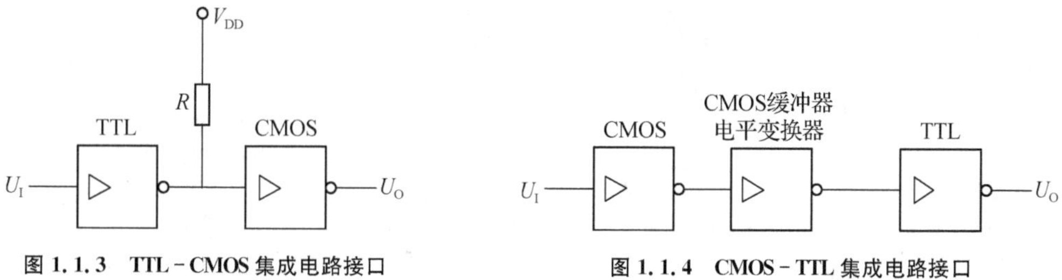

图 1.1.3 TTL－CMOS 集成电路接口　　图 1.1.4 CMOS－TTL 集成电路接口

3) CMOS 集成电路驱动 TTL 集成电路

CMOS 集成电路的输出电平能满足 TTL 集成电路对输入电平的要求，而驱动电流将受限制，主要是低电平时的负载能力，除了 74HC 系列外的其他 CMOS 集成电路驱动 TTL 集成电路的能力都较弱。要提高这些 CMOS 集成电路的驱动能力，可采用以下两种方法：

(1) 采用 CMOS 驱动器，如 CC4049、CC4050 是专为给出较大驱动能力而设计的 CMOS 集成电路。

(2) 几个同功能的 CMOS 集成电路并联使用，即将其输入端并联、输出端并联(TTL 集成电路不允许并联)。

一般情况下，为提高 CMOS 集成电路的驱动能力，可以加一个接口电路，如图 1.1.4 所示。CMOS 集成电路缓冲/电平变换器起缓冲驱动或逻辑电平变换的作用，具有较强的吸收电流的能力，可直接驱动 TTL 集成电路。

4) CMOS 集成电路与 CMOS 集成电路的连接

CMOS 集成电路之间的连接十分方便，不需另外接元器件。对直流参数来说，一个 CMOS 集成电路可带动的 CMOS 集成电路数量不受限制，但在实际使用时，应考虑后级门输入电容对前级门的传输速度的影响，电容太大时，传输速度要下降，因此，在高速使用时，要从负载电容的角度加以考虑，例如 CC4000T 系列。CMOS 集成电路在 10 MHz 以上速度运用时应限制在 20 个门以下。

1.1.4 数字信号电平标准

在数字电路里，信号是一连串的脉冲信号或电平信号，这种信号只有两种状态，即高电平状态和低电平状态，高电平状态表示 1，低电平状态表示 0。

数字信号的逻辑电平有 TTL、CMOS、LV TTL、LV COMS 等，TTL 和 CMOS 的逻辑电平按典型电压可分为四类：5 V 系列、3.3 V 系列、2.5 V 系列和 1.8 V 系列。5 V TTL 和 5 V CMOS 逻辑电平是通用的逻辑电平；3.3 V 及以下的逻辑电平被称为低电压逻辑电平，即 LV TTL 与 LV COMS 电平。

图 1.1.5 为 5 V TTL 逻辑电平、5 V CMOS 逻辑电平、LV TTL 逻辑电平和 LV CMOS 逻辑电平的示意图。

5 V TTL 逻辑电平和 5 V CMOS 逻辑电平是通用的逻辑电平，它们的输入、输出电平差别较大，在互联时要特别注意。另外，5 V CMOS 的逻辑电平参数与供电电压有一定关系，一般情况下，$U_{OH} \geqslant V_{DD}-0.2$ V，$U_{IH} \geqslant 0.7V_{DD}$；$U_{OL} \leqslant 0.5$ V，$U_{IL} \leqslant 0.3V_{DD}$。

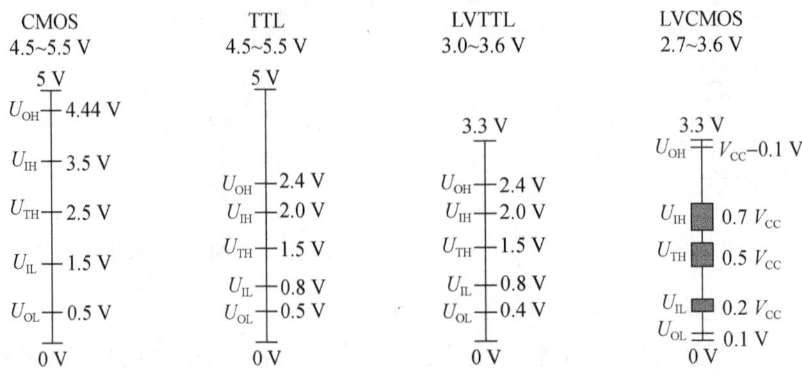

图 1.1.5 TTL 与 CMOS 逻辑电平

1.2 数字电路实验

1.2.1 实验准备工作

实验前的准备至关重要，它不仅决定了实验是否能顺利进行，还能培养良好的思维习惯。对于验证性实验，要熟悉相关电路的工作原理；对于设计性实验，要设计出符合要求的电路原理图，画出实物接线图。有些实验可以提前进行仿真，了解设计的原理图是否正确。对于实验中用到的元器件，需要阅读相关元器件手册，以了解元器件的性能参数是否符合实验要求。

撰写预习报告是实验准备工作中一项必要内容，预习报告应包括以下内容：

(1) 详细的实验电路图，该图应该是逻辑图与连线图的混合，既方便连接电路，又反映电路原理，必要时可以添加文字说明。

(2) 拟定实验方法和步骤。

(3) 设计记录实验数据的表格，填好预习的理论值。

(4) 列出元器件清单。

1.2.2 实验过程记录

进入实验室，首先要准备好相关仪器仪表、工具与元器件。然后开始电路的分模块搭接、调试，通常可以将整体电路布局好，分成三部分：信号输入部分、信号处理部分、信号输出部分，搭接一个模块调试一个模块，这样有利于快速判断电路工作状态，出现故障时方便快速定位与排除。最后进行联调。

电路工作时，要仔细观察实验现象，认真记录实验数据，与理论值进行比较，如有不同，要深入分析原因，并将解决问题的过程作好记录，作为实验方法的经验留存。

实验中需要记录下列内容：

(1) 实验任务、名称及内容。

(2) 实验数据及实验中出现的问题及解决办法。

(3) 记录波形时,应注意输入、输出波形的时间相位关系。

(4) 实验中使用的仪器仪表型号、编号。

(5) 元器件使用情况。

1.2.3　实验报告撰写

实验报告是培养学生科学实验的总结能力和分析思维能力的有效手段,也是一项重要的基本功训练,有助于巩固实验成果,加深对基本理论的认识和理解,要求文字简洁、内容清楚、图表工整。

报告内容应包括实验目的、实验原理、实验内容和结果、实验使用设备与元器件以及分析讨论等。其中,实验内容和结果是报告的主要部分,应包括实际完成的全部实验,并按实验任务逐个书写,每个实验任务应包括以下内容:

(1) 实验课题的方框图、逻辑图、状态图、真值表及文字说明等,对于设计性课题,还应有整个设计过程和关键的设计技巧说明。

(2) 实验记录和经过整理的数据、表格、曲线和波形图,其中曲线和波形图应利用三角板、曲线板等工具尽可能准确地描绘在坐标纸上。

(3) 实验结果分析、讨论及结论。对讨论的范围没有严格要求,一般应对重要的实验现象、结论加以讨论,以便进一步加深理解;对实验中的异常现象进行简要分析说明,总结实验收获;讨论一下电路功能是否可以改进,以及电路中存在的问题等等。

2 数字电路基础实验

2.1 简单逻辑门电路实验

2.1.1 实验目的

(1) 掌握通过资料查找门电路逻辑功能的方法。
(2) 掌握测试门电路的逻辑功能的方法。
(3) 理解二极管门电路和三极管非门电路的工作原理和使用特点。
(4) 理解 TTL 集成电路与 CMOS 集成电路的工作原理与使用特点。
(5) 掌握数字电路调试基本方法。

2.1.2 实验原理

用以实现基本逻辑关系的电子电路称为门电路。它是组成其他功能数字电路的基础。常用的逻辑门电路有与门、或门、非门、与非门、或非门、三态门和异或门等。集成逻辑门主要有双极型的 TTL(晶体管—晶体管逻辑)门电路和单极型的 CMOS(互补—金属—氧化物—半导体)门电路。其输入和输出信号只有高电平和低电平两种状态。用 1 表示高电平,用 0 表示低电平的情况称为正逻辑;反之用 0 表示高电平、用 1 表示低电平的情况称为负逻辑。在本书中,如未加说明,则一律采用正逻辑。

在数字电路中,只要能明确区分高电平和低电平两个状态就可以了,所以,高电平和低电平都允许有一点的变化范围。因此,数字电路对元器件参数精度的要求比模拟电路要低一些。当集成电路的电源电压为+5 V 时,TTL 数字集成电路的电压范围与逻辑电平的关系见表 2.1.1,可以看出,信号电平在 2.4～3.5 V 的范围内变化时,视为高电平,用 1(H)表示,当信号电平在 0～0.8 V 的范围内变化时,视为低电平,用 0(L)表示。对于 CMOS 数字集成电路的电压变化范围与逻辑电平的关系如表 2.1.2 所示。

表 2.1.1 TTL 数字集成电路的电压范围与逻辑电平的关系

电压范围	逻辑值	逻辑电平	电压范围	逻辑值	逻辑电平
2.4～3.5 V	1	H(高电平)	0～0.8 V	0	L(低电平)

表 2.1.2 CMOS 数字集成电路的电压范围与逻辑电平的关系

电压范围	逻辑值	逻辑电平	电压范围	逻辑值	逻辑电平
3.5～5.0 V	1	H(高电平)	0～1.5 V	0	L(低电平)

本次实验要讨论的是一些简单的门电路。实践证明,很多学生刚开始进入数字电路实

验室时，面对陌生的、外观长相差不多的集成电路时，是无从下手的，对他们来说，这里是一个全新的领域，因此，很有必要选择一些功能不同、具有代表性的门电路来进行功能测试，通过这个实验，能使学生对数字电路有一个基本的概念。有利于今后的进一步学习。

1）74LS00

（1）74LS00 的功能描述

① 74LS00 的逻辑表达式：$Y=\overline{AB}$。

② 74LS00 的真值表见表 2.1.3。

（2）74LS00 的功能测试接线图，如图 2.1.1 所示。

表 2.1.3 74LS00 真值表

输入		输出
A	*B*	*Y*
L	L	H
L	H	H
H	L	H
H	H	L

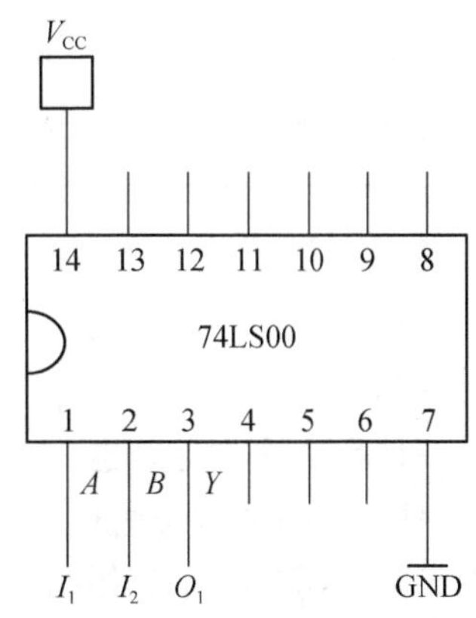

图 2.1.1 测试 74LS00 功能接线图

2）74LS04

（1）74LS04 的功能描述

① 74LS04 的逻辑表达式：$Y=\overline{A}$。

② 74LS04 的真值表见表 2.1.4。

（2）74LS04 的功能测试接线图，如图 2.1.2 所示。

表 2.1.4 74LS04 真值表

输入	输出
A	*Y*
L	H
H	L

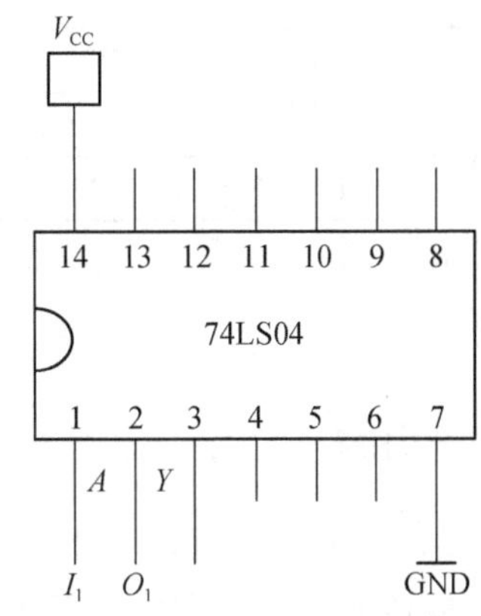

图 2.1.2 测试 74LS04 功能接线图

3）74LS86

（1）74LS86 的功能描述

① 74LS86 的逻辑表达式

74LS86 内部集成了四组异或门,逻辑表达式为:$Y=A\oplus B=\overline{A}B+A\overline{B}$。

② 74LS86 的真值表见表 2.1.5。

(2) 74LS86 的功能测试接线图,如图 2.1.3 所示。

表 2.1.5　74LS86 真值表

输入		输出
A	*B*	*Y*
L	L	L
L	H	H
H	L	H
H	H	L

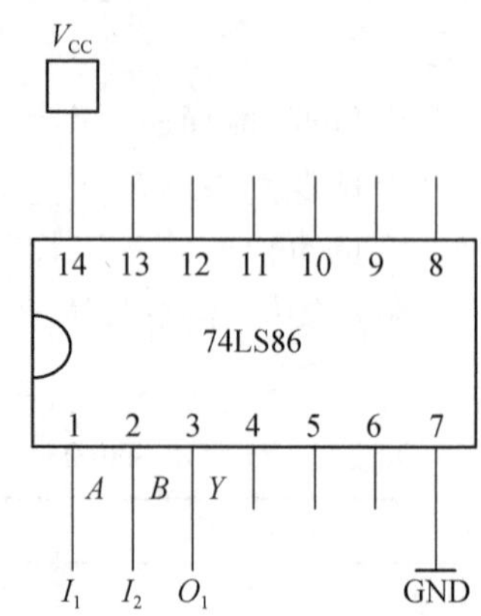

图 2.1.3　测试 74LS86 功能接线图

4) 74LS10

(1) 74LS10 的功能描述

① 74LS10 的逻辑表达式

74LS10 内部集成了三组与非门,逻辑表达式为:$Y=\overline{A\cdot B\cdot C}$。

② 74LS10 的真值表见表 2.1.6。

(2) 74LS10 的功能测试接线图,如图 2.1.4 所示。

表 2.1.6　74LS10 真值表

输入			输出
A	*B*	*C*	*Y*
X	X	L	H
X	L	X	H
L	X	X	H
H	H	H	L

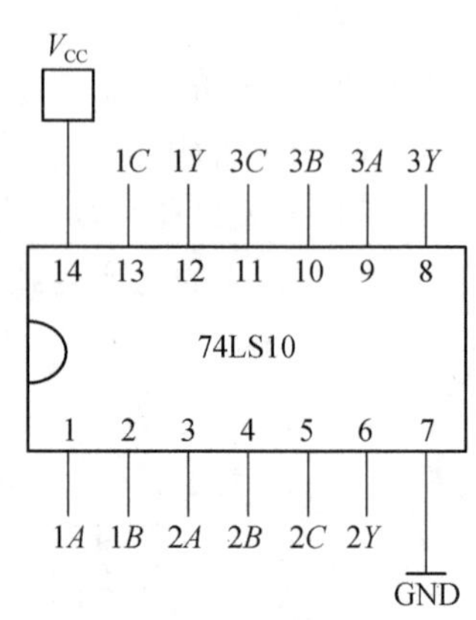

图 2.1.4　测试 74LS10 功能接线图

2.1.3　实验内容

(1) 按图 2.1.1 接线,测试 74LS00 功能,取电源 V_{CC}的电压为 5 V,将测试结果填入表 2.1.7 中,判断该元器件工作是否正常。

(2) 按图 2.1.2 接线,测试 74LS04 功能,取电源 V_{CC}的电压为 5 V,将测试结果填入表 2.1.8 中,判断该元器件工作是否正常。

(3) 按图 2.1.3 接线,测试 74LS86 功能,取电源 V_{CC}的电压为 5 V,将测试结果填入表 2.1.9 中,判断该元器件工作是否正常。

表 2.1.7　74LS00 功能测试表

输入		输出
A	B	Y
0	0	
0	1	
1	0	
1	1	

表 2.1.8　74LS04 功能测试表

输入	输出
A	Y
0	
1	

表 2.1.9　74LS86 功能测试表

输入		输出
A	B	Y
0	0	
0	1	
1	0	
1	1	

(4) 按图 2.1.4 接线，测试 74LS10 功能，取电源 V_{CC} 的电压为 5 V，将测试结果填入表 2.1.10 中，判断该元器件工作是否正常。

表 2.1.10　74LS10 功能测试表

输入			输出	输入			输出
A	B	C	Y	A	B	C	Y
0	0	0		1	0	1	
0	0	1		1	1	1	

(5) 观察与非门对信号的控制作用

接线见图 2.1.5，输入端 A 接振荡频率为 1 kHz、幅度为 4 V 的周期性矩形脉冲信号，同时将输入端 B 和输入端 C 相连后接逻辑开关。在逻辑开关分别使 C=1 和 C=0 时，用示波器观察输出端 Y 的输出波形，并计入表 2.1.11 中。说明在 C=1 和 C=0 时，与非门对 A 端输入矩形脉冲的控制作用。

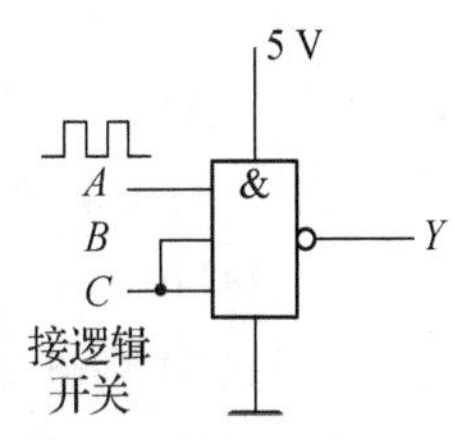

图 2.1.5　观察与非门对信号的控制作用连接图

表 2.1.11　输入状态对与非门输出的影响

A 输入波形	C 逻辑开关的状态	Y 输出波形
周期性脉冲	1	
周期性脉冲	0	

2.1.4　实验设备与器材

UT39C 数字式万用表　1 块

IT6302 直流稳压电源　1 台

AFG1022 低频信号发生器　1 台

TBS1102B-EDU 型双踪示波器　1 台

数字系统综合实验箱　1 台

集成电路 74LS00、74LS04、74LS86、74LS10 等　若干

2.1.5　思考题

(1) TTL 逻辑门电路有哪些特点？在功能测试时有哪些注意事项？

(2) 如何用示波器来测量波形的高低电平？举例说明。

2.1.6 实验报告

(1) 表述对 74LS00、74LS04、74LS86、74LS10 等集成电路功能的理解。

(2) 整理实验过程中记录的数据，总结相关结论。

(3) 示波器观察到的波形必须画在方格纸上，且输入与输出波形必须对应，在一个相位平面上比较两者的相位关系。

2.2 OC 门与三态门实验

2.2.1 实验目的

(1) 比较 TTL 集成电路与 CMOS 集成电路的工作原理与使用特点。

(2) 掌握 OC 门与三态门的特点。

(3) 掌握数字电路调试基本方法。

2.2.2 实验原理

1) 74HC01(OC 门)

(1) 74HC01 的功能描述

① 74HC01 的逻辑表达式

74HC01 内部集成了四组 2 输入与非门(OC 门)，逻辑表达式为：$Y=\overline{AB}$。

② 74HC01 的真值表见表 2.2.1。

(2) 74HC01 的功能测试接线图，如图 2.2.1 所示。

表 2.2.1　74HC01 真值表

输入		输出
A	B	Y
L	L	H
L	H	H
H	L	H
H	H	L

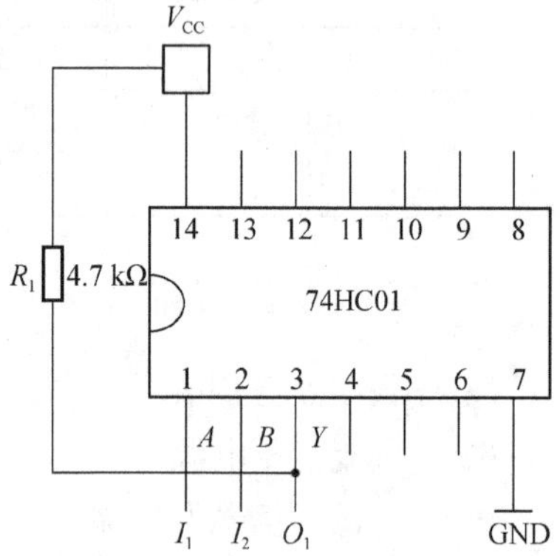

图 2.2.1　测试 74HC01 功能接线图

OC 门只有在外接负载电阻 R_1(图中 R_1 为 4.7 kΩ)和电源 V_{CC}后才能正常工作。

2) 74HC125(三态门)

(1) 74HC125 的功能描述

三态门，简称 TSL(Three-state Logic)门，是在普通门电路的基础上，附加使能控制端 EN 和控制电路构成的。图 2.2.2 为三态门的逻辑符号。三态门除了通常的高电平和低电平两种输出状态外，还有第三种输出状态——高阻态。处于高阻态时，电路与负载之间相当于开路。以 74HC125(四总线缓冲门)为例,当使能端 $EN=0$ 时,三态门为正常工作状态,实现逻辑函数 $Y=A$,当使能端 $EN=1$ 时,为禁止工作状态,Y 输出呈现高阻状态。这种控制三态门工作的方式称为低电平使能。

① 74HC125 的逻辑表达式:$Y=A$。

② 74HC125 的真值表见图 2.2.2。

表 2.2.2　74HC125 真值表

输入		输出
A	*EN*	*Y*
H	L	H
L	L	L
X	H	高阻

(2) 74HC125 的功能测试接线图,如图 2.2.3 所示。

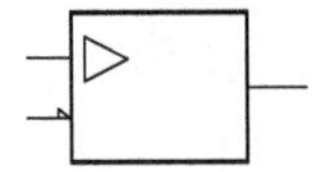

图 2.2.2　三态门的逻辑符号表

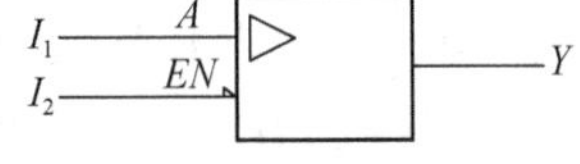

图 2.2.3　测试 74HC125 功能接线图

2.2.3　实验内容

(1) 按图 2.2.1 接线,测试 74HC01 功能,将测试结果填入表 2.2.3 中,判断该元器件工作是否正常。若图 2.2.1 中的 R_1(R_1为 4.7 kΩ)和 V_{CC}不接,请观察输出 Y 的状态。

表 2.2.3　74HC01 功能测试表

输入		输出
A	*B*	*Y*
0	0	
0	1	
1	0	
1	1	

(2) 把两个集电极开路与非门的输出相连,可实现两个输出相与的功能,称为线与。按图 2.2.4 接线,将测试结果填入表 2.2.4 中,体会 OC 门线与的实际意义。R_2取 4.7 kΩ。

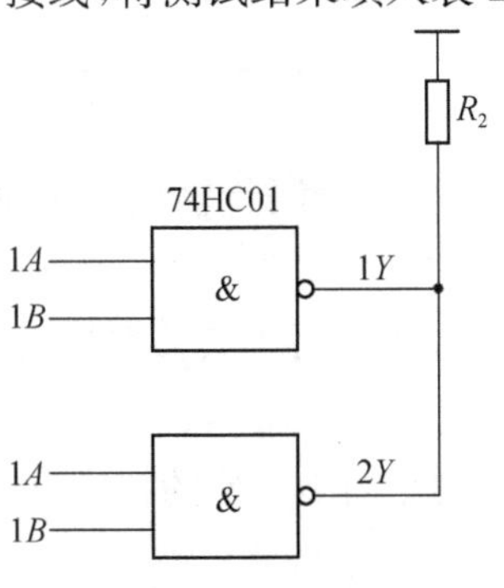

图 2.2.4　利用 OC 门实现线与逻辑功能

表 2.2.4　OC 门线与功能测试表

输入		输出
EN	*A*	*Y*
0	0	
0	1	
1	0	
1	1	

(3) 按图 2.2.3 接线,测试 74HC125 功能,将测试结果填入表 2.2.5 中,判断该元器件工作是否正常。

表 2.2.5 74HC125 功能测试表

输入				输出		
1*A*	1*B*	2*A*	2*B*	1*Y*	2*Y*	*Y*
0	0	0	0			
0	0	0	1			
0	0	1	1			
1	0	0	0			
1	1	0	0			
0	1	0	1			
1	1	1	1			

(4) 三态门输出端可以并联使用,实现总线结构,可以实现信号的分时传送。三态门的驱动能力强,开关速度快,在中大规模集成电路中广泛采用三态输出电路,作为计算机和外围电路的接口电路。图 2.2.5 是用三态门构成总线的连接方式,其功能见表 2.2.6,按图 2.2.5 接线,将测试结果填入表 2.2.7 中,体会三态门在实现总线结构中的意义。

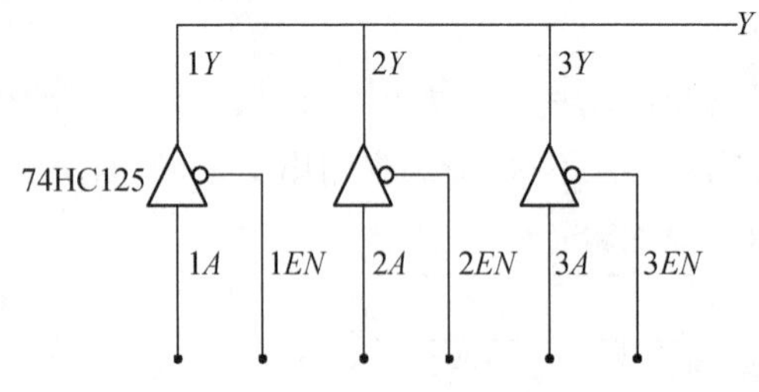

图 2.2.5 由三个三态门构成的总线结构

表 2.2.6 74HC125 实现总线连接功能表

控制输入			输出
1*EN*	2*EN*	3*EN*	*Y*
0	1	1	1Y
1	0	1	2Y
1	1	0	3Y

表 2.2.7 利用三态门实现总线结构功能测试表

输入						输出
1*A*	2*A*	3*A*	1*EN*	2*EN*	3*EN*	*Y*
1	0	0	0	1	1	
1	0	1	1	0	1	
1	0	1	1	1	0	

要求进行以下几种情况的功能验证:

① 静态验证:控制输入和数据输入端加高、低电平,用电压表测量输出高电平、低电平的电压值。

② 动态验证:控制输入加高、低电平,数据输入加连续方波,用示波器对应地观察数据输入波形和输出波形。

动态验证时,分别用示波器中的 AC 耦合与 DC 耦合,测定输出波形的幅值 $V_{\text{P-P}}$及高、低电平值。

注意:用三态门实现分时传送时,不能同时有两个或两个以上三态门的控制端处于使能状态。在实际使用中,总线上挂接 128 个三态门仍能正常工作。

(5) 熟悉 CMOS 或非门和与非门的应用

① 选用 CMOS 四 2 输入或非门 CC4001,其外引脚排列如图 2.2.6 所示。根据图 2.2.7(a)和(b)的逻辑电路接线,电源电压 V_{DD}取 5 V,输入端 A、B 接逻辑开关,输出端 Y 接发光二极管。参照上述实验列出真值表,并将测试结果填入该表中。

② 选用 CMOS 四 2 输入与非门 CC4011,其外引脚排列如图 2.2.6 所示。根据图 2.2.7(c)和(d)的逻辑电路接线,并参照上述方法列出真值表,将测试结果填入该表中。

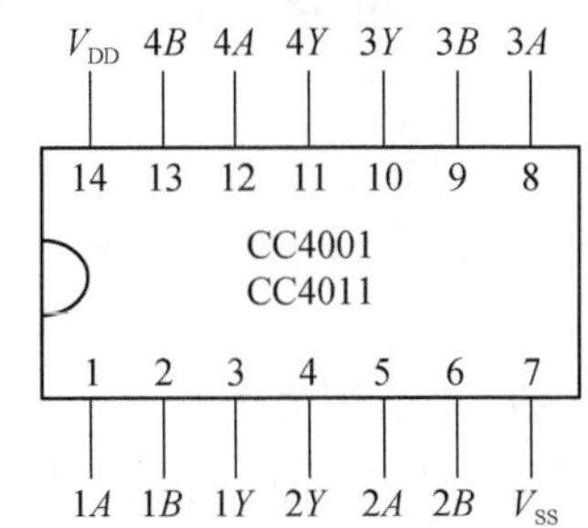

图 2.2.6 CC4001/CC4011 引脚排列示意图

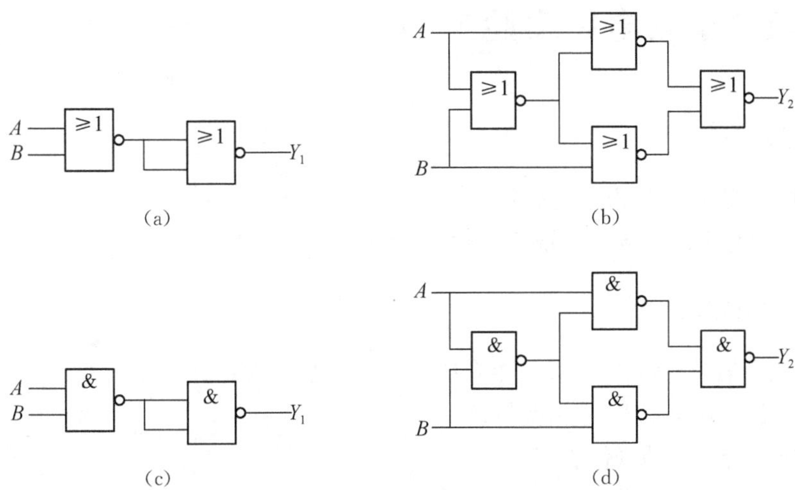

图 2.2.7 电路连接示意图

2.2.4 实验设备与器材

UT39C 数字式万用表	1 块
IT6302 直流稳压电源	1 台
AFG1022 低频信号发生器	1 台
TBS1102B-EDU 型双踪示波器	1 台
数字系统综合实验箱	1 台
集成电路 74HC01(OC 门)、74HC125(三态门)、CC4001、CC4011 等	若干
电阻 4.7 kΩ	若干

2.2.5 思考题

(1) 几个三态门的输出端是否允许短接？使用时应注意什么问题？举例说明三态门的应用。

(2) OC 门有哪些特点？使用时是否需要外接其他元器件？如果需要，此元器件应如何取值？

(3) 几个 OC 门的输出端是否允许短接？举例说明 OC 门的功能应用。

(4) 如何用示波器来测量波形的高低电平？举例说明。

2.2.6 实验报告

(1) 表述对 74HC01(OC 门)、74HC125(三态门)、CC4001、CC4011 等集成电路功能的理解。

(2) 整理实验过程中记录的数据，总结相关结论。

(3) 示波器观察到的波形必须画在方格纸上，且输入与输出波形必须对应，在一个相位平面上比较两者的相位关系。

2.3 组合逻辑电路实验

2.3.1 实验目的

(1) 掌握小规模组合逻辑电路的设计方法。

(2) 了解组合电路中的冒险现象及观察方法。

2.3.2 实验原理

使用小规模集成电路(SSI)设计组合电路的一般步骤为：

(1) 根据题意确定输入/输出变量；

(2) 列出符合题意的真值表；

(3) 根据真值表画卡诺图，得出最简逻辑表达式；

(4) 得出与给定元器件相一致的逻辑表达式；

(5) 画出逻辑电路图；

(6) 进一步画出逻辑接线图；

(7) 搭接电路，进行硬件调试。

组合逻辑电路的设计过程通常是在理想情况下进行的，即假定一切元器件均没有延迟效应，但是实际上并非如此，信号通过任何导线或元器件都存在一个响应时间。由于制造工艺上的原因，各元器件的延迟时间离散性很大，往往按照理想情况设计的逻辑电路，在实际工作中有可能产生错误输出。一个组合电路，在它的输入信号变化时，输出出现瞬时错误的现象称为组合电路的冒险现象。图 2.3.1 所示为出现冒险现象的两个例子。

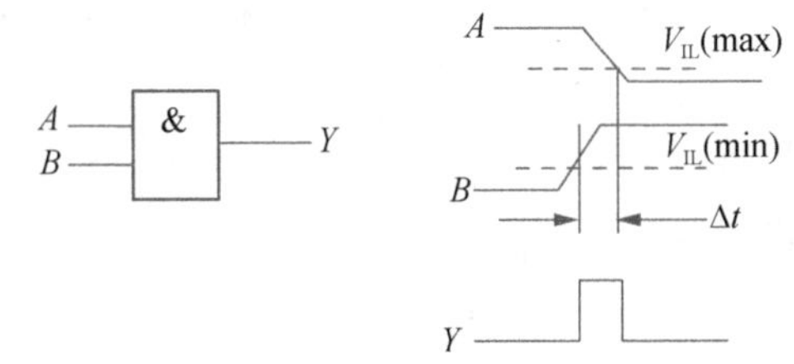

(a) 两个输入信号同时向相反的逻辑电平跳变产生尖峰脉冲

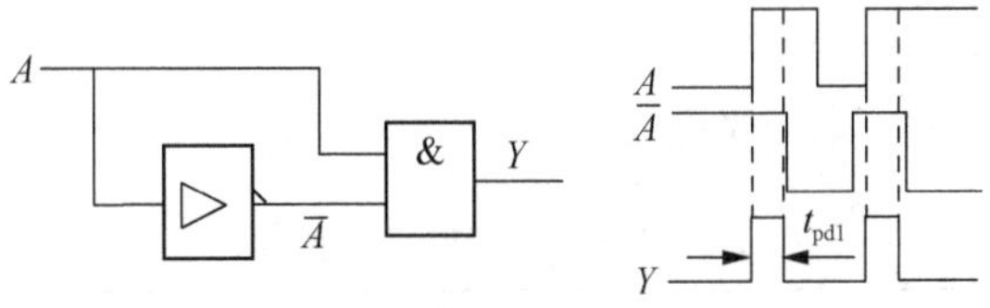

(b) 门的延迟产生尖峰脉冲

图 2.3.1　出现冒险现象的两个例子

图(a)中，与门输出函数 $Y=AB$，在 A 从 1 跳变为 0 时，如果 B 从 0 跳变为 1，而且 B 首先上升到 V_{IL}(max)以上，这样在极短的时间 Δt 内将出现 A、B 同时高于 V_{IL}(max)的状态，于是便在门电路的输出端 Y 产生一正向毛刺。图(b)中，由于非门 1 有延迟时间 t_{pd}，使输出 Y 产生一相应宽度的正向毛刺。毛刺是一种非正常输出，它对后接电路，有可能造成错误动作，从而直接影响数字设备的稳定性和可靠性，故常常需要设法消除它，常用的消除方法有：

① 在电路中加封锁脉冲或选通脉冲

由于组合电路的冒险现象是在输入信号变化过程中发生的，因此可以设法避开这一段时间，等电路稳定后再让电路正常输出。

加封锁脉冲：在引起冒险现象的有关输入端引进封锁脉冲，当输入信号变化时，将该门封锁。

加选通脉冲：在存在冒险现象逻辑门的输入端引入选通脉冲，平时将该门封锁，只有在电路接受信号到达新的稳定状态后，选通脉冲才将该门打开，允许电路输出。

② 加滤波电容

由于冒险现象中出现的干扰脉冲宽度一般很窄，所以可在门的输出端并接一个几百皮法的滤波电容加以消除。但这样做将导致输出波形的边沿变坏，在某些情况下是不允许的。

③ 修改逻辑设计

判断一个逻辑函数中变量 A 发生变化时，电路是否出现冒险的方法：

把函数转换成与或表达式，对除 A 变量以外的其他变量逐个赋值，若能使表达式出现 $F=A+\overline{A}$，则表示电路在变量 A 发生变化时可能存在静态 0 冒险。可通过增加冗余项，消除冒险现象。把卡诺图中两个被圈项的相切部分圈在一起作为一项，增加到函数表达式中，则该函数变为无冒险函数。也可以把原函数转换成或与形式，来判断电路是否存在静态 1 冒险，消除静态 1 冒险的方法与上述类似。

组合电路的冒险现象是一个重要的实际问题。当设计出一个组合逻辑电路以后，首先应进行静态测试，也就是按真值表依次改变输入变量，测得相应的输出逻辑值，验证其逻辑功能，再进行动态测试，观察是否存在冒险，然后根据不同情况采取相应措施消除险象。

2.3.3 实验内容

1) 设计组合逻辑电路

输入是 8421BCD 码,输出为:

(1) 能被 3 除尽的数;

(2) 大于或等于 7 的数;

(3) 小于 4 的数。

请实现上述三种电路。

2) 按表 2.3.1 设计一个逻辑电路。

表 2.3.1 逻辑电路真值表

A B C D	Y	A B C D	Y
0 0 0 0	0	1 0 0 0	0
0 0 0 1	0	1 0 0 1	0
0 0 1 0	1	1 0 1 0	1
0 0 1 1	1	1 0 1 1	0
0 1 0 0	0	1 1 0 0	1
0 1 0 1	0	1 1 0 1	1
0 1 1 0	0	1 1 1 0	1
0 1 1 1	1	1 1 1 1	1

(1) 设计要求:输入信号仅提供原变量,要求用最少的 2 输入与非门,画出逻辑图。

(2) 搭试电路,进行静态测试,验证逻辑功能,记录测试结果。

(3) 分析输入端 B、C、D 各处于什么状态时能观察到输入端 A 信号变化时产生的冒险现象。

(4) 估算此时出现的干扰脉冲宽度是门平均传输延迟时间 t_{pd} 的几倍。

(5) 在 A 端输入 $f=100$ kHz~1 MHz 的方波信号,观察电路的冒险现象,记录 A 和 Y 点的工作波形图。

(6) 观察用增加校正项的办法消除由于输入端 A 信号变化所引起的逻辑冒险现象,画出此时的电路图,观察并记录实验结果。

提示:

① 电路应由 9 个(或 8 个)与非门实现;

② 观察冒险现象时输入信号的频率尽可能高一些;

③ 在消除冒险现象时,尽可能少变动原来电路,必要时电路中允许使用一块双 4 输入端与非门。

3) 设计一个半加器电路

只考虑两个 1 位二进制数相加,而不考虑来自低位进位数相加的运算电路。

(1) 分析设计要求,列出真值表。设两个输入变量分别为加数 A、被加数 B。输出函数为本位和 S、进位数 C。根据加法运算规律可列出表 2.3.2 所示的真值表。

表 2.3.2 半加器的真值表

输入		输出	
A	B	S	C
0	0	0	0
0	1	1	0
1	0	1	0
1	1	0	1

(2) 根据真值表写出输出逻辑函数表达式，由表 2.3.2 可写出半加器的输出逻辑表达式为：

$$\begin{cases} S=\overline{A}B+A\,\overline{B}=A\oplus B \\ C=AB \end{cases}$$

(3) 画逻辑图。由上式可以看出，半加器由一个异或门和一个与门组成，可以画出半加器的逻辑图，如图 2.3.2(a)所示。图(b)为其逻辑符号，方框内"$\sum$"为加法运算的总限定符号。"CO"为进位输出的限定符号。

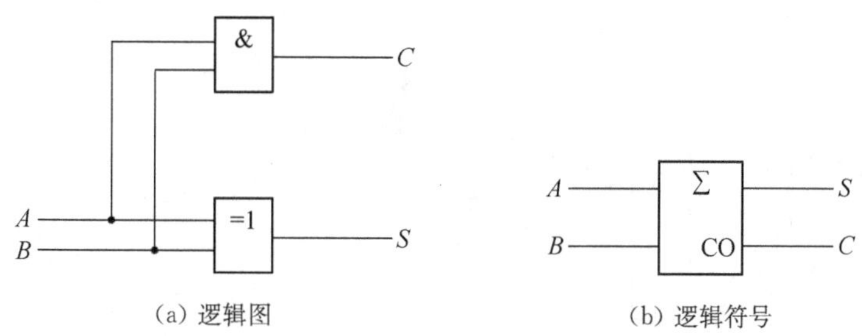

(a) 逻辑图　　(b) 逻辑符号

图 2.3.2 半加器的逻辑图和逻辑符号

4) 设计一个 1 位全加器电路

在进行两个多位二进制数相加时，除考虑本位的两个二进制数相加外，还考虑相邻低位来的进位数相加的运算电路。

(1) 分析设计要求，列出真值表。设在两组多位二进制数第 i 位的两个二进制数相加。输入变量分别为加数 A_i、被加数 B_i、来自低位的进位数 C_{i-1}，输出本位和为 S_i、向相邻高位的进位数为 C_i。根据加法运算规则，可列出表 2.3.3 所示的真值表。

表 2.3.3 全加器的真值表

输入			输出	
A_i	B_i	C_{i-1}	S_i	C_i
0	0	0	0	0
0	0	1	1	0
0	1	0	1	0
0	1	1	0	1
1	0	0	1	0
1	0	1	0	1
1	1	0	0	1
1	1	1	1	1

(2) 根据真值表写出输出逻辑函数表达式。由表 2.3.3 可写出全加器的输出逻辑表达式为:

$$
\begin{aligned}
S_i &= \overline{A_i}\,\overline{B_i}C_{i-1} + \overline{A_i}B_i\,\overline{C_{i-1}} + A_i\,\overline{B_i}\,\overline{C_{i-1}} + A_iB_iC_{i-1} \\
&= (\overline{A_i}\,\overline{B_i} + A_iB_i)C_{i-1} + (\overline{A_i}B_i + A_i\,\overline{B_i})\overline{C_{i-1}} \\
&= \overline{A_i \oplus B_i} \cdot C_{i-1} + (A_i \oplus B_i) \cdot \overline{C_{i-1}} \\
&= A_i \oplus B_i \oplus C_{i-1} \\
C_i &= \overline{A_i}B_iC_{i-1} + A_i\,\overline{B_i}C_{i-1} + A_iB_i\,\overline{C_{i-1}} + A_iB_iC_{i-1} \\
&= (\overline{A_i}B_i + A_i\,\overline{B_i}) \cdot C_{i-1} + A_iB_i \\
&= (A_i \oplus B_i) \cdot C_{i-1} + A_iB_i
\end{aligned}
$$

(3) 画逻辑图。根据上式可画出图 2.3.3(a)所示全加器的逻辑图,图(b)为其逻辑符号。框内“CI”和“CO”分别为进位的输入和进位输出的限定符号。

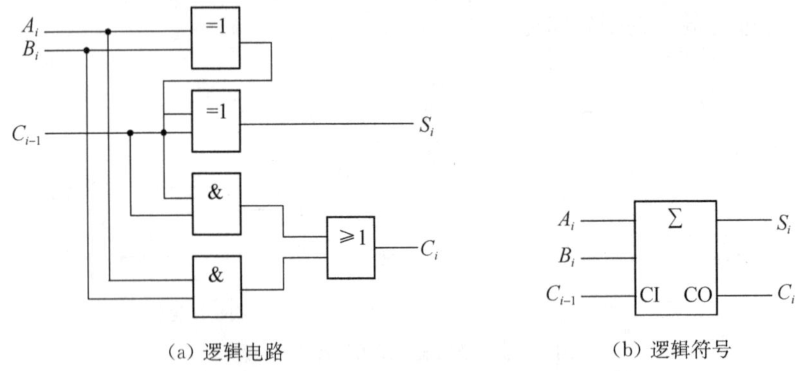

(a) 逻辑电路 (b) 逻辑符号

图 2.3.3 全加器的逻辑电路和逻辑符号

根据半加器的定义可知,当全加器的进位输入为 0 时,则全加器便成为半加器。

图 2.3.4 所示为双集成全加器 CC74HC183 的逻辑符号,它由两个功能相同且相互独立的全加器组成,它的逻辑功能和前面讨论的全加器相同。框内的 P 和 Q 为操作数输入,这里表示两个数执行加法运算。

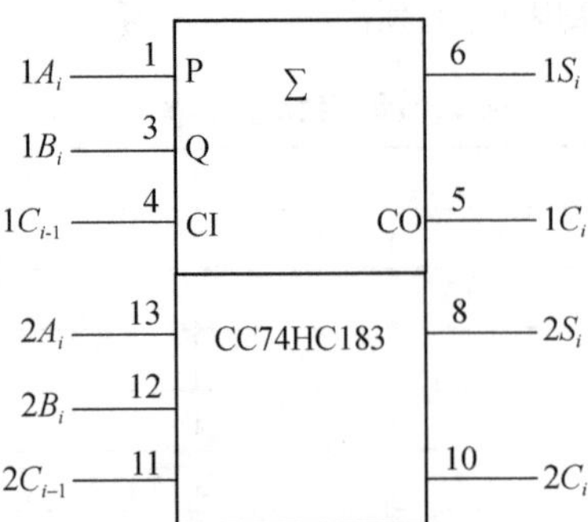

图 2.3.4 CC74HC183 的逻辑符号

5) 冒险现象消除实验

(1) 引入选通脉冲。在存在冒险现象的组合逻辑电路中引入选通脉冲,电路如图 2.3.5

所示,可有效地消除冒险现象。当选通脉冲为低电平 0 时,输出门被封锁,输出 Y 为高电平 1,这时,任何冒险在输出端不会有反应。在电路稳定后,选通脉冲为高电平 1,这时,电路输出稳定的结果。该方法在中、大规模数字集成电路中已经广泛使用。

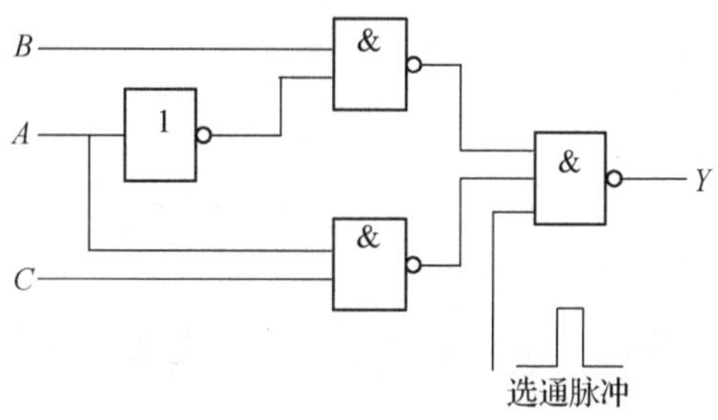

图 2.3.5 利用选通脉冲消除冒险

(2) 输出端接滤波电容。由于尖峰干扰脉冲的宽度一般都很窄,在可能产生尖峰干扰脉冲的门电路输出端与地之间接入一个电容 C,其数值通常为数十至数百皮法。图 2.3.6(a)和(b)分别为没有加滤波电容和加滤波电容的输出波形。由图(b)可看出,加了滤波电容后,尖峰干扰脉冲被吸收掉了。

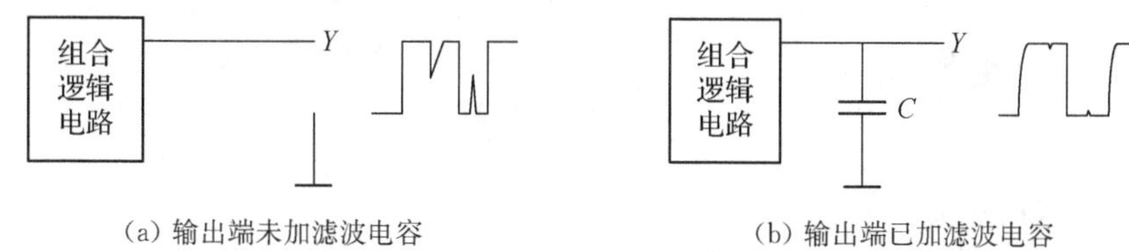

(a) 输出端未加滤波电容　　(b) 输出端已加滤波电容

图 2.3.6 输出端加滤波电容消除影响

(3) 修改逻辑设计,增加多余项。设某组合逻辑电路的逻辑函数式为 $Y=AC+\overline{A}B$,在 $B=1$、$C=1$ 时,$Y=A+\overline{A}$,存在冒险现象。如增加多余项 BC,这时,当 $B=1$、$C=1$ 时,Y 恒为 1,所以,冒险消除了。这种方法使用范围有限。

2.3.4 实验设备与器材

UT39C 数字式万用表	1 块
IT6302 直流稳压电源	1 台
AFG1022 低频信号发生器	1 台
TBS1102B-EDU 型双踪示波器	1 台
数字系统综合实验箱	1 台
集成电路 74LS00、74LS04、74LS08、74LS86、CC74HC183 等	若干

2.3.5 思考题

(1) 复习 74LS00、74LS04 等小规模集成电路的功能及应用,回答下列问题。

① 若一个 3 输入的与非门作为 2 输入与非门用,多余的一个输入端怎么处理?若是或非门呢?

② 一个组合逻辑电路是否都可用“与非门”来实现?

③ 学会查阅《TTL、高速 CMOS 手册》,根据实验内容中课题的需要选择元器件。

④ 信号波形如图 2.3.7 所示,这些干扰信号是否属于冒险现象?为什么?

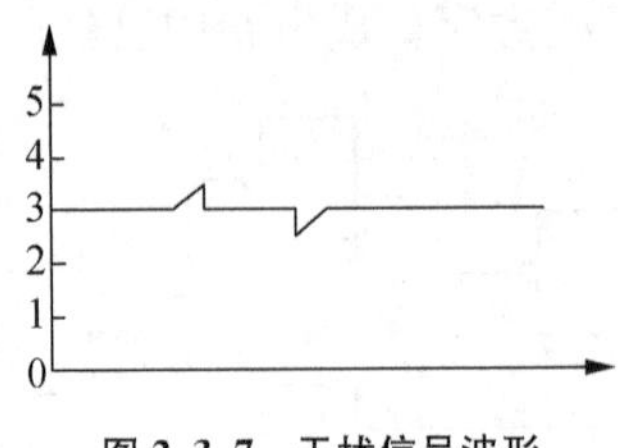

图 2.3.7 干扰信号波形

(2) 设计出符合实验内容第二、第三题要求的逻辑电路图,写出详细的设计过程。

2.3.6 实验报告

(1) 表述对冒险现象的理解。

(2) 对实验现象进行分析,总结排除故障的方法。

(3) 总结搭接电路的方法、步骤及技巧。

(4) 总结小规模组合电路的设计方法及步骤。

2.4 加法器实验

2.4.1 实验目的

(1) 理解加法器的工作机制。

(2) 掌握加法器 74LS283/74HC283 的功能及简单应用。

(3) 学习中规模组合逻辑电路的设计方法。

2.4.2 实验原理

1) 认识加法器

加法器是一种将两个值加起来的组合逻辑电路。加法器可以改造成减法器、乘法器、除法器及其他一些计算机处理器的算术逻辑运算单元(ALU)所需的功能元器件。

最基本的加法器是半加器,半加器的概念是指没有低位送来的进位信号,只有本位相加的和以及进位。这些概念看起来很简单,但理解这些概念对于今后设计电路是很有帮助的。实现半加器的真值表见表 2.4.1。实现半加器的电路图如图 2.4.1 所示。

表 2.4.1 半加器真值表

输入		输出	
A	B	S(本位和)	C(进位)
0	0	0	0
0	1	1	0
1	0	1	0
1	1	0	1

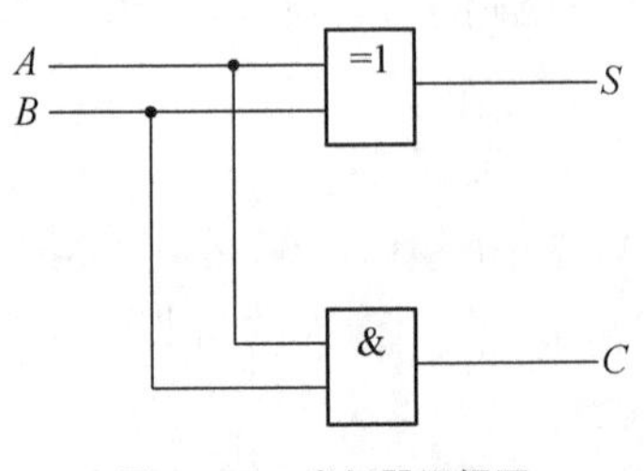

图 2.4.1 半加器逻辑图

实现半加器的逻辑表达式如下：

$$C=AB \quad S=A\oplus B$$

半加器电路比较简单，只用了一个与门和一个异或门，在此基础上可以进一步实现全加器。当进行不止 1 位的加法的时候，必须考虑低位的进位，通常以 C_{in} 表示，此时电路实现了全加器的功能。在电路结构上由两个半加器和一个异或门实现，如图 2.4.2 所示。

接下来我们将认识的 74LS283/74HC283 为 4 位加法器，属于中规模集成电路(MSI)。

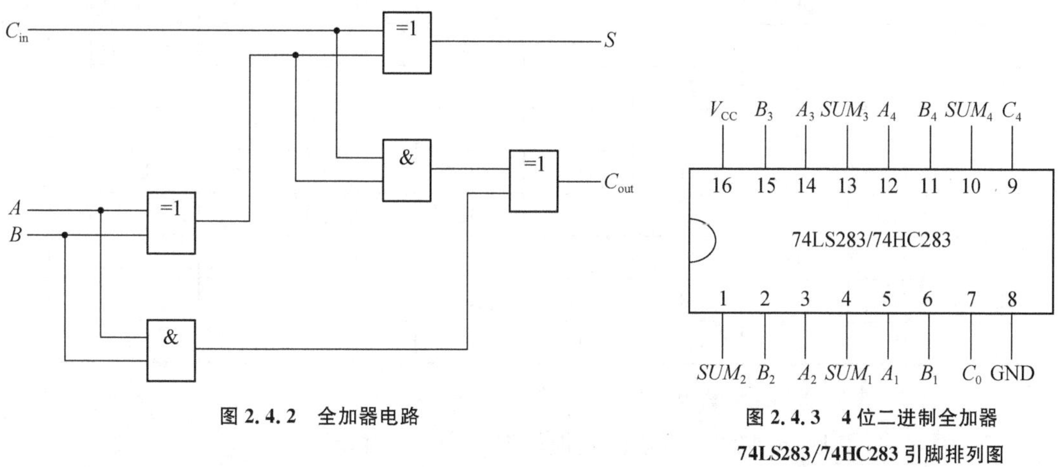

图 2.4.2 全加器电路

图 2.4.3 4 位二进制全加器 74LS283/74HC283 引脚排列图

2）MSI 4 位加法器 74LS283/74HC283

74LS283/74HC283 的功能是完成并行四位二进制数的相加运算。其引脚排列如图 2.4.3 所示。

74LS283/74HC283 是一个 4 位二进制超前进位全加器，以上是它的引脚排列图，其中 A_4、A_3、A_2、A_1、B_4、B_3、B_2、B_1 是被加数和加数(两组 4 位二进制数)的数据输入端，C_0 是低位元器件向本元器件最低位进位的进位输入端，SUM_4、SUM_3、SUM_2、SUM_1 是和数输出端，C_4 是本元器件最高位向高位元器件进位的进位输出端。功能表如表 2.4.2 所示。

注意：符合习惯的 SUM_i 表示法还有 S_i、SUM_{-i}、Σ_i，这些表示法意义相同。

表 2.4.2 74LS283/74HC283 功能表

输入				输出					
				when C_0=L / when C_2=L			when C_0=H / when C_2=H		
A_1 / A_3	B_1 / B_3	A_2 / A_4	B_2 / B_4	Σ_1 / Σ_3	Σ_2 / Σ_4	C_2 / C_4	Σ_1 / Σ_3	Σ_2 / Σ_4	C_2 / C_4
L	L	L	L	L	L	L	H	L	L
H	L	L	L	H	L	L	L	H	L
L	H	L	L	H	L	L	L	H	L
H	H	L	L	L	H	L	H	H	L
L	L	H	L	L	H	L	H	H	L
H	L	H	L	H	H	L	L	L	H

续表 2.4.2

输入				输出					
				when C_0=L / when C_2=L			when C_0=H / when C_2=H		
A_1 / A_3	B_1 / B_3	A_2 / A_4	B_2 / B_4	Σ_1 / Σ_3	Σ_2 / Σ_4	C_2 / C_4	Σ_1 / Σ_3	Σ_2 / Σ_4	C_2 / C_4
L	H	H	L	H	H	L	L	L	H
H	H	H	L	L	L	H	H	L	H
L	L	L	H	L	H	L	H	H	L
H	L	L	H	H	H	L	L	L	H
L	H	L	H	H	H	L	L	L	H
H	H	L	H	L	L	H	H	L	H
L	L	H	H	L	L	H	H	L	H
H	L	H	H	H	L	H	L	H	H
L	H	H	H	H	L	H	L	H	H
H	H	H	H	L	H	H	H	H	H

3) 4 位二进制加法器的应用

(1) 用 n 片 MSI 4 位加法器可以方便地扩展成 $4n$ 位加法器

其扩展方法有三种：

① 全串行进位加法器：采用 MSI 4 位串行进位组件单元，组件之间也采用串行进位方式。

② 全并行进位加法器：采用 MSI 4 位并行进位组件单元，组件之间也采用并行进位方式。

③ 并串(串并)行进位加法器：采用 4 位并行(串行)加法器单元，组件之间采用串(并)行进位方式，其优点是保证一定操作速度前提下尽量使电路的结构简单。

(2) 构成减法器、乘法器、除法器等。

(3) 进行码组变换。

2.4.3 实验内容

1) 验证 74LS283/74HC283 的逻辑功能

2) 用 74LS283/74HC283 构成 1 位 8421BCD 码加法器

(1) 分析：74LS283/74HC283 是 4 位二进制数加法器，也就是 1 位十六进制数加法器，进位规则为逢 16 进 1，而用 8421BCD 码进行加法运算时是逢 10 进 1。

表 2.4.3 清楚地表示了十进制码、二进制码与 8421BCD 码的对应关系。考虑到两个 1 位十进制数相加时，被加数 A 和加数 B 的取值范围为 0～9，因此，在表 2.4.3 中列出了十进制数为 0～18 时相应的二进制码与 8421BCD 码。

表 2.4.3 8421BCD 码功能表

十进制数	二进制码	8421BCD 码
N_{10}	$C_4S_4S_3S_2S_1$	$D_cD_8D_4D_2D_1$
0	00000	00000
1	00001	00001
2	00010	00010
3	00011	00011
4	00100	00100
5	00101	00101
6	00110	00110
7	00111	00111
8	01000	01000
9	01001	01001
10	01010	10000
11	01011	10001
12	01100	10010
13	01101	10011
14	01110	10100
15	01111	10101
16	10000	10110
17	10001	10111
18	10010	11000

(2) 由此可见，当十进制数≤9，即二进制数≤$(01001)_2$，二进制码与 BCD 码相同；当十进制数≥10，即二进制数≥$(01010)_2$时，BCD 码比二进制码大 6，因此，只要在二进制码上加$(0110)_2$就可把二进制码转换成 8421BCD 码，同时产生进位输出 $D_c=1$，这种转换可以由一个校正电路完成。由表 2.4.3 可知，当 $C_4=1$ 时，或当 $S_3=1$ 且 S_2和 S_1 中至少有一个为 1 时，进位输出 D_c为 1，所以，进位输出表达式为

$$D_c=C_4+S_3(S_2+S_1)=C_4+S_3S_2+S_3S_1$$

当 $D_c=1$ 时，把$(0110)_2$ 加到二进制加法器输出端。可见，校正电路由 1 个 4 位二进制数加法器 74LS283/74HC283 和少量门电路构成。

(3) 通过以上的分析，可以得到 1 位 8421BCD 码加法器的总电路如图 2.4.4 所示。

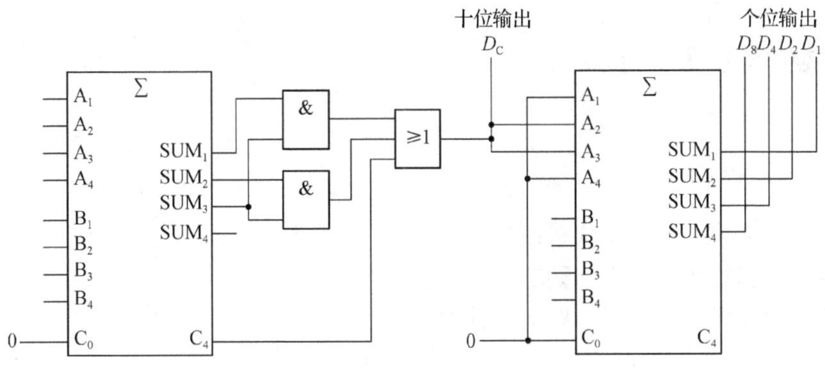

图 2.4.4 1 位 8421BCD 码加法器电路

(4) 搭接硬件电路，验证图 2.4.4 所示的电路功能。

3) 设计 1 位可控全加/全减器

提示：电路输入端应为 4 个，除了本位加数、被加数和进位输入外，还有一位控制输入端

S,当 $S=0$ 时,电路实现全加器的功能,当 $S=1$ 时,电路实现全减器的功能。

4) 设计一个 8 位二进制数加法器

2.4.4 实验设备与器材

UT39C 数字式万用表	1 块
IT6302 直流稳压电源	1 台
AFG1022 低频信号发生器	1 台
TBS1102B-EDU 型双踪示波器	1 台
数字系统综合实验箱	1 台
集成电路 74LS08、74LS32、74LS86、74LS283/74HC283 等	若干

2.4.5 思考题

(1) 复习 74LS283/74HC283 的逻辑功能。拟订一个验证 74LS283/74HC283 功能的方案,画出需要的表格。

(2) 用全加器 74LS283/74HC283 组成 4 位二进制代码转换为 8421BCD 码的代码转换器中,进位输出 C_4 什么时候为"1"? C_0 端该如何处理?

(3) 设计多位二进制数加法器有哪些方法?

(4) 设计出符合实验内容第 1、第 2、第 4 题要求的逻辑电路图,写出详细的设计过程。

2.4.6 实验报告

(1) 对实验现象进行分析,在搭接电路及调试过程中出现了哪些问题? 对故障现象进行归类。是如何排除这些故障的? 总结排除故障的方法。怎样能少走弯路? 尽快解决电路中出现的问题。

(2) 画出 8 位二进制数比较器的逻辑电路图。

(3) 总结中规模组合电路的设计方法及步骤。

2.5 数据比较器实验

2.5.1 实验目的

(1) 理解数据比较器的工作机制。

(2) 掌握数据比较器 74LS85 的功能及简单应用。

(3) 学习中规模组合逻辑电路的设计方法。

2.5.2 实验原理

1) 数据比较器

数据比较器有两类:一类是"等值"比较器,它只检验两数是否相等;另一类是"量值"比较器,它不但检验两数是否相等,还要检验两数中哪个大。按数的传输方式,又有串行比较器和并行比较器。数据比较器可用于接口电路。

2) 4 位二进制数并行比较器 74LS85

单片 74LS85 可以对两个 4 位二进制数进行比较。

其引脚排列如图 2.5.1 所示，功能表见表 2.5.1。

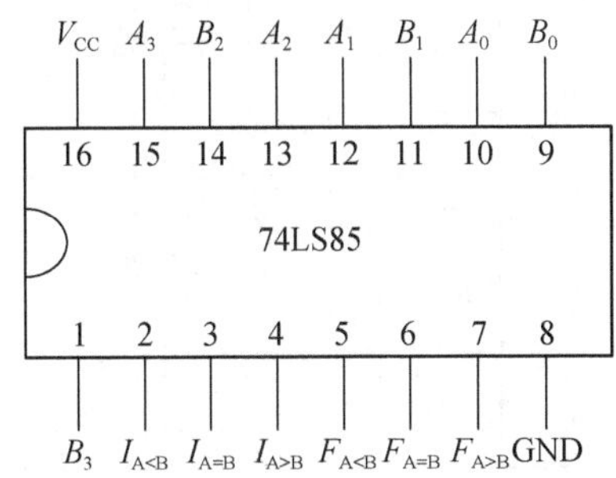

图 2.5.1 74LS85 引脚排列图

表 2.5.1 74LS85 功能表

比较输入				级联输入			输出		
A_3 B_3	A_2 B_2	A_1 B_1	A_0 B_0	$a>b$	$a=b$	$a<b$	$A>B$	$A=B$	$A<B$
$A_3>B_3$	Φ	Φ	Φ	Φ	Φ	Φ	1	0	0
$A_3<B_3$	Φ	Φ	Φ	Φ	Φ	Φ	0	0	1
$A_3=B_3$	$A_2>B_2$	Φ	Φ	Φ	Φ	Φ	1	0	0
$A_3=B_3$	$A_2<B_2$	Φ	Φ	Φ	Φ	Φ	0	0	1
$A_3=B_3$	$A_2=B_2$	$A_1>B_1$	Φ	Φ	Φ	Φ	1	0	0
$A_3=B_3$	$A_2=B_2$	$A_1<B_1$	Φ	Φ	Φ	Φ	0	0	1
$A_3=B_3$	$A_2=B_2$	$A_1=B_1$	$A_0>B_0$	Φ	Φ	Φ	1	0	0
$A_3=B_3$	$A_2=B_2$	$A_1=B_1$	$A_0<B_0$	Φ	Φ	Φ	0	0	1
$A_3=B_3$	$A_2=B_2$	$A_1=B_1$	$A_0=B_0$	1	0	0	1	0	0
$A_3=B_3$	$A_2=B_2$	$A_1=B_1$	$A_0=B_0$	0	1	0	0	1	0
$A_3=B_3$	$A_2=B_2$	$A_1=B_1$	$A_0=B_0$	0	0	1	0	0	1

4 位二进制全加器与 4 位数值比较器结合起来运用，可以实现进行 BCD 码加法运算的电路。在进行运算时，若两个加数的和小于或等于 1001，BCD 的加法与 4 位二进制加法结果相同；当两个加数的和大于或等于 1010 时，由于 4 位二进制码是逢十六进一的，而 BCD 码是逢十进一的，它们的进位数相差六，因此 BCD 加法运算电路必须进行校正，应在电路中插入一个校正网络，使电路在和数小于或等于 1001 时，校正网络不起作用(或加一个数 0000)，在和数大于或等于 1010 时，校正网络使此和数加上 0110，从而达到实现 BCD 码的加法运算的目的。

2.5.3 实验内容

(1) 验证 74LS85 的逻辑功能。

(2) 参照 2.4 加法器实验内容，用 4 位二进制数加法器 74LS283/74HC283 和 4 位二进制数比较器 74LS85 构成一个 4 位二进制数到 8421BCD 码的转换电路。

(3) 试用两片 74LS85 构成一个 8 位数比较器。

① 将两个 8 位二进制数的高 4 位 $A_7A_6A_5A_4$ 和 $B_7B_6B_5B_4$ 接到高位片 74LS85(2)的数

据输入端上，低 4 位数 $A_3A_2A_1A_0$ 和 $B_3B_2B_1B_0$ 接到低位片 74LS85(1)的数据输入端上，并将低位片的输出端 $Y_{(A>B)}$、$Y_{(A=B)}$、$Y_{(A<B)}$ 和高位片的级联输入端 $I_{(A>B)}$、$I_{(A=B)}$、$I_{(A<B)}$ 对应相连。这样便构成了 8 位数值比较器，如图 2.5.2 所示。

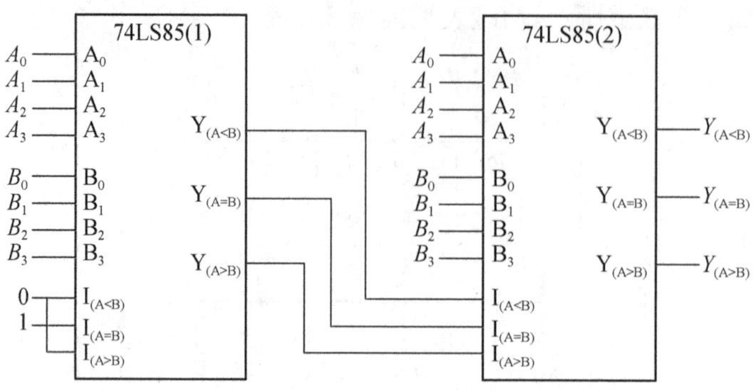

图 2.5.2 两片 74LS85 组成的 8 位数据比较器

② 低位数据比较器的级联输入端应取 $I_{(A>B)}=I_{(A<B)}=0$、$I_{(A=B)}=1$，这样，当两个 8 位二进制数相等时，比较器的总输出 $Y_{(A=B)}=1$。

2.5.4 实验设备与器材

UT39C 数字式万用表	1 块
IT6302 直流稳压电源	1 台
AFG1022 低频信号发生器	1 台
TBS1102B-EDU 型双踪示波器	1 台
数字系统综合实验箱	1 台
集成电路 74LS85、74LS283/74HC283 等	若干

2.5.5 思考题

(1) 复习 74LS283/74HC283、74LS85 的逻辑功能。拟订一个验证 74LS283/74HC283、74LS85 功能的方案，画出需要的表格。

(2) 用全加器 74LS283/74HC283 组成 4 位二进制代码转换为 8421BCD 码的代码转换器中，进位输出 C_4 什么时候为"1"？C_0 端该如何处理？

(3) 设计多位二进制数加法器有哪些方法？

(4) 设计出符合实验内容要求的逻辑电路图。写出详细的设计过程，整理出实验需要的元器件清单。

2.5.6 实验报告

(1) 对实验现象进行分析，在搭接电路及调试过程中出现了哪些问题？对故障现象进行归类？是如何排除这些故障的？总结排除故障的方法。

(2) 画出 8 位二进制数比较器的逻辑电路图。

(3) 总结中规模组合电路的设计方法及步骤。

2.6　编码器实验

2.6.1　实验目的

(1) 理解编码器的工作机制。

(2) 掌握编码器 74LS147 的功能及简单应用。

(3) 学习中规模组合逻辑电路的设计方法。

2.6.2　实验原理

在数字电路系统中，将具有特定意义的信息变换为二进制代码的电路，称为编码器。常用的编码器有普通编码器和优先编码器等。如编码器由 4 个输入端、2 个输出端，称为 4 线—2 线编码器；如有 10 个输入端、4 个输出端，称为 10 线—4 线编码器。其余依此类推。

1) 二进制编码器

将 2^n 个编码信号转换为 n 位二进制代码输出的电路，称为二进制编码器。

以图 2.6.1(a)所示的 4 线—2 线编码器为例说明编码器的工作原理。图中输入的编码信号为$\overline{I_0}$、$\overline{I_1}$、$\overline{I_2}$、$\overline{I_3}$，低电平 0 有效；输出二进制代码为 Y_1、Y_0。图 2.6.1(b)为编码器的逻辑功能示意图。由图 2.6.1(a)可写出编码器的输出逻辑表达式为：

$$\begin{cases} Y_0 = \overline{\overline{I_1} \cdot \overline{I_3}} \\ Y_1 = \overline{\overline{I_2} \cdot \overline{I_3}} \end{cases}$$

根据表达式可列出功能表 2.6.1，由功能表可知，图 2.6.1(a)所示编码器输出为原码，且在任何时刻只能对一个输入信号进行编码，不允许有两个或两个以上的输入信号同时请求编码，否则输出的编码会发生混乱。这就是说，$\overline{I_0}$、$\overline{I_1}$、$\overline{I_2}$、$\overline{I_3}$这四个编码是互相排斥的。在$\overline{I_1}$～$\overline{I_3}$都为 1 时，输出就是$\overline{I_0}$的编码，故$\overline{I_0}$可以不画。由于该编码有 $4(2^2)$个输入端，2 个输出端，故称为 4 线—2 线编码器。

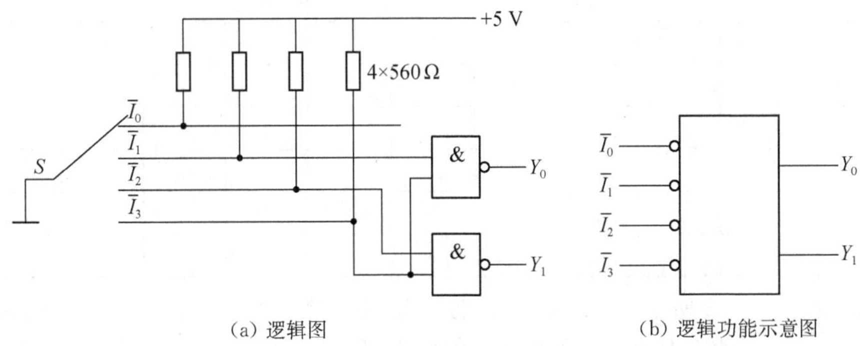

(a) 逻辑图　　(b) 逻辑功能示意图

图 2.6.1　二进制编码器的逻辑图和逻辑功能示意图

表 2.6.1　4 线—2 线编码器的功能表

输入				输出		反码	
$\overline{I_0}$	$\overline{I_1}$	$\overline{I_2}$	$\overline{I_3}$	Y_1	Y_0		
0	1	1	1	0	0	1	1
1	0	1	1	0	1	1	0
1	1	0	1	1	0	0	1
1	1	1	0	1	1	0	0

2）优先编码器

在前面讨论的编码器中，输入信号之间是相互排斥的，而在优先编码器中就不存在这个问题，它允许同时输入数个编码信号，而电路只对其中优先级别最高的信号进行编码，而不会对优先级别低的信号编码，这样的电路称为优先编码器。

在优先编码器中，是优先级别高的编码信号排斥级别低的。至于优先权的顺序，这完全是根据实际需要来确定的。

图 2.6.2 所示为二—十进制优先编码器 74LS147 的逻辑功能示意图，又称为 10 线—4 线优先编码器。其功能表见表 2.6.2。

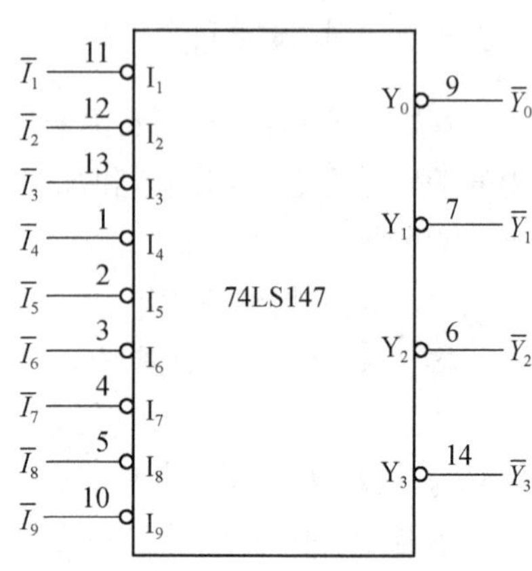

图 2.6.2　74LS147 的逻辑功能示意图

表 2.6.2　10 线—4 线优先编码器 74LS147 的功能表

输入									输出			
$\overline{I_1}$	$\overline{I_2}$	$\overline{I_3}$	$\overline{I_4}$	$\overline{I_5}$	$\overline{I_6}$	$\overline{I_7}$	$\overline{I_8}$	$\overline{I_9}$	$\overline{Y_3}$	$\overline{Y_2}$	$\overline{Y_1}$	$\overline{Y_0}$
1	1	1	1	1	1	1	1	1	1	1	1	1
×	×	×	×	×	×	×	×	0	0	1	1	0
×	×	×	×	×	×	×	0	1	0	1	1	1
×	×	×	×	×	×	0	1	1	1	0	0	0
×	×	×	×	×	0	1	1	1	1	0	0	1
×	×	×	×	0	1	1	1	1	1	0	1	1
×	×	×	0	1	1	1	1	1	1	0	1	1
×	×	0	1	1	1	1	1	1	1	1	0	0
×	0	1	1	1	1	1	1	1	1	1	0	1
0	1	1	1	1	1	1	1	1	1	1	1	0

下面根据表 2.6.2 所示的 74LS147 的功能表（编码表）对其逻辑功能说明如下：

$\overline{Y_3}$、$\overline{Y_2}$、$\overline{Y_1}$、$\overline{Y_0}$为数码输出端，输出为 8421BCD 码的反码。$\overline{I_1}\sim\overline{I_0}$为编码信号输入端，输入低电平 0 有效，这时表示有编码请求。输入高电平 1 无效，表示无编码请求。在$\overline{I_1}\sim\overline{I_9}$中，$\overline{I_9}$的优先级别最高，$\overline{I_8}$次之，其余依此类推，$\overline{I_1}$的级别最低。也就是说，当$\overline{I_9}=0$ 时，其余输入编码信号不论是 0 还是 1 都不起作用，电路只对$\overline{I_9}$进行编码，输出$\overline{Y_3Y_2Y_1Y_0}=0110$，为反码，

其原码为 1001。其余类推。在图 2.6.2 中没有$\overline{I_0}$，这是因为当$\overline{I_1}$～$\overline{I_9}$都为高电平 1 时，输出$\overline{Y_3Y_2Y_1Y_0}$=1111，其原码为 0000，相当于输入$\overline{I_0}$请求编码。因此，在逻辑功能示意图中没有输入端$\overline{I_0}$。

注意，优先编码器 74LS147 没有使能控制端，可直接对优先级别最高的输入编码信号进行编码。由于其输出为反码，因此，当要求用译码器驱动数码显示器时，需在 74LS147 的每个输出端加反相器，将反码变为原码，再驱动显示译码器。

2.6.3　实验内容

测试编码器 74LS147 的逻辑功能。

2.6.4　实验设备与器材

UT39C 数字式万用表	1 块
IT6302 直流稳压电源	1 台
AFG1022 低频信号发生器	1 台
TBS1102B-EDU 型双踪示波器	1 台
数字系统综合实验箱	1 台
集成电路 74LS00，74LS147 等	若干
电阻 560 Ω	若干

2.6.5　思考题

(1) 什么叫编码器？它的主要功能是什么？

(2) 一般编码器输入的编码信号为什么是互相排斥的？

(3) 什么叫优先编码器？它是否存在编码信号的相互排斥？

2.6.6　实验报告

(1) 对实验现象进行分析，在搭接电路及调试过程中出现了哪些问题？对故障现象进行归类。如何排除这些故障的？总结排除故障的方法。

(2) 对实验过程及现象进行分析，总结本次实验的收获和体会。

2.7　数据选择器实验

2.7.1　实验目的

(1) 理解数据选择器的工作机制。

(2) 掌握数据选择器 74LS153 的功能及简单应用。

(3) 学习中规模组合逻辑电路的设计方法。

2.7.2 实验原理

1) 数据选择器(Data Selector)

数据选择器又称多路开关,它有多个输入、一个输出,在控制端的作用下可从多路并行数据中选择一路数据作为输出。数据选择器可以用函数式表示为:

$$Y=\sum_{i=0}^{n-1}\overline{G}m_iC_i$$

式中:$\overline{G}$ 为使能端;m_i 为地址最小项;C_i 为数据输入。

数据选择器可以用来实现任意函数发生器,数据的并/串转换器等,它和变量译码器一起可以组成多路数据传输系统。

74LS153 是一个双四选一数据选择器,其引脚图如图 2.7.1 所示,功能表见表 2.7.1。

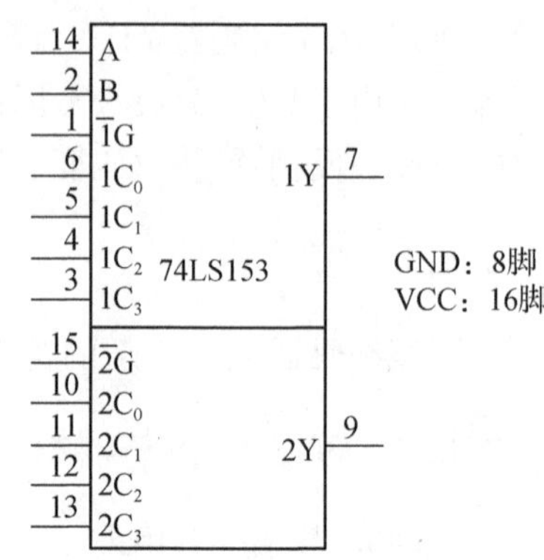

图 2.7.1 74LS153 引脚图

表 2.7.1 74LS153 功能表

输入选择		数据输入					输出
B	A	C_0	C_1	C_2	C_3	$\overline{G}$	Y
X	X	X	X	X	X	H	L
L	L	L	X	X	X	L	L
L	L	H	X	X	X	L	H
L	H	X	L	X	X	L	L
L	H	X	H	X	X	L	H
H	L	X	X	L	X	L	L
H	L	X	X	H	X	L	H
H	H	X	X	X	L	L	L
H	H	X	X	X	H	L	H

一片 74LS153 中有两个四选一数据选择器,且每个都有一个选通输入端 G,输入低电平有效。应当注意到:选择输入端 B、A 为两个数据选择器所共用;从功能表可以看出,数据输出 Y 的逻辑表达式为:

$$Y=G[C_0(\overline{BA})+C_1(\overline{B}A)+C_2(B\overline{A})+C_3(BA)]$$

即当选通输入 $G=0$ 时,若选择输入 B、A 分别为 00、01、10、11,则相应地把 C_0、C_1、C_2、C_3 送到数据输出端 Y 去。当 $G=1$ 时,Y 恒为 L。

2) 数据选择器的应用

(1) 数据选择器是一种通用性很强的功能件,其功能可扩展,当需要输入通道数目较多的多路器时,可采用多级结构或灵活运用选通端功能的方法来扩展输入通道数目。

(2) 应用数据选择器可以方便而有效地设计组合逻辑电路,与用小规模电路来设计逻辑电路相比,前者可靠性好,成本低。

(3) 实现逻辑函数

用一个四选一数据选择器可以实现任意三变量的逻辑函数；用一个八选一可以实现任意四变量的逻辑函数；当变量数目较多时，设计方法是合理地选用地址变量，通过对函数的运算，确定各数据输入端的输入方程，也可以用多级数据选择器来实现。

比如：用四选一多路器实现三变量函数 $F=AB+BC+AC$，将表达式整理得 $F=\overline{B}\,\overline{A}\cdot 0+\overline{B}AC+B\overline{A}C+AB\cdot 1$，对应于四选一的逻辑表达式，显然：$C_0=0$，$C_1=C_2=C$，$C_3=1$，电路如图 2.7.2 所示。

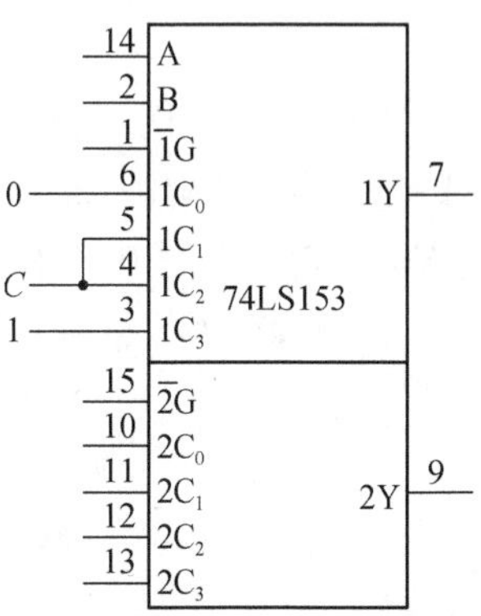

图 2.7.2　74LS153 实现 3 变量逻辑函数

(4) 利用数据选择器也可以将并行码变为串行码。方法是将并行码送入数据选择器的输入端，并使其选择控制端按一定编码顺序变化，就可以在输出端得到相应的串行码输出。

2.7.3　实验内容

(1) 验证 74LS153 的逻辑功能。

(2) 用 2 个四选一数据选择器构成 1 个八选一数据选择器。

设计过程：

根据四选一数据选择器的功能表可以很方便得到八选一的逻辑图，如图 2.7.3 所示。它利用选通端来达到扩展输入通道的目的，请列出其功能表，并验证实现的功能。

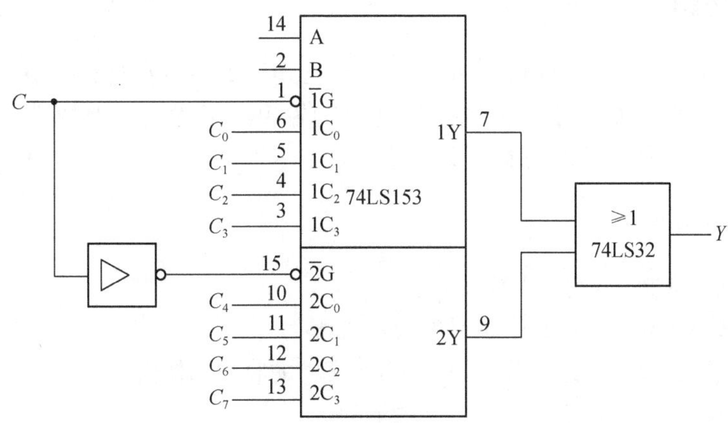

图 2.7.3　2 个四选一构成八选一

(3) 试用数据选择器实现逻辑函数 $Y=AB+AC+BC$。

① 选用数据选择器。由于逻辑函数 Y 中有 A、B、C 三个变量，所以，可选用八选一数据选择器，现选用 74LS151。

② 写出逻辑函数的标准与一或表达式。逻辑函数 Y 的标准与一或表达式为：

$$Y=AB+AC+BC=\overline{A}BC+A\,\overline{B}C+AB\,\overline{C}+ABC$$

写出八选一数据选择器的输出表达式 Y'：

$$Y'=\overline{A_2A_1A_0}D_0+\overline{A_2A_1}A_0D_1+\overline{A_2}A_1\overline{A_0}D_2+\overline{A_2}A_1A_0D_3$$
$$+A_2\overline{A_1A_0}D_4+A_2\overline{A_1}A_0D_5+A_2A_1\overline{A_0}D_6+A_2A_1A_0D_7$$

③ 比较 Y 和 Y' 两式中最小项的对应关系。设 $Y=Y'$，$A=A_2$，$B=A_1$，$C=A_0$，Y' 式中包含 Y 式中的最小项时，数据取 1，对于 Y 式中没有出现的最小项，Y' 式中相应的最小项应去掉，有关数据取 0。由此得

$$\begin{cases}D_0=D_1=D_2=D_4=0\\D_3=D_5=D_6=D_7=1\end{cases}$$

④ 画连线图。根据上式可画出图 2.7.4 所示的连线图。

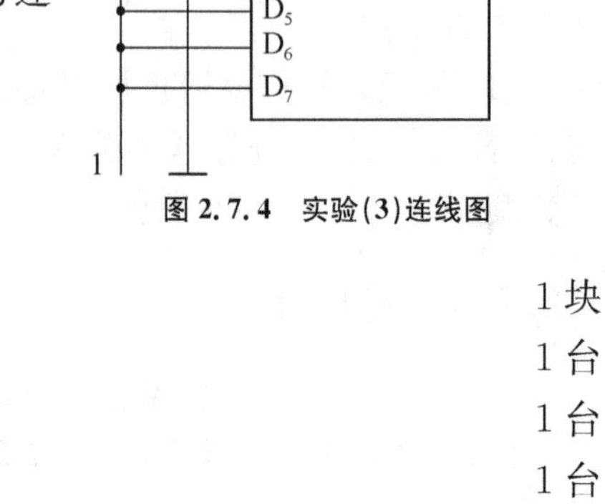

图 2.7.4 实验(3)连线图

(4) 用五片四选一实现十六选一数据选择器。

2.7.4 实验设备与器材

UT39C 数字式万用表	1 块
IT6302 直流稳压电源	1 台
AFG1022 低频信号发生器	1 台
TBS1102B-EDU 型双踪示波器	1 台
数字系统综合实验箱	1 台
集成电路 74LS32、74LS151、74LS153 等	若干

2.7.5 思考题

(1) 复习 74LS153 的逻辑功能。拟订一个验证 74LS153 功能的方案，画出需要的表格。

(2) 在分时传送系统中，若数据选择器(MUX)输出由 Y 输出改为 W 反码输出，应如何改变电路连接才能保持系统的功能不变？

2.7.6 实验报告

在预习报告的基础上，完成下列内容：

(1) 详细写出实验内容中每个题目的设计过程。

(2) 对实验过程及现象进行分析，总结本次实验的收获和体会。

(3) 系统总结进行数字组合电路实验的流程。

2.8 译码器实验

2.8.1 实验目的

(1) 理解译码器实现的工作机制。

(2) 掌握译码器 74LS138 的功能及简单应用。

(3) 进一步学习中规模组合逻辑电路的设计方法。

2.8.2 实验原理

1) 译码器

译码器是一种多输出逻辑电路。功能为把给定的二进制数码译成十进制数码、其他形式的代码或控制电平。译码器可用于数字显示、代码转换、数据分配、存储器寻址和组合控制信号等方面。

74LS138 是一个 3 线—8 线通用译码器，它属于 n 线—2^n线译码器的范畴。其功能表见表 2.8.1，引脚图见图 2.8.1。其中，C、B、A 是地址输入端，$Y_0 \sim Y_7$是译码输出端，G_1、G_{2A}、G_{2B}为使能端，当 $G_1=1$，$G_{2A}+G_{2B}=0$ 时，译码器正常译码输出。

表 2.8.1 74LS138 功能表

使能输入			逻辑输入			输出							
G_1	G_{2A}	G_{2B}	C	B	A	Y_0	Y_1	Y_2	Y_3	Y_4	Y_5	Y_6	Y_7
X	H	X	X	X	X	H	H	H	H	H	H	H	H
X	X	H	X	X	X	H	H	H	H	H	H	H	H
L	X	X	X	X	X	H	H	H	H	H	H	H	H
H	L	L	L	L	L	L	H	H	H	H	H	H	H
H	L	L	L	L	H	H	L	H	H	H	H	H	H
H	L	L	L	H	L	H	H	L	H	H	H	H	H
H	L	L	L	H	H	H	H	H	L	H	H	H	H
H	L	L	H	L	L	H	H	H	H	L	H	H	H
H	L	L	H	L	H	H	H	H	H	H	L	H	H
H	L	L	H	H	L	H	H	H	H	H	H	L	H
H	L	L	H	H	H	H	H	H	H	H	H	H	L

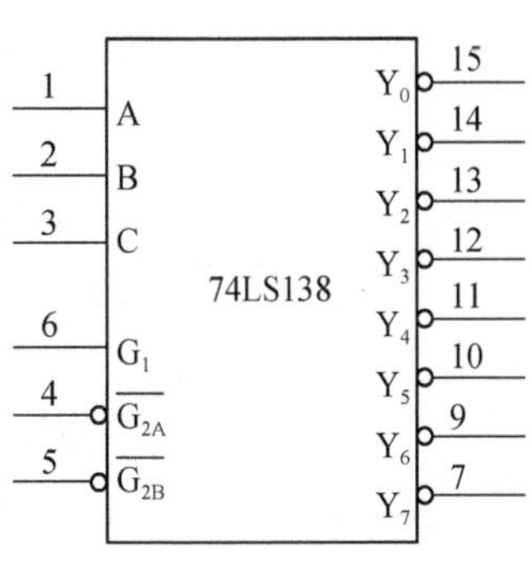

图 2.8.1 74LS138 引脚图

2) 译码器的应用

(1) 利用元器件使能端可方便地将两个 3 线—8 线译码器组合成一个 4 线—16 线的译码器。

(2) 实现 8 路分配器。方法是在使能端的一个输入端输入数据信号，C、B、A 按二进制码变化，就可将输入数据信号分别送至各输出端。

(3) 实现组合逻辑函数。

译码器的每一路输出是地址码的一个最小项的反变量，利用其中一部分输出的与非关系，也就是它们相应最小项的或逻辑表达式，可以实现组合逻辑函数。

例如：$F=AB+BC+AC$，$F(C、B、A)=\Sigma_m(3,5,6,7)$可用译码器及与非门实现，如图 2.8.2。

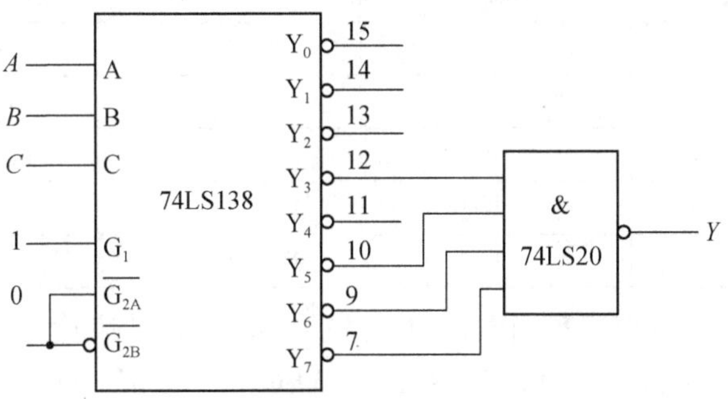

图 2.8.2 74LS138 实现 3 变量逻辑函数

(4) 实现并行数据比较器。

如果把一个译码器和多路选择器串联起来，就可以构成并行数据比较器。例如：用一个3线—8线译码器和一个八选一数据选择器可组成一个3位二进制数的并行比较器，如图2.8.3所示，若两组3位二进制数相等，即$A_1B_1C_1=A_2B_2C_2$，译码器的“0”输出被数据选择器选出，$Y=0$；若不等，则$Y=1$。

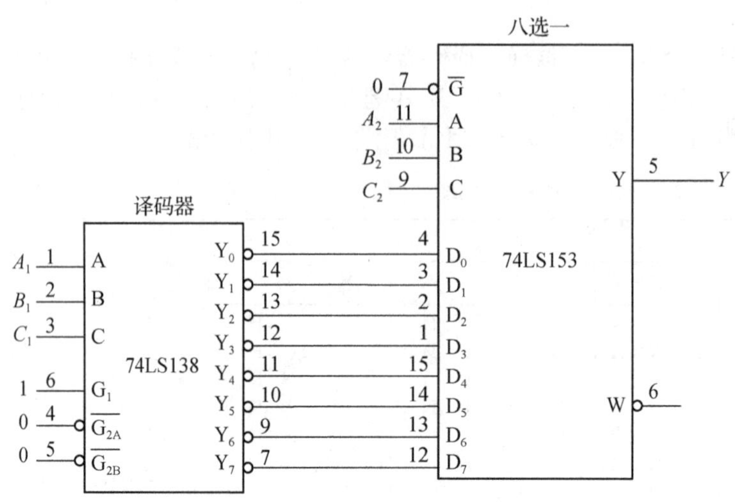

图 2.8.3 用译码器和数据选择器构成比较器

2.8.3 实验内容

(1) 验证74LS138的逻辑功能。

(2) 用译码器实现下面的组合逻辑电路。

三台电动机的工作情况用红、黄两个指示灯进行监视。当一台电动机出现故障时，黄灯亮；当两台电动机出故障时，红灯亮；当三台电动机出故障时，红灯和黄灯都亮。试用译码器和门电路设计此控制电路。

① 分析设计要求，列出真值表。设三台电动机为A、B、C，出故障时为1，正常工作时为0。红、黄两个指示灯为Y_A、Y_B，灯亮为1，灯灭为0。由此可以列出真值表，如表2.8.2所示。

表 2.8.2 真值表

输入			输出		输入			输出	
A	B	C	Y_A	Y_B	A	B	C	Y_A	Y_B
0	0	0	0	0	1	0	0	0	1
0	0	1	0	1	1	0	1	1	0
0	1	0	0	1	1	1	0	1	0
0	1	1	1	0	1	1	1	1	1

② 根据真值表写出输出逻辑函数式，并变换为与非—与非表达式。

$$\begin{cases} Y_A=\overline{A}BC+A\overline{B}C+AB\overline{C}+ABC=\overline{\overline{m_3}\cdot\overline{m_5}\cdot\overline{m_6}\cdot\overline{m_7}} \\ Y_B=\overline{A}\overline{B}C+\overline{A}B\overline{C}+A\overline{B}\overline{C}+ABC=\overline{\overline{m_1}\cdot\overline{m_2}\cdot\overline{m_4}\cdot\overline{m_7}} \end{cases}$$

③ 选择译码器。控制电路有 3 个输入信号 A、B、C，有两个输出信号 Y_A、Y_B。因此，选用 3 线—8 线译码器 74LS138。

④ 将 Y_A、Y_B式与 74LS138 的输出表达式进行比较。设 $A=A_2$、$B=A_1$、$C=A_0$，得

$$\begin{cases} Y_A=\overline{\overline{Y_3}\cdot\overline{Y_5}\cdot\overline{Y_6}\cdot\overline{Y_7}} \\ Y_B=\overline{\overline{Y_1}\cdot\overline{Y_2}\cdot\overline{Y_4}\cdot\overline{Y_7}} \end{cases}$$

⑤ 画连线图，如图 2.8.4 所示。

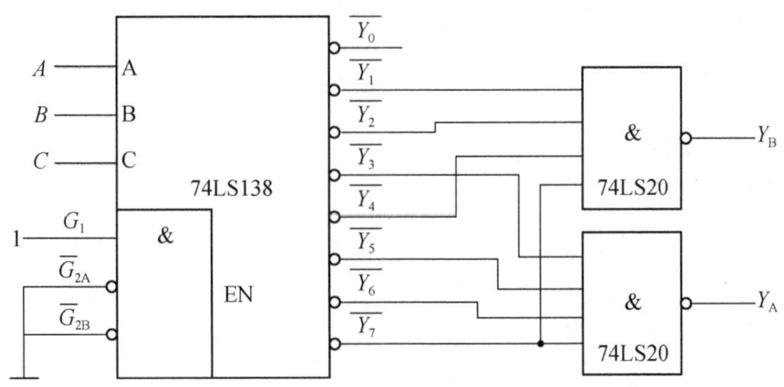

图 2.8.4　实验(2)连接线

(3) 用两片 74LS138 组成 4 线—16 线译码器

如图 2.8.5 所示为用两片 74LS138 组成 4 线—16 线译码器的逻辑图。74LS138(1)为低位片，74LS138(2)为高位片，将低位片的 G_1 接高电平 1，高位片的 G_1 和低位片的 $\overline{G}_{2A}$相连作 S，同时将低位片的$\overline{G}_{2B}$和高位片的$\overline{G}_{2A}$、$\overline{G}_{2B}$相连作使能端 E，便组成了 4 线—16 线译码器。其工作情况如下：

当 $E=1$ 时，两个译码器都不工作，输出$\overline{Y_{15}}\sim\overline{Y_0}$都为高电平 1。

当 $E=0$ 时，译码器工作。

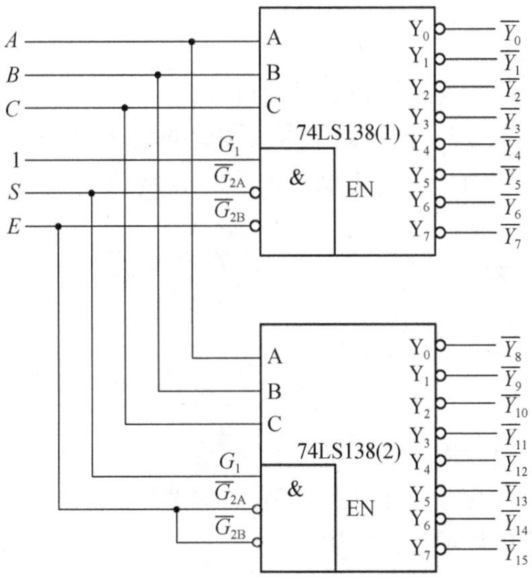

图 2.8.5　两片 74LS138 组成 4 线—16 线译码器

① 当 $S=0$ 时，低位片 74LS138(1)工作，这时，输出$\overline{Y_7}\sim\overline{Y_0}$由输入二进制代码 CBA 决定。由于高位片 74LS138(2)的 $G_1=S=0$ 而不能工作，输出$\overline{Y_{15}}\sim\overline{Y_8}$都为高电平 1。

② 当 $S=1$ 时，低位片 74LS138(1)的$\overline{G}_{2A}=S=1$ 不工作，输出$\overline{Y_7}\sim\overline{Y_0}$都为高电平 1。高位片 74LS138(2)的 $G_1=S=1$，$\overline{G}_{2B}=\overline{G}_{2A}=0$，处于工作状态，输出$\overline{Y_{15}}\sim\overline{Y_8}$由输入二进制代码 CBA 决定。

(4) 用数据选择器 74LS153 和译码器 74LS138 设计 5 路信号分时传送系统。测试在 CBA 控制下输入 $D_4\sim D_0$ 和输出 $Y_4\sim Y_0$ 的对应波形关系。

2.8.4 实验设备与器材

UT39C 数字式万用表	1 块
IT6302 直流稳压电源	1 台
AFG1022 低频信号发生器	1 台
TBS1102B-EDU 型双踪示波器	1 台
数字系统综合实验箱	1 台
集成电路 74LS20、74LS138、74LS153 等	若干

2.8.5 思考题

(1) 复习 74LS138 的逻辑功能。拟订一个验证 74LS138 功能的方案，画出需要表格。

(2) 怎样将两个 3 线—8 线译码器组合成一个 4 线—16 线的译码器？请画出逻辑电路图。

(3) 利用数据选择器和译码器实现组合逻辑函数各有何特点？试用一片 74LS138 和与非门或用一片 74LS153 实现函数 $F=\overline{A}\,\overline{B}C+\overline{A}B\,\overline{C}+A\,\overline{B}\,\overline{C}+ABC$。请画出逻辑电路图。

2.8.6 实验报告

在预习报告的基础上，完成下列内容：

(1) 详细写出实验内容中每个题目的设计过程。

(2) 对实验过程及现象进行分析，总结本次实验的收获和体会。

(3) 系统总结进行数字组合电路实验的流程。

2.9 触发器实验

2.9.1 实验目的

(1) 理解时序电路与组合电路的区别与联系。

(2) 理解 D 触发器、JK 触发器的工作机制及简单应用。

(3) 学习小规模时序电路的设计方法。

2.9.2 实验原理

1) 触发器概述

触发器是最基本的存储元器件，它的存在使逻辑运算能够有序地进行，这就形成了时序电路。时序电路的运用比组合电路更加广泛。

触发器具有两种稳定状态，分别用逻辑"0"和逻辑"1"表示。有三种输入端：① 直接复位、置位端，用 CLR 和 PR 表示，当复位或置位端有效时，触发器不受其他输入端状态的影响，直接置 0 或置 1。② 时钟脉冲输入端，它用来控制触发器状态的更新，用 CLK 表示。CLK 端有小圆圈，表示该触发器在 CLK 脉冲的下降沿时更新状态。CLK 端没有小圆圈，表示该触发器在 CLK 脉冲的上升沿更新状态。③ 数据输入端，它是触发器状态更新的依据。

为了正确使用触发器，不仅需要掌握触发器的逻辑功能，还要注意不同类型触发器对 CLK 脉冲与数据输入信号之间不同的配合要求。一般情况，边沿触发器要求数据输入信号超前 CLK 脉冲的触发边沿一段时间建立，并在出发边沿到达后继续保持一段时间。主从触发器要求数据输入信号在 CLK＝1 期间不应发生变化，否则可能导致触发器的错误输出。

触发器和组合元器件结合可构成各种功能的时序电路(包括同步和异步时序电路)：① 时序电路中最常用也是最简单的电路是计数器电路，有同步计数器和异步计数器；② 移位寄存器是多个触发器串接而成的一种同步时序电路；③ 序列检测器也是同步时序电路的基本应用形式；④ 随机存取存储器在当前的电子设备中被广泛使用。

2) 基本 RS 触发器

(1) 基本 RS 触发器的工作原理

从实际使用的角度看，相对其他触发器来看，基本 RS 触发器的应用较少，但理解基本 RS 触发器的组成结构及工作原理，对掌握 D 触发器、JK 触发器的功能与应用有很大帮助，基本 RS 触发器是各种触发器的最基本组成部分，因此，有必要掌握基本 RS 触发器的功能，并了解其简单应用。

基本 RS 触发器可以存储一位二进制信息，在使用时有个地方要注意：当 R 和 S 输入端同时为 0 时，触发器的输出状态是不稳定的。R＝S＝0 的情况应该避免。

(2) 基本 RS 触发器的应用

基本 RS 触发器的用途之一是构成无抖动开关。一般的机械开关(见图 2.9.1)存在接触抖动，往往在几十毫秒内出现多次抖动，相当于出现几个脉冲(见图 2.9.2)，如果用这种信号去驱动电路工作，将使电路产生错误，这是不允许的。为了消除机械开关的接触抖动，可以利用基本 RS 触发器构成无抖动开关(见图 2.9.3)，使开关拨动一次，输出仅发生一次变化(见图 2.9.4)。这种无抖动开关电路在今后的时序电路和数字系统中经常用到，必须引起足够重视。

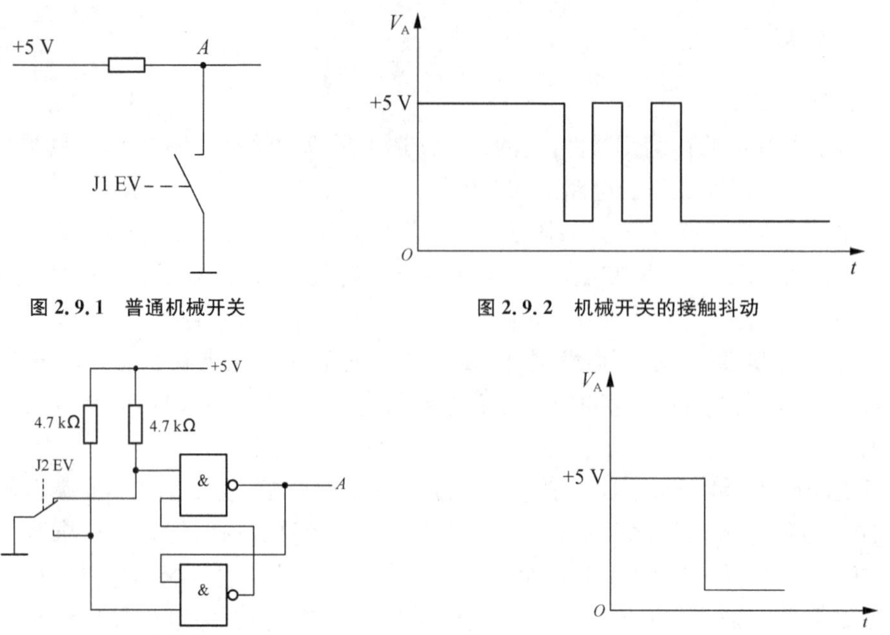

图 2.9.1 普通机械开关

图 2.9.2 机械开关的接触抖动

图 2.9.3 无抖动开关

图 2.9.4 无抖动开关的情况突变

我们使用的数字系统综合实验箱的输入电平产生部分采用了无抖动开关结构。使用了集成的 RS 触发器 74LS279，74LS279 内部集成了 4 个基本 RS 触发器。关于它的使用方法可参考集成电路手册。

3）边沿 D 触发器

（1）74LS74D 触发器

74LS74D 触发器在时钟 *CP* 作用下，具有置 0、置 1 功能，图 2.9.5 为 74LS74 的逻辑符号，在时钟 *CP* 上升沿时刻，触发器输出 *Q* 根据输入 *D* 而改变，其余时间触发器状态保持。*CLR* 和 *PR* 为异步复位、置位端，低电平有效，可对电路预置初始状态。功能表如表 2.9.1 所示。74LS74 内部集成了 2 个双上升沿 D 型触发器。

74LS74
4 $\overline{1PR}$
3 1CLK
2 1D
1 $\overline{1CLR}$
1Q 5
$\overline{1Q}$ 6
GND：7脚
V_{DD}：14脚
上升沿触发

图 2.9.5 D 触发器 74LS74 逻辑符号

表 2.9.1 D 触发器功能表

输入				输出	
$\overline{PR}$	$\overline{CLR}$	*CLK*	*D*	*Q*	$\overline{Q}$
L	H	X	X	H	L
H	L	X	X	L	H
L	L	X	X	H↑	L↑
H	H	↑	H	H	L
H	H	↑	L	L	H
H	H	L	X	Q_0	$\overline{Q_0}$

（2）其他 D 触发器及应用除了 74LS74，74LS174、74LS273、74LS374 等都是边沿触发的 D 触发器，可根据需要选用，使用方法参考元器件手册。

① D 触发器的使用非常简单，常用于计数器和其他时序逻辑电路，工作时在时钟上升沿改变输出状态。

② 将 D 触发器接入微处理器总线，当时钟上升沿到来时输入状态被存储下来。

4) JK 触发器

在所有类型触发器中，JK 触发器功能最全，具有置 0、置 1、保持和翻转等功能。74LS112 的逻辑符号如图 2.9.6 所示，功能表如表 2.9.2 所示。74LS112 内部集成了两组下降沿触发的 JK 触发器。

常用的 JK 触发器还有 74LS73、74LS113、74LS114 等，功能及使用方法略有不同，使用时根据需要参考元器件手册。

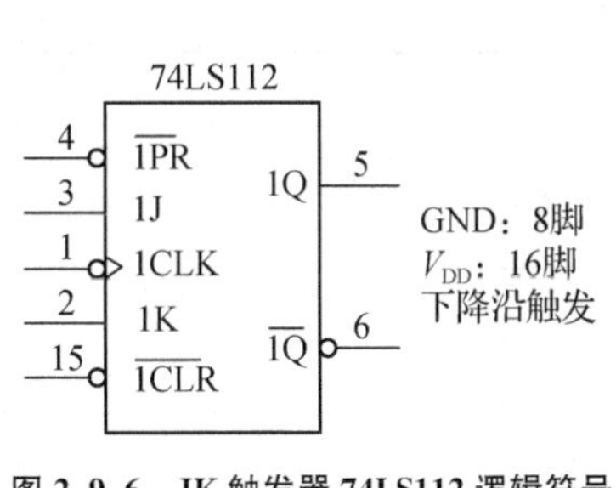

图 2.9.6 JK 触发器 74LS112 逻辑符号

表 2.9.2 74LS112 功能表

输入					输出	
$\overline{PR}$	$\overline{CLR}$	CLK	J	K	Q	$\overline{Q}$
L	H	X	X	X	H	L
H	L	X	X	X	L	H
L	L	X	X	X	H^+	H^+
H	H	↓	L	L	Q_0	$\overline{Q_0}$
H	H	↓	H	L	H	L
H	H	↓	L	H	L	H
H	H	↓	H	H	定值	
H	H	H	X	X	Q_0	$\overline{Q_0}$

5) 触发器的使用注意事项

(1) 在同一同步时序电路中，各触发器的触发时钟脉冲是同一个时钟脉冲。因此同一电路中应尽可能选用同一类型的触发器或触发沿相同的触发器。

(2) 由于触发器状态端(Q 或$\overline{Q}$)的负载能力是有限的，所带负载不能超过扇出系数。特别是 TTL 电路的触发器负载能力较弱，如果超负载将会造成输出电平非高非低逻辑不清。解决的方法：采用插入驱动门来增加 Q 端或$\overline{Q}$端的负载能力，也可根据需要，在 Q 端通过一反相器，帮助$\overline{Q}$端带负载；反之亦然。

(3) 要保证电路具有自启动能力。检查的方法：利用$\overline{CLR}$端和$\overline{PR}$端使电路处于未使用状态，观察电路在时钟作用下状态是否会回到使用状态。如果不能，则应改进电路使其具有自启动能力。

(4) 一般情况下，测试电路的逻辑功能是验证了它的状态转换真值表。更严格的测试应包括得出电路的时序波形图，检查是否符合设计要求。测试方法：在时钟输入端输入一个方波信号，用双踪示波器观察记录电路各级对应方波信号的工作波形。

2.9.3 实验内容

(1) 测试 D 触发器 74LS74 的逻辑功能

按表 2.9.3 要求，观察并记录 Q 的状态。

(2) 测试 JK 触发器 74LS112 的逻辑功能，观察并记录 Q 的状态。

(3) 用 D 触发器设计一个六进制异步加法计数器。

表 2.9.3　D 触发器功能测试表

$\overline{PR}$	$\overline{CLR}$	D	CLK	Q^{n+1}	
				$Q^n=0$	$Q^n=1$
⊔	1	X	X		
1	⊔	X	X		
1	1	0	↑		
1	1	1	↑		

表 2.9.4　JK 触发器功能测试表

$\overline{PR}$	$\overline{CLR}$	J	K	CLK	Q^{n+1}	
					$Q^n=0$	$Q^n=1$
⊔	1	X	X	X		
1	⊔	X	X	X		
1	1	0	0	↓		
1	1	0	1	↓		
1	1	1	0	↓		
1	1	1	1	↓		

设计过程：

分析题意，n 个 D 触发器构成加法计数器时，最多有 2^n 个有效状态，可构成 2^n 进制加法计数器。六进制计数器共含 6 个有效状态，因此至少需要 3 个触发器。3 个触发器构成加法计数器时可构成八(2^3)进制计数器，由此找出清 0 的条件，因 $6=(110)_2$，Q_2 和 Q_1 为 1，故将 Q_2 和 Q_1 触发器的 Q 端"与非"后接到各个触发器的异步清 0 端 $\overline{CLR}$，即可构成六进制异步加法计数器，有效状态范围为 000～101，共 6 个状态，电路如图 2.9.7 所示。

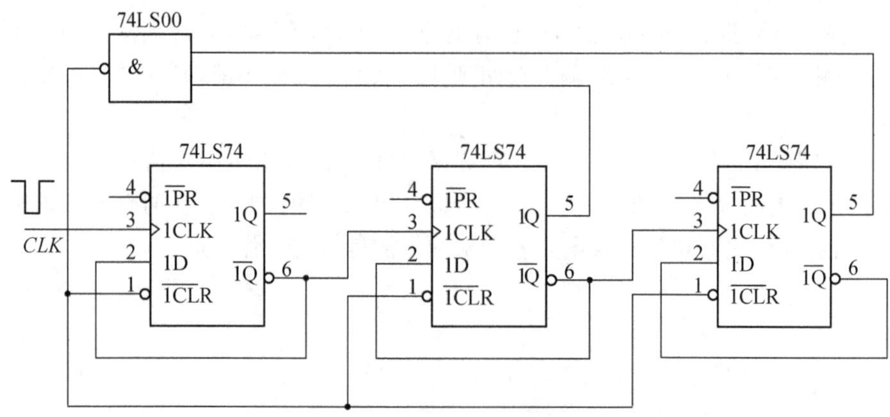

图 2.9.7　六进制加法计数器电路图

(4) 从理论上分析图 2.9.8 的逻辑功能，并根据图 2.9.8 画出实验电路图。验证电路功能。

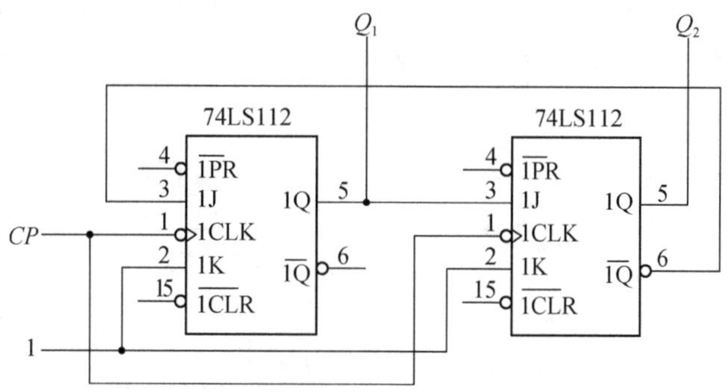

图 2.9.8　计数电路

理论分析：

JK 触发器的逻辑表达式为：

$$Q^{n+1}=J^n\overline{Q^n}+\overline{K^n}Q^n$$

电路的激励方程组为：

$$\begin{cases}J_1^n=\overline{Q_2^n}\\K_1^n=1\end{cases}\quad\begin{cases}J_2^n=Q_1^n\\K_2^n=1\end{cases}$$

根据图 2.9.8，$K=1$，所以次态方程组为：

$$\begin{cases}Q_1^{n+1}=J_1^n\ \overline{Q_1^n}=\overline{Q_2^n\ Q_1^n}\\Q_2^{n+1}=J_2^n\ \overline{Q_2^n}=\overline{Q_2^n}Q_1^n\end{cases}$$

由此得该电路的状态转换图如图 2.9.9 所示。

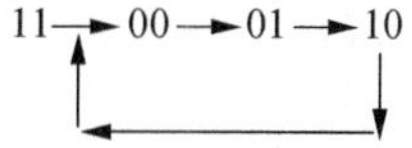

11→00→01→10

图 2.9.9　电路的状态转换图

根据图 2.9.10，可判断出电路功能为一个三进制计数器，并进行验证。

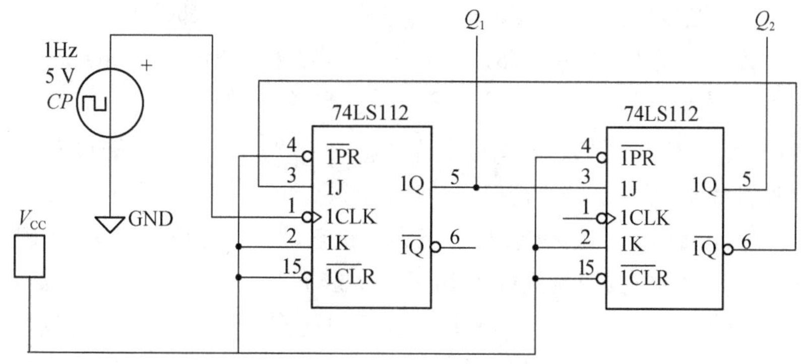

图 2.9.10　计数电路

(5) 组成分频电路

将边沿 D 触发器 D 端和$\overline{Q}$端相连时，组成具有翻转功能的 T′触发器，电路如图 2.9.11(a)所示，其特性方程为：

$$Q^{n+1}=\overline{Q^n}$$

图 2. 9. 11(b)为其输入和输出的电压波形。由该波形图可以看出，输出 Q 波形的周期 T_Q为时钟脉冲波形 CP 周期 T_{CP}的两倍，其频率 f_Q则为 CP 频率 f_{CP}的 1/2，因此图 2. 9. 11(a)所示为一个二分频电路。

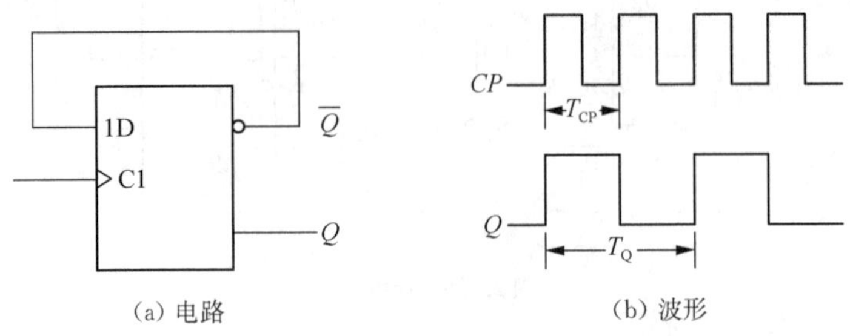

图 2. 9. 11　D 触发器构成的二分频电路和电压波形

图 2. 9. 12 所示为石英手表中的秒脉冲产生电路。石英振荡器输出振荡信号的频率为 32 768 Hz，经 15 级二分频以后，获得频率为 1 Hz 即周期为 1 s 的秒脉冲信号。

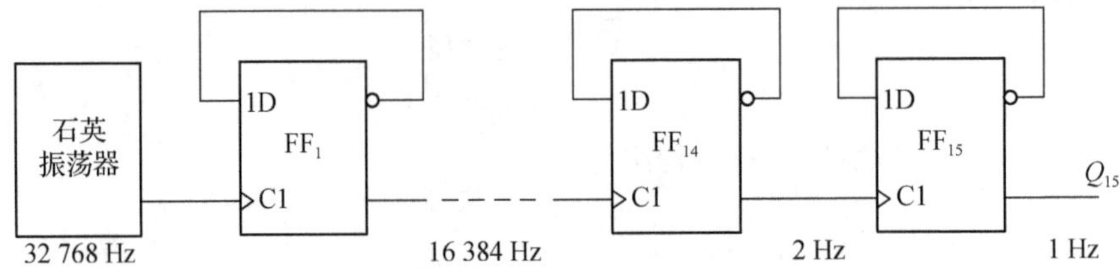

图 2. 9. 12　D 触发器构成的秒脉冲信号电路

本次实验要求使用 D 触发器，搭建秒脉冲产生电路，验证 D 触发器构成的秒脉冲信号电路。

(6) 第一信号鉴别电路

图 2. 9. 13 所示为由 4 个 JK 触发器组成的第一信号鉴别电路，用以判别 S_0～S_3送入的 4 个信号中，哪一个信号最先到达。其工作过程如下：

开始工作前，先按复位开关 S_R，FF_0～FF_3都被置 0，$\overline{Q_0}$～$\overline{Q_3}$都输出高电平 1，发光二极管 LED_0～LED_3不发光。这时，G_1输入都为高电平 1，G_2输出 1，FF_0～FF_3的 $J=K=1$，这 4 个触发器处于接收输入信号的状态。在 S_0～S_3的 4 个开关中，如 S_3第一个按下时，则 FF_3首先由 0 状态翻到 1 状态，$\overline{Q_3}=0$，这一方面使发光二极管 LED_3发光，同时使 G_2输出 0，这时 FF_0～FF_3的 J 和 K 都为低电平 0，都执行保持功能。因此，在 S_3按下后，其他三个开关 S_0～S_2任一个再按下时，FF_0～FF_2的状态不会改变，仍为 0 状态，发光二极管 LED_0～LED_2也不会亮，所以，根据发光二极管的发光可判断开关 S_3第一个按下。

如要重复进行第一信号判别时，则在每次进行判别前，应先按复位开关 S_R，使 FF_0～FF_3处于接收状态。图 2. 9. 13 所示电路又称作抢答器。

(7) 怎样将 JK 触发器 74LS112 转换成 D 触发器？画出逻辑电路图。

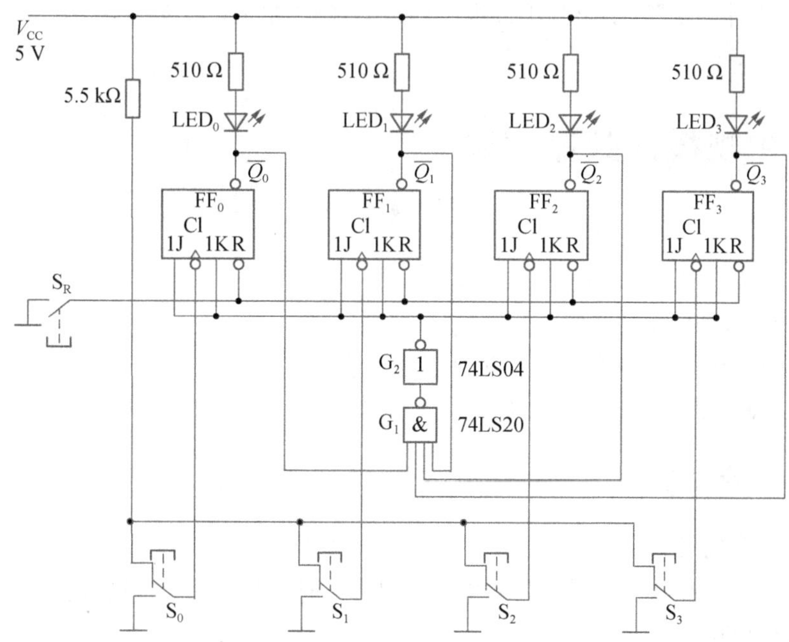

图 2.9.13 第一信号鉴别电路

2.9.4 实验设备与器材

UT39C 数字式万用表	1 块
IT6302 直流稳压电源	1 台
AFG1022 低频信号发生器	1 台
TBS1102B-EDU 型双踪示波器	1 台
数字系统综合实验箱	1 台
集成电路 74LS00、74LS04、74LS20、74LS74、74LS112 等	若干
5.5 kΩ、510 Ω、发光二极管、电阻等	若干

2.9.5 思考题

(1) 复习基本 RS 触发器、D 触发器、JK 触发器的组成原理、功能及使用方法，拟订验证 D 触发器 74LS74、JK 触发器 74LS112 功能的方案，并设计出需要使用的表格。

(2) 在设计时序逻辑电路时如何处理各触发器的置“0”端 $R_D(\overline{CLR})$ 和置“1”端 S_D(SET、$\overline{PR}$)。

(3) 设计同步计数器时，选用哪一类型的触发器较方便？

(4) 设计异步计数器时，选用哪一类型的触发器较方便？

2.9.6 实验报告

在预习报告的基础上，完成下列内容：

(1) 对于验证性实验，详细列出实验进行的流程，对验证结果进行说明。

（2）对于设计性实验，要求列出详细设计过程，画出最后的实验电路图。对硬件测试结果进行说明。

2.10　中规模计数器实验

2.10.1　实验目的

（1）掌握计数器的概念。

（2）理解常用中规模计数器的工作机制及简单应用。

（3）掌握构成任意模数计数器的方法。

2.10.2　实验原理

1）计数器概述

计数器是最常用的时序电路之一，它实现对输入时钟脉冲个数进行计数。

（1）计数器的种类

① 根据计数器中各触发器是否共用一个时钟脉冲源来分，有同步计数器和异步计数器。

② 根据计数制来分，常用的有二进制计数器、十进制计数器和十六进制计数器。

③ 根据计数的增减趋势，可分为加法、减法和可逆计数器。

同步计数器中的所有触发器共用一个时钟脉冲 *CLK*，该脉冲直接或经一定的组合电路加至各触发器的 *CLK* 端，使该翻转的触发器同时翻转计数，因此工作速度较快。

异步计数器中各触发器不共用一个时钟脉冲 *CLK*，各级的翻转是异步的，工作速度较慢。而且，若由各级触发器直接译码，会出现竞争—冒险现象。但异步计数器的电路结构比同步计数器简单。

（2）MSI 计数器的功能表征方式有两种：功能表和时序波形图。

计数器的型号有很多，比较常用的有 74LS90、74LS161、74LS162、74LS163、74LS192、74LS193 等，既有 TTL 型元器件，也有 CMOS 型元器件，使用时需要借助元器件手册，认真阅读提供的功能表和时序波形图，只有在正确理解工作机制的基础上，才能根据需要合理选用。

在实验中可根据具体情况选择元器件型号，我们在讨论的时候侧重的是方法，因此，具体使用的时候，可根据元器件的实际情况进行调整。在本实验中主要讨论 74LS163、74LS192 的功能和一些简单应用。

2）MSI 计数器 74LS163

74LS163 为 4 位二进制同步可预置加法计数器，逻辑符号如图 2.10.1 所示。功能表见表 2.10.1。

表 2.10.1 对 74LS163 的功能表述得很清楚，在清 0、置数、计数时都需要时钟上升沿到来时才能实现相应功能。

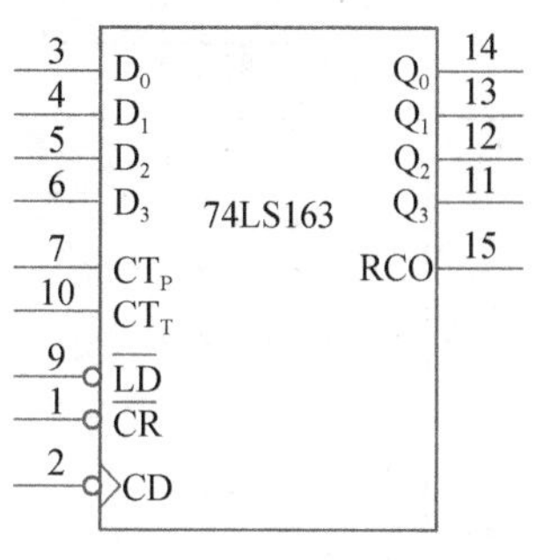

图 2.10.1 74LS163 逻辑符号

表 2.10.1 74LS163 功能表

输入									输出				工作方式
$\overline{CR}$	$\overline{LD}$	CT_P	CT_T	CP	D_3	D_2	D_1	D_0	Q_3	Q_2	Q_1	Q_0	
0	Φ	Φ	Φ	↑	Φ	Φ	Φ	Φ	0	0	0	0	同步清 0
1	0	Φ	Φ	↑	d_3	d_2	d_1	d_0	q_3	q_2	q_1	q_0	同步置数
1	1	Φ	0	Φ	Φ	Φ	Φ	Φ	Q_3^n	Q_2^n	Q_1^n	Q_0^n	保持
1	1	0	Φ	Φ	Φ	Φ	Φ	Φ	Q_3^n	Q_2^n	Q_1^n	Q_0^n	保持
1	1	1	1	↑	Φ	Φ	Φ	Φ	加法计数				加法计数

3）MSI 计数器 74LS192

74LS192 为同步十进制可逆计数器，逻辑符号如图 2.10.2 所示，功能表见表 2.10.2。

表 2.10.2 74LS192 功能表

输入								输出				工作方式
CR	$\overline{LD}$	CP_U	CP_D	D_3	D_2	D_1	D_0	Q_3	Q_2	Q_1	Q_0	
1	Φ	Φ	Φ	Φ	Φ	Φ	Φ	0	0	0	0	异步清 0
0	0	Φ	Φ	d_3	d_2	d_1	d_0	q_3	q_2	q_1	q_0	异步置数
0	1	↑	1	Φ	Φ	Φ	Φ	加法计数				计数
0	1	1	↑	Φ	Φ	Φ	Φ	减法计数				

图 2.10.2 74LS192 逻辑符号

表 2.10.2 对 74LS192 的功能表述得很清楚，在清 0、置数时，不需要时钟进行同步执行；计数需要时钟上升沿到来时实现相应功能。

4）MSI 计数器的应用

(1) MSI 计数器的级联

将两个以上的 MSI 计数器按一定方式串接起来是构成大规模计数器的方法。异步计数器一般没有专门的进位信号输出端。同步计数器往往设有进位(或借位)输出信号，供电路级联时使用。

(2) 构成模 N 计数器

合理使用元器件的清 0、置数功能，可以方便地构成任意进制计数器。

(3) 在数字系统中，计数器是应用非常广泛的一种元器件，除用于计数外，还常用作延时器和分频器等。

2.10.3 实验内容

1）测试 74LS163 的逻辑功能

根据表 2.10.3 的设置，将观察的输出情况记入表中。

表 2.10.3　74LS163 功能测试表

输入						输出
$\overline{CR}$	$\overline{LD}$	CT_P	CT_T	CP	D_3　D_2　D_1　D_0	Q_3　Q_2　Q_1　Q_0
0	Φ	Φ	Φ	↑	Φ　Φ　Φ　Φ	
1	0	Φ	Φ	↑	d_3　d_2　d_1　d_0	
1	1	Φ	0	Φ	Φ　Φ　Φ　Φ	
1	1	0	Φ	Φ	Φ　Φ　Φ　Φ	
1	1	1	1	↑	Φ　Φ　Φ　Φ	

2) 测试 74LS192 的逻辑功能

根据表 2.10.4 的设置，将观察的输出情况记入表中。

表 2.10.4　74LS192 功能测试表

输入					输出
CR	$\overline{LD}$	CP_U	CP_D	D_3　D_2　D_1　D_0	Q_3　Q_2　Q_1　Q_0
1	Φ	Φ	Φ	Φ　Φ　Φ　Φ	
0	0	Φ	Φ	d_3　d_2　d_1　d_0	
0	1	↑	1	Φ　Φ　Φ　Φ	
0	1	1	↑	Φ　Φ　Φ　Φ	

3) 用同步计数器 74LS192 构成模 $N=24$ 的计数器

要求以 BCD 码显示，设计过程：

首先分析一下 74LS192 的功能，它是一个十进制计数器，具有异步清 0、预置的功能，$N=24$ 时，需要两片 74LS192。有效状态为 0～23。

$$(23)_{10}=(00100011)_{BCD}$$

由此，很容易得到模为 24 的计数器电路，逻辑电路图如图 2.10.3 所示。

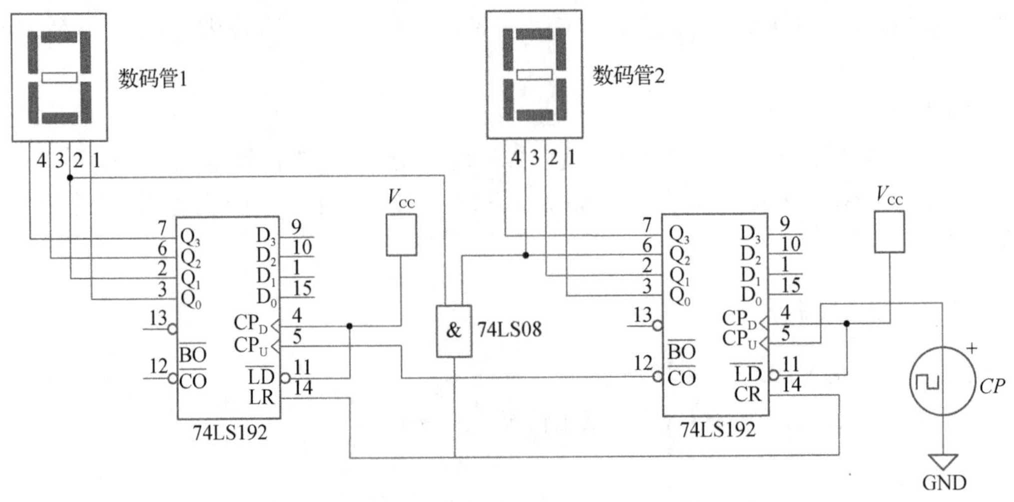

图 2.10.3　模为 24 计数器的逻辑电路图

4）用同步计数器 74LS192 构成模 $N=60$ 的计数器

要求以 BCD 码显示，设计过程：

用同步计数器 74LS192 构成模 $N=60$ 的计数器时，有效状态为 0～59。

$$(59)_{10}=(01011001)_{BCD}$$

模为 60 的计数器逻辑电路图如图 2.10.4 所示。

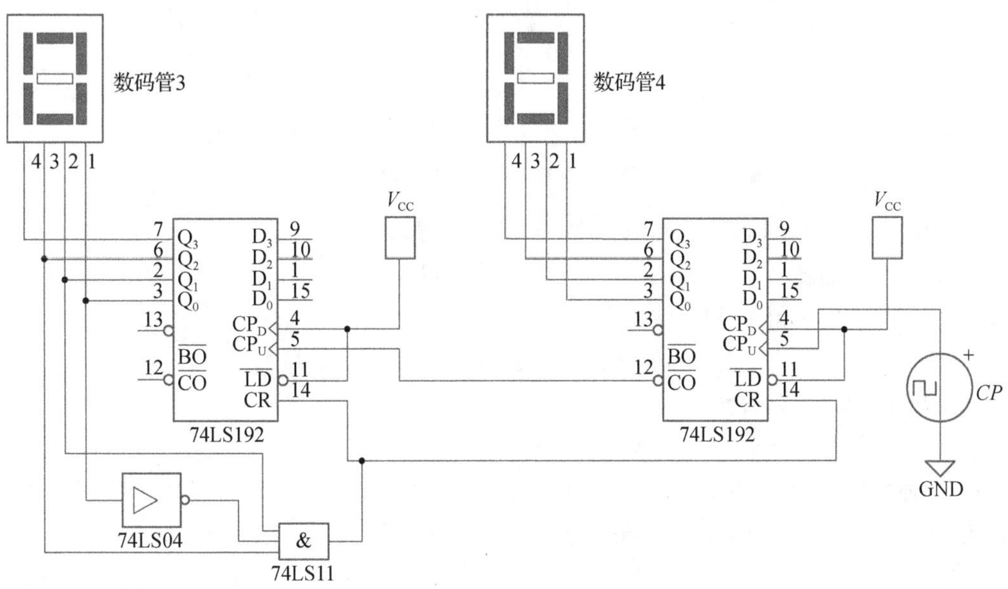

图 2.10.4　模为 60 的逻辑电路图

5）自拟方案验证 74LS90 的逻辑功能

6）用两片 74LS90 和少量门电路设计模为 24、60 的计数器各一个

7）试用 74LS290 构成六进制计数和七进制计数器

设 N 进制计数器的状态用 S_N表示。六进制计数器的状态为 S_6。

(1) 写出 S_6的二进制代码。它表示输入 6 个计数器脉冲 CP 时计数器的状态。$S_6=Q_3Q_2Q_1Q_0=0110$。

(2) 写出反馈归零函数。由于 74LS290 只有在 R_{0A}和 R_{0B}同时为高电平 1 时计数器才被置 0，因此反馈归零函数为与函数，即 $R_0=R_{0A}\cdot R_{0B}=Q_2\cdot Q_1$。

(3) 画连线图。由上式可知，要实现六进制计数，应将 Q_2、Q_1分别和 R_{0A}、R_{0B}相连，同时将 S_{9A}、S_{9B}接低电平，由于计数容量为 6，大于 5，还应将 Q_0和 CP_1相连，连线见图 2.10.5(a)。

用同样的方法，也可将 74LS290 构成七进制计数器，电路如图 2.10.5(b)所示。由于 74LS290 的异步置 0 端只有 R_{0A}和 R_{0B}两个，而计数器计到 7 时，输出高电平的输出端有 Q_2、Q_1、Q_0三个，因此需用与门综合，从而输出高电平 1 的置 0 信号，其反馈归零函数为 $R_0=R_{0A}\cdot R_{0B}=Q_2Q_1Q_0$。

单片 74LS290 只能计到 10 以内的数，在实际应用中经常要用到大容量计数器，这时，可将多片集成计数器级联起来扩大计数容量。

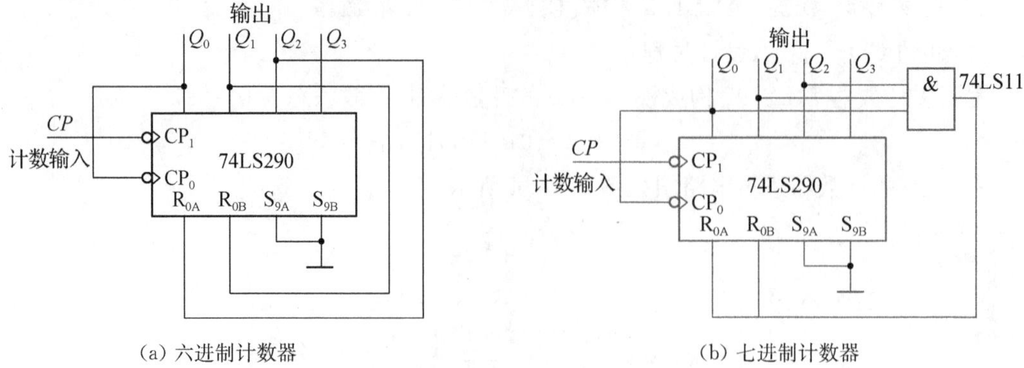

图 2.10.5 用 74LS290 构成六进制计数器和七进制计数器

8) 试用两片 74LS290 构成二十三进制计数器

设计数器十位输出为 $Q'_3Q'_2Q'_1Q'_0$，个位输出为 $Q_3Q_2Q_1Q_0$。

(1) 分别写出 S_{23} 十位和个位的二进制代码：

$$S_{23}=Q'_3Q'_2Q'_1Q'_0Q_3Q_2Q_1Q_0=00100011$$

(2) 写出反馈归零函数：

$$R_0=R_{0A}\cdot R_{0B}=Q'_1Q_1Q_0$$

(3) 画连线图。根据反馈归零函数画连线图，用两个与非门组成与门，同时将 S_{9A} 和 S_{9B} 接低电平，电路如图 2.10.6 所示，图中非门由与非门构成。

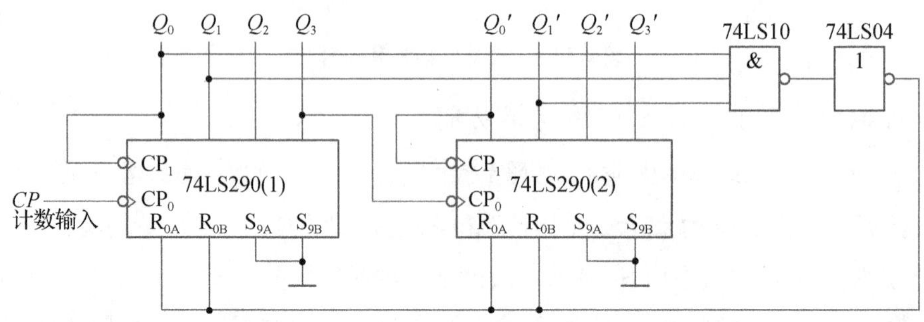

图 2.10.6 两片 74LS290 构成的二十三进制计数器

9) 试用 74LS161 的异步置 0 功能构成十进制计数器

(1) 写出 S_{10} 的二进制代码为：

$$S_{10}=Q_3Q_2Q_1Q_0=1010$$

(2) 写出反馈归零函数。由于异步置 0 信号位低电平 0，因此在 $Q_3=1$、$Q_1=1$ 时，反馈归零函数为与非函数。

$$\overline{CR}=\overline{Q_3Q_1}$$

(3) 画连线图。根据上式画连线图，如图 2.10.7(a)所示。

注意，利用异步置 0 控制端 $\overline{CR}$ 实现任意进制计数时，并行数据输入端 $D_0\sim D_3$ 可接任意数据，此实验中，$D_0\sim D_3$ 端都接低电平 0(地)，当然也可以接其他数据。

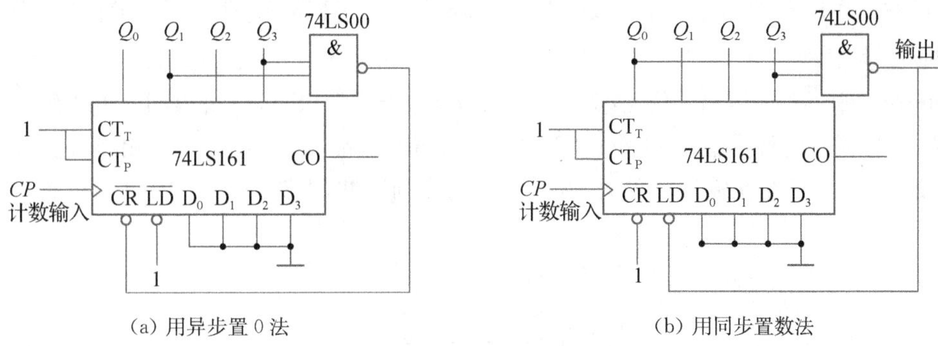

图 2.10.7 用 74LS161 构成十进制计数器的两种方法

10）试用 74LS161 的同步置数功能构成十进制计数器

设计数从 $Q_3Q_2Q_1Q_0=0000$ 状态开始，由于采用反馈置数法获得十进制计数器，因此应取 $D_3D_2D_1D_0=0000$，并置入计数器。采用置数控制端获得 N 进制计数器一般都从 0 开始计数。

（1）写出 S_{N-1} 的二进制代码为：

$$S_{N-1}=S_{10-1}=S_9=1001$$

（2）写出反馈置数函数。由于同步置数信号位低电平 0，因此，要使置数函数$\overline{LD}$在 $Q_3=1$、$Q_0=1$ 时为 0，则反馈置数函数为与非函数，即

$$\overline{LD}=\overline{Q_3Q_0}$$

（3）画连线图。画出十进制计数器的连线图，如图 2.10.7(b)所示。

一片 74LS161 可以构成 16 以内的任意进制计数器。

11）试用 74LS163 的同步置 0 功能构成十进制计数器

（1）写出 S_{10-1} 的二进制代码：

$$S_{10-1}=S_9=1001$$

（2）写出反馈归零函数为：

$$\overline{CR}=\overline{Q_3Q_0}$$

（3）画连线图。根据$\overline{CR}$的逻辑表达式画连线图，如图 2.10.8 所示。并行数据输入端可接任意数据。利用 74LS163 的同步置数功能可以构成任意进制计数器。

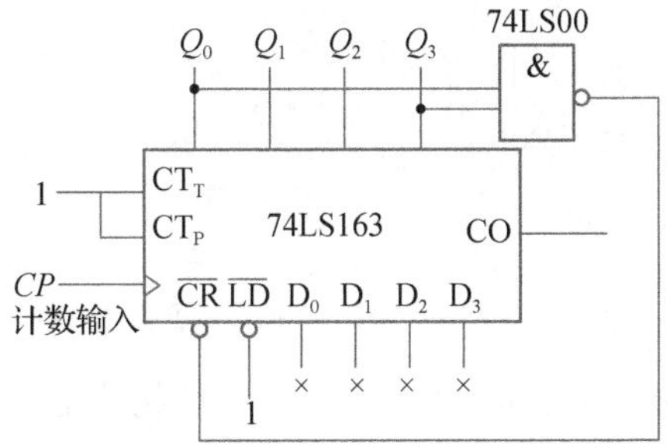

图 2.10.8 74LS163 构成十进制计数器

12）试用计数器 74LS161 和数据选择器 74LS151 设计一个 10100111 的序列脉冲发生器

由于序列脉冲的长度为 8 位，故选用 8 选 1 数据选择器 74LS151，并取 $D_0D_1D_2D_3D_4D_5D_6D_7=10100111$，同时将计数输出 $Q_2Q_1Q_0$ 和数据选择器的地址端 $A_2A_1A_0$ 对应相连，这时在时钟脉冲 CP 作用下，Y 端便输出序列为 10100111 的序列脉冲，电路如图 2.10.9 所示。

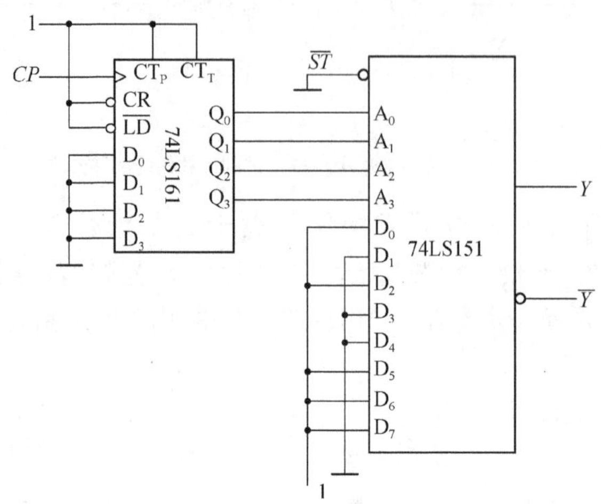

图 2.10.9　由 74LS161 和 74LS151 构成的 10100111 序列脉冲发生器

13）试用 74LS160 的同步置数功能构成七进制计数器

设计数器从 $Q_3Q_2Q_1Q_0=0000$ 状态开始计数，为此，应取 $D_3D_2D_1D_0=0000$。

(1) 写出 S_{7-1} 的二进制代码：

$$S_{7-1}=S_6=0110$$

(2) 写出反馈置数函数为：

$$\overline{LD}=\overline{Q_2Q_1}$$

(3) 画连线图。根据 $\overline{LD}$ 的逻辑表达式画连线图，同时将并行数据输入端 D_3、D_2、D_1 和 D_0 接低电平 0，如图 2.10.10 所示。

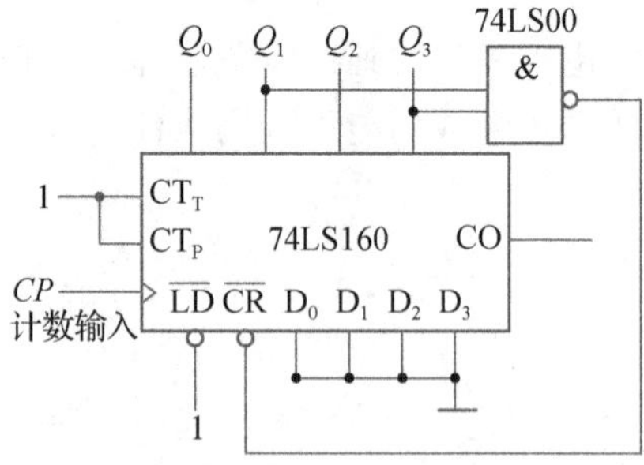

图 2.10.10　用 74LS160 构成七进制计数器

利用 74LS160 的异步置 0 控制端 $\overline{CR}$ 的置零功能可构成七进制计数器，请思考。

14）试用 74LS192 的异步置数功能构成九进制加法计数器

设计数器从 $Q_3Q_2Q_1Q_0=0000$ 状态开始计数，为此，应取 $D_3D_2D_1D_0=0000$，计数脉冲从 CP_U 端输入。

(1) 写出 S_9 的二进制代码：

$$S_9=1001$$

(2) 写出反馈置数函数为：

$$\overline{LD}=\overline{Q_3 Q_0}$$

(3) 画连线图。根据 $\overline{LD}$ 的逻辑表达式画连线图，如图 2.10.11 所示。由于是加法计数器，故取 $CR=0$，$CP_D=1$。

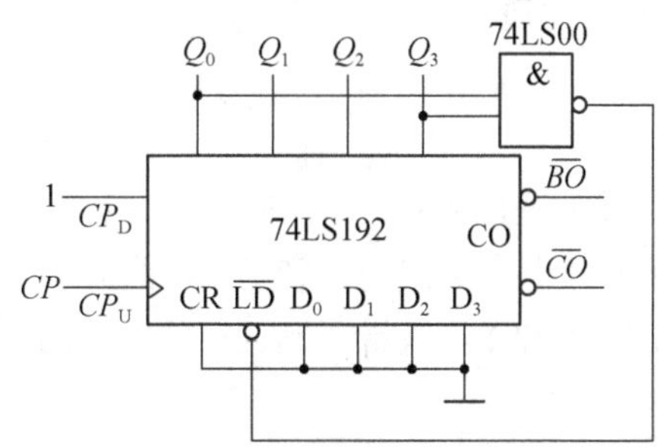

图 2.10.11 用 74LS192 构成九进制加法计数器

图 2.10.12 所示为由两片 74LS192 构成的六十进制减法计数器，两片 74LS192 的 CPU 端接高电平 1。个位片 74LS192(1)的 CPU 端输入计数脉冲 CP，为十进制减法计数器。十位片 74LS192(2)取 $D_3D_2D_1D_0=0110$ 构成六进制减法计数器。这样，两片 74LS192 便构成了六十进制减法计数器。

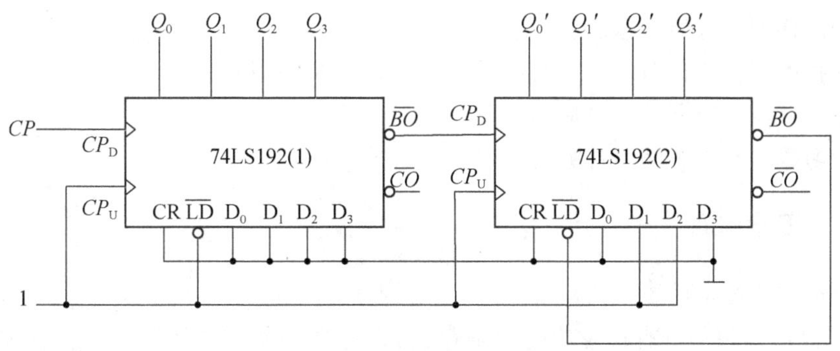

图 2.10.12 两片 74LS192 构成六十进制减法计数器

2.10.4 实验设备与器材

UT39C 数字式万用表	1 块
IT6302 直流稳压电源	1 台
AFG1022 低频信号发生器	1 台
TBS1102B-EDU 型双踪示波器	1 台
数字系统综合实验箱	1 台
集成电路 74LS00、74LS04、74LS08、74LS10、74LS11、74LS90、74LS151、74LS160、74LS161、74LS163、74LS192、74LS290 等	若干

2.10.5　思考题

(1) 复习中规模计数器 74LS90、74LS160、74LS161、74LS163、74LS192、74LS290 的组成原理、功能及使用方法，拟订验证 74LS90、74LS160、74LS161、74LS163、74LS192、74LS290 功能的方案，并设计出需要使用的表格。

(2) 采用异步清 0 时，提取清 0 信号的状态是否有效，为什么？

(3) 列出本实验需要的元器件清单。

2.10.6　实验报告

在预习报告的基础上，完成下列内容：

(1) 对于验证性实验，详细列出实验进行的流程，对验证结果进行说明。

(2) 对于设计性实验，要求列出详细设计过程，画出最后的实验电路图。对硬件测试结果进行说明。

(3) 总结设计计数器的方法。

2.11　中规模移位寄存器实验

2.11.1　实验目的

(1) 掌握移位寄存器的概念。

(2) 理解中规模 4 位双向移位寄存器的工作机制及使用方法。

(3) 熟悉移位寄存器的典型应用。

(4) 学习数字小系统的设计方法。

2.11.2　实验原理

1) 移位寄存器概述

移位寄存器是一种具有移位功能的寄存器，寄存器中所存的代码能够在移位脉冲的作用下依次左移或右移。既能左移又能右移的称为双向移位寄存器，只需要改变左、右移的控制信号便可实现双向移位要求。根据移位寄存器存取信息的方式不同分为：串入串出、串入并出、并入串出、并入并出四种形式。

移位寄存器主要用作临时的数据存储，也可用来作为各种计数器和序列发生器，典型的计数器有环形计数器和扭环形计数器。移位寄存器在微机系统的 CPU 中也能完成种种功能。

2) 4 位双向通用移位寄存器 74LS194

74LS194 的逻辑符号如图 2.11.1 所示，其功能见表 2.11.1。

表 2.11.1 对 74LS194 的功能描述得很清楚，其中 D_0、D_1、D_2、D_3 为并行输入端；Q_0、Q_1、Q_2、Q_3 为并行输出端；D_{SR} 为右移串行输入端，D_{SL} 为左移串行输入端；M_1、M_0 为工作模式控制端；$\overline{CR}$ 为异步清 0 端，CP 为时钟脉冲输入端。

表 2.11.1　74LS194 功能表

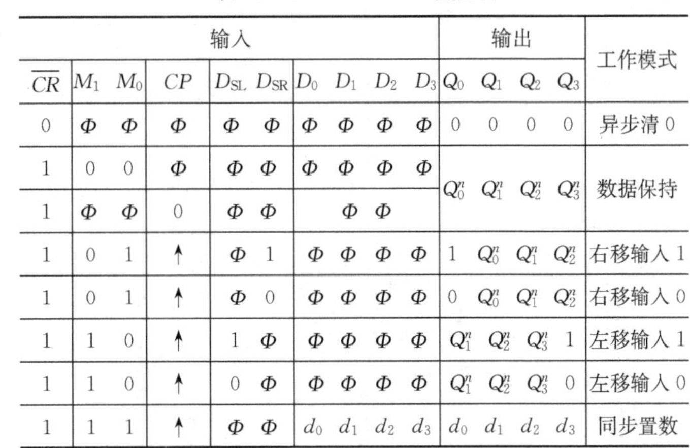

输入										输出				工作模式
$\overline{CR}$	M_1	M_0	CP	D_{SL}	D_{SR}	D_0	D_1	D_2	D_3	Q_0	Q_1	Q_2	Q_3	
0	Φ	Φ	Φ	Φ	Φ	Φ	Φ	Φ	Φ	0	0	0	0	异步清 0
1	0	0	Φ	Φ	Φ	Φ	Φ	Φ	Φ	Q_0^n	Q_1^n	Q_2^n	Q_3^n	数据保持
1	Φ	Φ	0	Φ	Φ		Φ	Φ						
1	0	1	↑	Φ	1	Φ	Φ	Φ	Φ	1	Q_0^n	Q_1^n	Q_2^n	右移输入 1
1	0	1	↑	Φ	0	Φ	Φ	Φ	Φ	0	Q_0^n	Q_1^n	Q_2^n	右移输入 0
1	1	0	↑	1	Φ	Φ	Φ	Φ	Φ	Q_1^n	Q_2^n	Q_3^n	1	左移输入 1
1	1	0	↑	0	Φ	Φ	Φ	Φ	Φ	Q_1^n	Q_2^n	Q_3^n	0	左移输入 0
1	1	1	↑	Φ	Φ	d_0	d_1	d_2	d_3	d_0	d_1	d_2	d_3	同步置数

图 2.11.1　74LS194 逻辑符号

2.11.3　实验内容

1）测试 4 位双向移位寄存器 74LS194 的逻辑功能

按表 2.11.2 要求，观察并记录 Q 的状态。

表 2.11.2　74LS194 功能测试表

清 0	模式		时钟	串行		输入	输出	电路功能
$\overline{CR}$	M_1	M_0	CP	D_{SL}	D_{SR}	D_0 D_1 D_2 D_3	Q_0 Q_1 Q_2 Q_3	
0	Φ	Φ	Φ	Φ	Φ	Φ Φ Φ Φ		
1	1	1	↑	Φ	Φ	1 0 0 0		
1	0	1	↑	Φ	0	Φ Φ Φ Φ		
1	0	1	↑	Φ	0	Φ Φ Φ Φ		
1	0	1	↑	Φ	0	Φ Φ Φ Φ		
1	0	1	↑	Φ	0	Φ Φ Φ Φ		
1	1	0	↑	1	Φ	Φ Φ Φ Φ		
1	1	0	↑	1	Φ	Φ Φ Φ Φ		
1	1	0	↑	1	Φ	Φ Φ Φ Φ		
1	1	0	↑	1	Φ	Φ Φ Φ Φ		
1	0	0	↑	Φ	Φ	Φ Φ Φ Φ		

2）用 74LS194 设计 4 位右移环形计数器

分析 74LS194 的功能表，得出结论：将 74LS194 的 Q_3 输出送到 D_{SR}，能实现右移 4 位环形计数器；将 Q_0 输出送到 D_{SL}，能实现左移 4 位环行计数器。

根据题意，需要实现右移环形计数器，因此，将工作模式 M_1M_0 设为 01，电路如图 2.11.2 所示。根据表 2.11.3 的设置，观察并记录寄存器输出端状态的变化情况，请画出 4 位右移环形计数器的状态转换图和波形图。

说明：M_1、M_0、D_0、D_1、D_2、D_3 的数据由实验箱 K_1～K_8 提供，首先将 D_0、D_1、D_2、D_3 的数据送到 $Q_0Q_1Q_2Q_3$，然后实现右移计数功能。

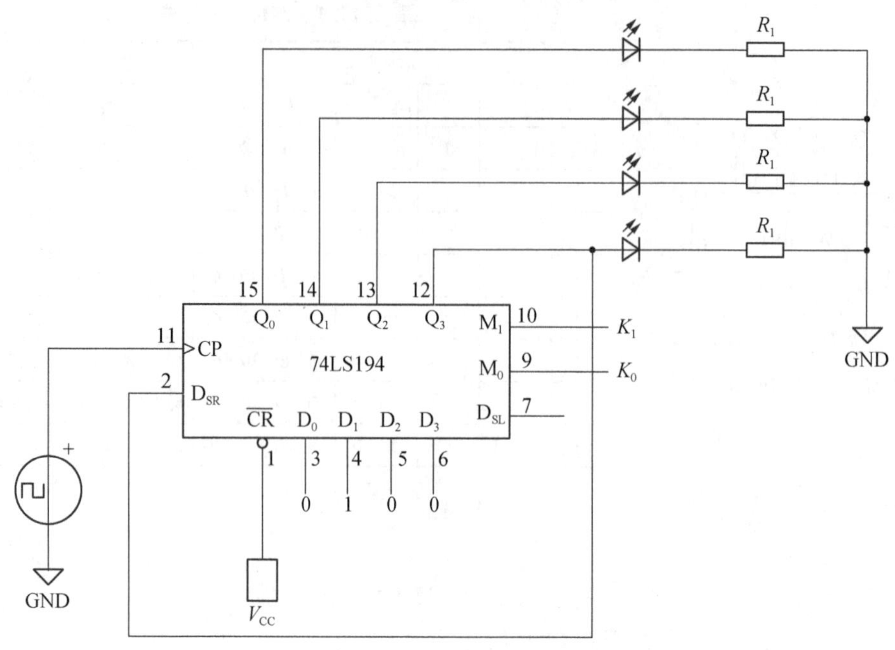

图 2.11.2　右移环形计数器

表 2.11.3　74LS194 功能测试表

CP	Q_0	Q_1	Q_2	Q_3
↑	0	1	0	0
↑				
↑				
↑				
↑				

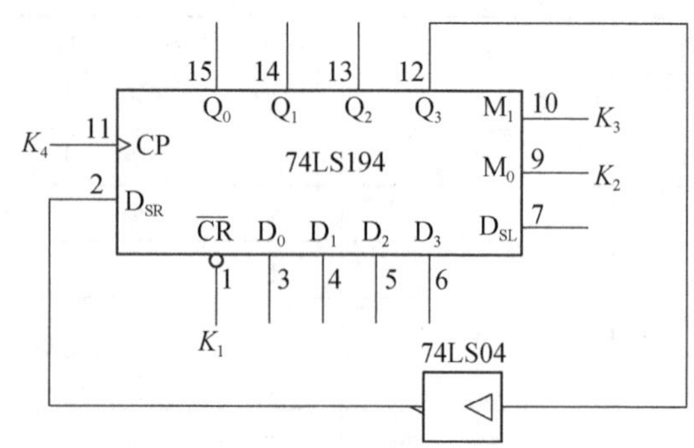

图 2.11.3　8 分频器电路

3) 设计一个 8 分频器

要求用双踪示波器同时观察输入和输出波形,并记录实验结果。电路如图 2.11.3 所示,验证电路功能。

要求:设初始状态为 0000,K_1、K_2、K_3、K_4 可从实验箱提供的输入电平发生电路取得。请画出电路工作的全状态图。

4) 用移位寄存器为核心元器件设计一个彩灯循环控制器

要求:4 路彩灯循环控制,组成两种花型,每种花型循环一次,两种花型轮流交替。假设选择下列两种花型:

花型 1——从左到右顺序亮,全亮后再从左到右顺序灭。

花型 2——从右到左顺序亮,全亮后再从右到左顺序灭。

设计步骤:

(1) 根据选定的花型,可列出移位寄存器的输出状态编码,见表 2.11.4。

通过对表 2.11.4 的分析,可以得到以下结论:

0~3 节拍,工作模式为右移,$D_{SR}=1$。

4~7 节拍,工作模式为右移,$D_{SR}=0$。

8~11 节拍,工作模式为左移,$D_{SL}=1$。

12~15 节拍,工作模式为左移,$D_{SL}=0$。

表 2.11.4　输出状态编码

基本节拍	输出状态编码	花型
0	0000	花型 1
1	1000	
2	1100	
3	1110	
4	1111	
5	0111	
6	0011	
7	0001	
8	0000	花型 2
9	0001	
10	0011	
11	0111	
12	1111	
13	1110	
14	1100	
15	1000	

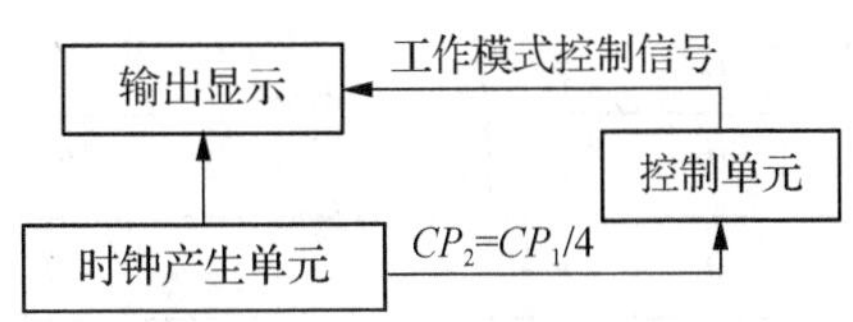

图 2.11.4　彩灯控制器电路框图

(2) 完成 4 路彩灯控制器的电路框图,如图 2.11.4 所示。

(3) 74LS194 的控制激励情况可通过表 2.11.5 表示。

表 2.11.5　74LS194 控制激励表

时钟 CP_2	工作方式	激励		
		M_1M_0	D_{SR}	D_{SL}
1	右移	01	1	X
2	右移	01	0	X
3	左移	10	X	1
4	左移	10	X	0

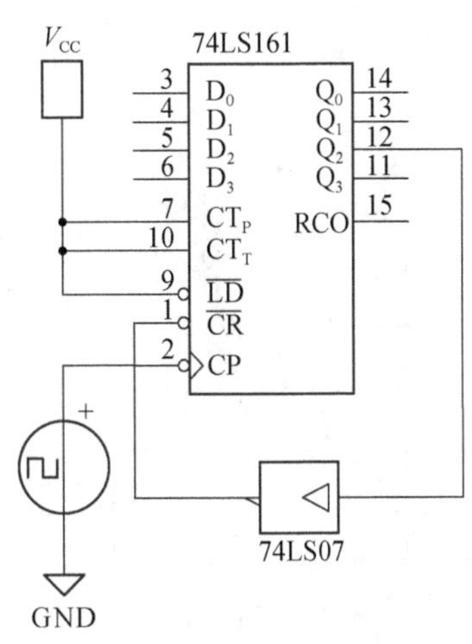

图 2.11.5　4 分频器电路

(4) 对电路工作情况进行分析,每隔 4 个基本时钟节拍 CP_1,74LS194 的工作模式改变一次,因此控制单元的时钟频率为提供给 74LS194 工作的频率的 1/4,在时钟产生单元需要一个 4 分频器,为控制单元提供时钟节拍,4 分频器可用 74LS161 的低两位来实现,参考电路如图 2.11.5 所示。

（5）控制单元的电路的输入与输出可用表 2.11.6 表示。

表 2.11.6　控制单元电路的输入和输出

74LS161 的低两位计数输出		74LS194 需要的相应激励			
Q_1	Q_0	M_1	M_0	D_{SR}	D_{SL}
0	0	0	1	1	X
0	1	0	1	0	X
1	0	1	0	X	1
1	1	1	0	X	0

列出 M_1、M_0、D_{SR}、D_{SL} 关于 Q_1、Q_0 的卡诺图。

Q_2 \ Q_1	0	1
0	0	1
1	0	1

（a）M_1 的卡诺图

Q_2 \ Q_1	0	1
0	1	0
1	1	0

（b）M_0 的卡诺图

Q_2 \ Q_1	0	1
0	1	X
1	0	X

（c）D_{SR} 的卡诺图

Q_2 \ Q_1	0	1
0	X	1
1	X	0

（d）D_{SL} 的卡诺图

图 2.11.6　M_1、M_0、D_{SR}、D_{SL} 关于 Q_1、Q_0 的卡诺图

得到 M_1、M_0、D_{SR}、D_{SL} 关于 Q_1、Q_0 的逻辑表达式分别为：

$$M_1 = Q_1, M_0 = \overline{Q_1}, D_{SR} = \overline{Q_0}, D_{SL} = \overline{Q_0}$$

（6）由此可得到总参考电路如图 2.11.7 所示。

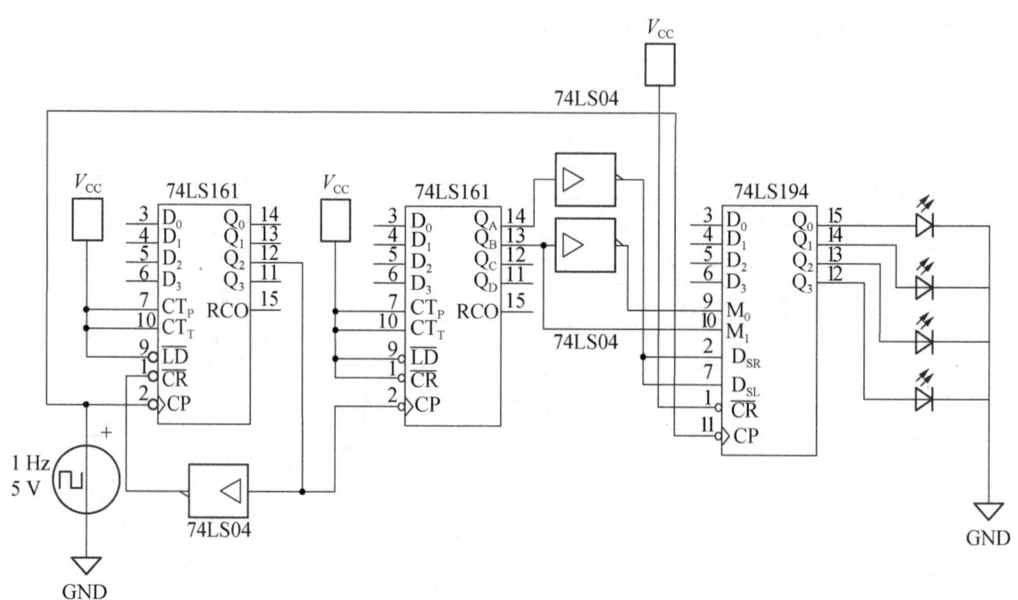

图 2.11.7　4 路彩灯控制器

（7）搭接硬件，测试图 2.11.7 电路功能是否符合题目要求。

5）构成环形计数器

图 2.11.8(a)所示为由双向移位寄存器 74LS194 构成的 4 位环形计数器。当取 M_1M_0

$=10$、$\overline{CR}=1$、$D_0D_1D_2D_3=0001$，并使电路处于 $Q_0Q_1Q_2Q_3=D_0D_1D_2D_3=0001$，同时将 Q_0 和左移串行数码输入端 DSL 相连时，这时，随着移位脉冲 CP 的输入，电路开始左移操作，由 $Q_3 \sim Q_0$ 端依次输出脉冲，如图 2.11.8(b)所示。输出脉冲宽度为 CP 的一个周期。它实际上也是一个顺序脉冲发生器。

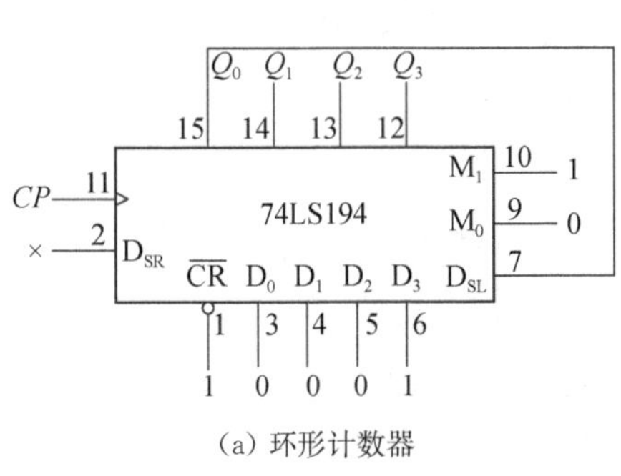

(a) 环形计数器

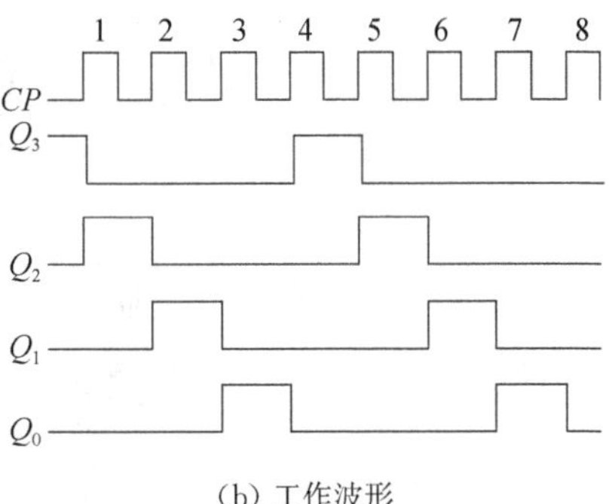

(b) 工作波形

图 2.11.8　由 74LS194 构成的环形计数器和工作波形

环形计数器的优点是电路简单，可直接由各触发器的 Q 端输出，不需要译码器。它的缺点是电路状态利用率低，计 n 个数，需 n 个触发器，很不经济。

6）构成扭环计数器(约翰逊计数器)

图 2.11.9 所示为由双向移位寄存器 74LS194 组成的七进制扭环计数器。由该图可看出，它是将输出 Q_3 和 Q_2 的信号通过与非门加在右移串行输入端 D_{SR} 上，即 $D_{SR}=\overline{Q_3Q_2}$，它说明，在输出 Q_3、Q_2 中任一为 0 时，$D_{SR}=1$；只有 Q_3 和 Q_2 同时为 1 时，$D_{SR}=0$，这是 D_{SR} 输入串行数据的根据。设双向移位寄存器 74LS194 的初始状态为 $Q_0Q_1Q_2Q_3=1000$，置 0 端 $\overline{CR}$ 为高电平 1。由于 $M_1M_0=01$，因此，电路在计数脉冲 CP 的作用下，执行右移操作，状态变化情况见表 2.11.7。由该表可以看出，图 2.11.9 所示电路输入七个计数脉冲时，电路返回初始状态 $Q_0Q_1Q_2Q_3=1000$，所以为七进制扭环计数器，也是一个七分频电路。

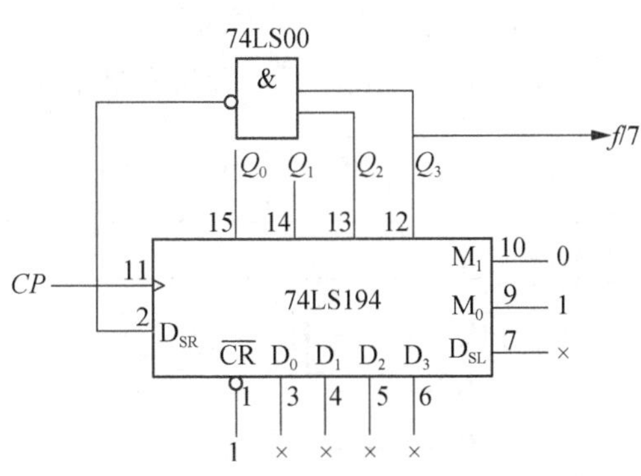

图 2.11.9　由 74LS194 构成的七进制扭环计数器

表 2.11.7　七进制扭环计数器状态表

计数脉冲顺序	Q_0	Q_1	Q_2	Q_3
0	1	0	0	0
1	1	1	0	0
2	1	1	1	0
3	1	1	1	1
4	0	1	1	1
5	0	0	1	1
6	0	0	0	1

利用移位寄存器组成的扭环计数器是相当普遍的，并有一定规律。如 4 位移位寄存器的第 4 个输出端 Q_3，通过非门加到 D_{SR} 端上的信号为 $\overline{Q_3}$，便构成了八进制扭环计数器，即八分频电路，如图 2.11.10 所示。当由移位寄存器的第 N 位输出通过非门加到 D_{SR} 端时，则构成 $2N$ 进制扭环计数器，即偶数分频电路。如将移位寄存器的第 N 位和第 $N-1$ 位的输出

通过与非门加到 D_{SR} 时，则构成 $2N-1$ 进制扭环计数器，即奇数分频电路。在图 2.11.9 中，Q_3 位第 4 位输出，Q_2 位第 3 位输出，它构成七进制扭环计数器，即七分频电路。

扭环计数器的优点是每次状态变化只有一个触发器翻转，译码器不存在竞争冒险现象，电路比较简单。它的主要缺点是电路状态利用率不高。

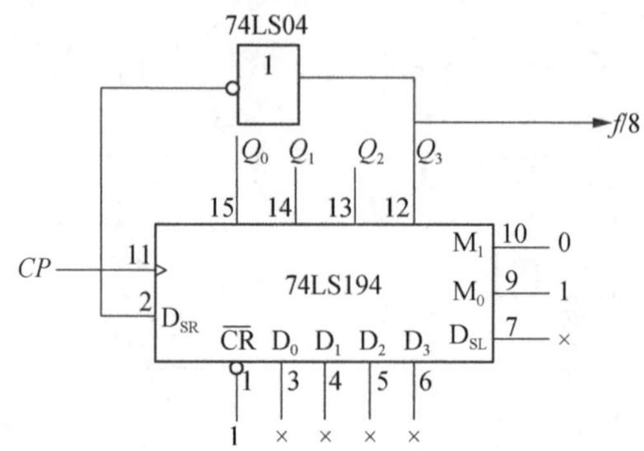

图 2.11.10　由 74LS194 构成的八进制扭环计数器

7）构成顺序脉冲发生器

顺序脉冲是指在每个循环周期内，在时间上按一定先后顺序排列的脉冲信号。产生顺序脉冲信号的电路称为顺序脉冲发生器。在数字系统中，常用以控制某些设备按照事先规定的顺序进行运算或操作。

图 2.11.11(a)所示为由同步二进制计数器 74LS161 和输出低电平有效的 3 线—8 线译码器 74LS138 构成的顺序脉冲发生器。由于 74LS161 输出 Q_2、Q_1 和 Q_0 的状态按自然二进制序态从 000～111 循环变化，因此，它可作为译码器 74LS138 的 3 位二进制代码输入，分别与 C、B、A 对应相连。这时电路在输入计数脉冲 CP 作用下，译码器的 $\overline{Y_0}\sim\overline{Y_7}$ 依次输出低电平顺序脉冲，如图 2.11.11(b)所示。为了防止出现竞争冒险现象，这里将计数脉冲 CP 经非门反相后作为选通脉冲 $\overline{CP}$ 接到 74LS138 的使能端 G_1 上来控制译码器的工作。当输入计数脉冲 CP 的上升沿到来时，计数器进行计数，与此同时，非门输出 $\overline{CP}$ 使 G_1 为低电平 0，译码器被封锁而停止工作，$\overline{Y_0}\sim\overline{Y_7}$ 输出高电平。当 CP 下降沿到来后，$\overline{CP}$ 为高电平 1，这时

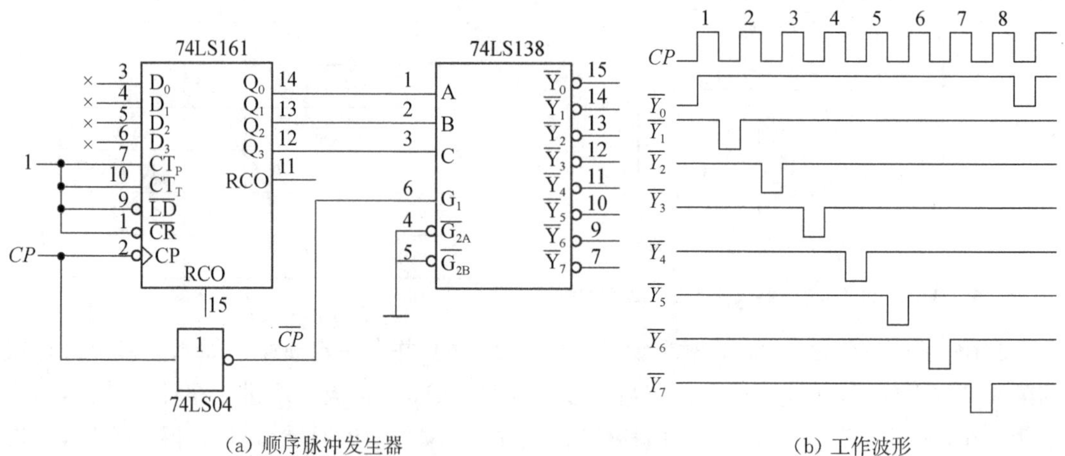

（a）顺序脉冲发生器　　（b）工作波形

图 2.11.11　由 74LS161 和 74LS138 构成的低电平顺序脉冲发生器和工作波形

$G_1=1$,译码器工作,相应输出端输出低电平。由上述分析可以看出,选通脉冲$\overline{CP}$使译码器的译码工作时间和计数器中触发器的翻转时间错开了,从而有效消除竞争冒险现象。

2.11.4 实验设备与器材

UT39C 数字式万用表	1 块
DF1731SC3A 直流稳压电源	1 台
IT6302 直流稳压电源	1 台
AFG1022 低频信号发生器	1 台
TBS1102B-EDU 型双踪示波器	1 台
数字系统综合实验箱	1 台
集成电路 74LS00、74LS04、74LS138、74LS161、74LS194 等	若干
电阻	若干

2.11.5 思考题

(1) 复习中规模移位寄存器 74LS194 的组成原理、功能及使用方法,拟订验证 74LS194 功能的方案,并设计出需要使用的表格。

(2) 复习数字小系统的设计方法。

(3) 完成实验内容第 2、第 3、第 4 个内容的详细设计过程。

(4) 列出本实验需要的元器件清单。

2.11.6 实验报告

在预习报告的基础上,完成下列内容:

(1) 对于验证性实验,详细列出实验进行的流程,对验证结果进行说明。

(2) 对于设计性实验,要求列出详细设计过程,画出最后的实验电路图。对硬件测试结果进行说明。

(3) 总结数字小系统的设计方法。

2.12 555 定时器实验

2.12.1 实验目的

(1) 熟悉 555 定时器的逻辑功能。

(2) 掌握 555 定时器的应用。

2.12.2 实验原理

555 定时器是一种多用途的数字—模拟集成电路,在波形的发生与变换、测量与控制、家用电器、电子玩具等领域都有其广泛应用。

1）闪光、报警电路

电路图如图 2.12.1 所示，是由 555 时基电路构成的多谐振荡器，V_{CO}（引脚 5）悬空。当输出 U_o（应为低频信号）接 a 点时是闪光电路；当输出 U_o（应为高频信号）接 b 点时是报警电路。图 2.12.2 是多谐振荡器波形图。设通电初，电容 C_1 上电压为 0，输出为高电平，放电管 VT（引脚 7 内部）截止，则电源通过 R、R_w 对 C_1 充电，V_{CO}（引脚 5）电压升高。当 V_{CO}（引脚 5）升高到大于 $2V_{CC}/3$ 时，输出变低，VT（引脚 7 内部）导通，电容 C_1 通过 R_w、T_D 放电，V_{CO}（引脚 5）电压下降。当下降到小于 $V_{CC}/3$ 时，输出又变高，VT（引脚 7 内部）截止，又开始对 C_1 充电。如此周而复始，形成振荡波形。其振荡周期 $T \approx 0.7(R_1+2R_w)C_1$。

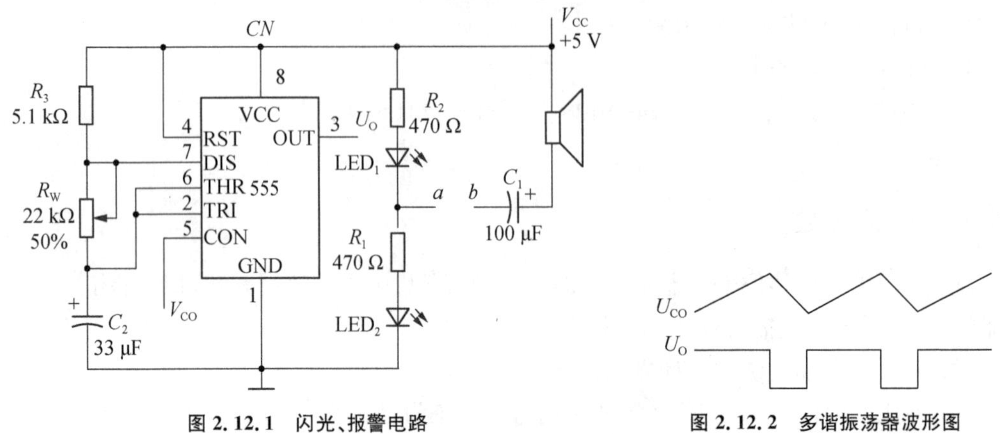

图 2.12.1　闪光、报警电路　　　图 2.12.2　多谐振荡器波形图

RST（引脚 4）为复位端，当 $RST=0$ 时，输出为 0，电路停振。V_{CO}外接电压时，电路工作过程与上述相同，只是使输出翻转的阈值电压由 $2V_{CC}/3$、$V_{CC}/3$ 变为 V_{CO}、$V_{CO}/2$，受外接电压控制。因此振荡频率受外接电压控制，构成了压控振荡器。当输出接有喇叭时，由于振荡频率决定了音调，因此喇叭声音的音调及变化节奏也可由电压控制，形成各种特定的声音。

2）电子门铃（见图 2.12.3）

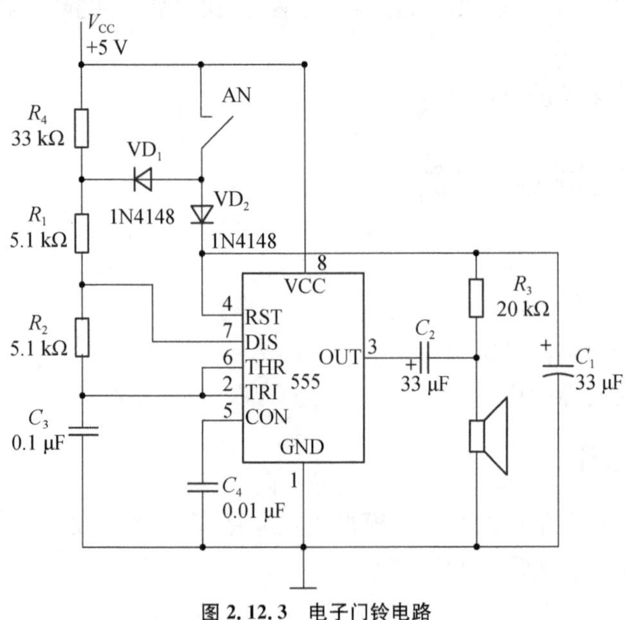

图 2.12.3　电子门铃电路

电子门铃电路图如图 2.12.3 所示，该电路的核心电路是 555 定时器构成的多谐振荡器，按一下按钮，喇叭即发出“叮咚”声一次。

由图 2.12.3 可知，当按下按钮 AN 时，V_{CC}通过 VD_2迅速给 C_1充电。555 元器件的复位端电位升高为高电平而使振荡器起振工作。振荡时 V_{CC}通过 VD_1、R_1、R_2给 C_3充电，再通过 R_3和 555 中的放电管 VT(引脚 7 内部)使 C_3放电，其振荡频率为：

$$f \approx \frac{1.44}{(R_D + R_1 + 2R_2)C_3}$$

此时喇叭发出频率约为 950 Hz 的“叮……”声。松开按钮 AN 后，C_1上存储的电荷经 R_3和喇叭开始释放，复位端电位开始下跌，只要其值还未下跌到门电路的转折电压，复位端电位还是高电平，振荡器仍然工作。此时 V_{CC}通过 R_4、R_1、R_2给 C_3充电，其振荡频率为：

$$f \approx \frac{1.44}{(R_4 + R_1 + 2R_2)C_3}$$

由于 R_4的加入，此时的振荡频率下降，约为 300 Hz，喇叭发出“咚”声。C_1经过短暂的放电后，其电位降到一定值，复位端电位为低电平后，振荡器停止振荡。

3) 触摸定时开关

电路图如图 2.12.4 所示，为单稳态触发器。正常时，电路处于稳定状态，输出为低电平。当手触摸一下引脚 2 引出线，相当于在输入端产生负脉冲触发信号，使输出翻转到高电平，定时开始。图 2.12.5 为单稳态触发器的波形图。定时时间(即暂稳态持续时间 t_w)$t_w \approx 1.1RC$。

为使电路工作正常，必须用窄负脉冲触发电路工作。

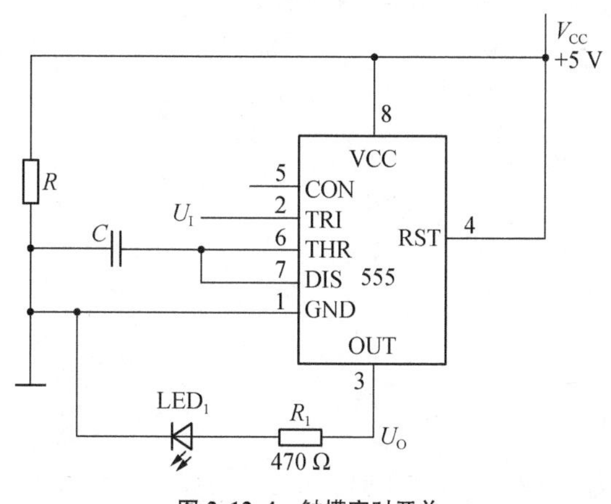

图 2.12.4　触摸定时开关

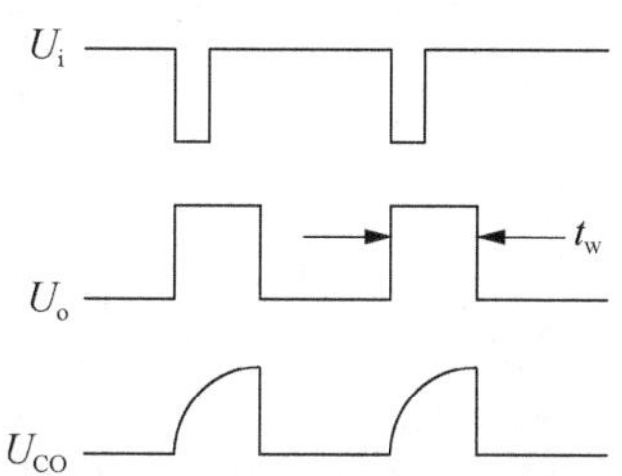

图 2.12.5　单稳态触发器波形图

2.12.3　实验内容

1) 闪光灯电路

参考图 2.12.1 接线，将 555 时基电路的输出接至 a 点。调节电位器 R_w，以改变发光二极管的闪烁频率，以人眼易于观察为宜。估算振荡频率。

2) 报警电路

(1) 参照图 2.12.1，设计一个振荡频率约为 1 kHz 的振荡器。

(2) 将 555 时基电路的输出接至 b 点，喇叭应发出“嘀”声响。

(3) 改变 R_w 的电平，可控制声音的有无，通过实验验证。

(4) V_{CO}端引出接至可调电压，观察音调随 V_{CO} 电压改变的情况。

3) “嘀—嘀”声响器

要求自拟设计方案，画出实验电路图，实验验证。

4) 连续变音声响器

该声响器能够发出渐高→渐低→渐高的连续变音声音，图 2.12.6 为参考电路框图。要求设计出单元电路，并进行单元电路和整体电路的调试验证。

图 2.12.6 连续变音声响器框图

5) 电子门铃

电路参考图 2.12.3，将相关电阻换成电位器。调试时调节相关电位器，使按钮按下一次，喇叭发出“叮咚”音调，并调节按钮放开后“咚”声音的持续时间，直至自认为满意为止。

6) 烟雾监测报警器

其功能是：当空气中的烟雾浓度超过设定值时，报警器灯光闪烁，并发出报警声。

图 2.12.7 为取样电路图。虚框内元器件为半导体烟雾传感器，5 V 为元器件灯丝的加热电压，R_x 为元器件体电阻。当空气中的烟雾浓度升高时，烟雾传感器的体电阻下降，取样电路的输出电压增大。实验时取样电路的输出电压可用电位器提供。

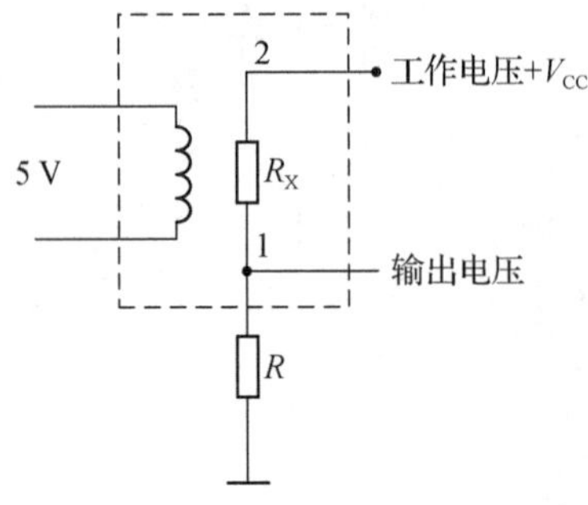

图 2.12.7 取样电路图

要求设计电路方案，画出电路框图和原理图，并通过实验验证。

7) 触摸定时开关

设计一个触摸定时开关，当手触摸引线一次，灯亮10 秒钟后自动熄灭。

8) 构成施密特触发器

只要将 555 定时器的引脚 2 和引脚 6 接在一起，就可以构成施密特触发器，如图 2.12.8 所示，其电压传输特性是反相的。引脚 5 悬空时，正向阈值电压和负向阈值电压分别为 $2V_{CC}/3$ 和 $V_{CC}/3$。引脚 5 控制电压 V_{CO} 时，正向阈值电压和负向阈值电压分别为 V_{CO} 和 $V_{CN}/2$。

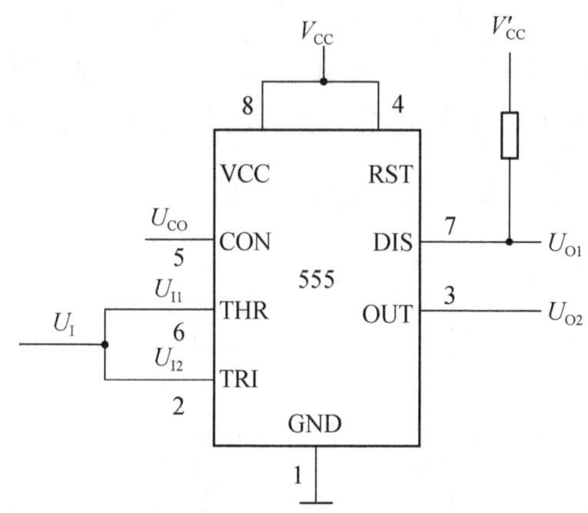

图 2.12.8　555 定时器构成施密特触发器

图 2.12.9 所示为施密特触发器构成的路灯光控开关电路。图中 R_L 为光敏电阻，二极管 VD 用以保护 555 定时器。当有光线照射时，光敏电阻 R_L 的阻值很小，电位器 R_P 上的电压大于 $U_{T+}=\frac{2}{3}V_{CC}=8\ V$ 时，输出 u_o 为低电平，继电器 K 线圈中没有电流通过，继电器不吸合，动合触点断开，路灯 L 熄灭。随着夜幕的逐渐降临，光照逐渐变弱，光敏电阻 R_L 的电阻值逐渐增大。当电位器 R_P 上分得电压小于 $U_{T-}=\frac{1}{3}V_{CC}=4\ V$ 时，输出 u_o 为高电平，继电器 K 线包中有电流流过，动合触点闭合，路灯点亮，从而实现了路灯的控制。

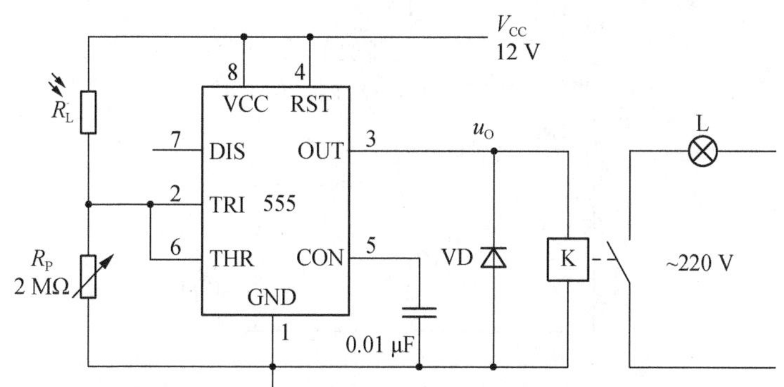

图 2.12.9　施密特触发器构成的路灯光控开关电路

9）构成定时电路

图 2.12.10 所示为由单稳态触发器组成的定时电路。图中控制端 CO 通过二极管 VD_1 接电源 V_{CC}，使 $U_{CO}\approx V_{CC}=12\ V$。提高了阈值电压 U_{TH}，这时 $U_{T+}=12\ V$、$U_{T-}=6\ V$。

当按钮开关 S 断开时，定时器组成的单稳态触发器处于稳定状态，输出 u_O 为低电平，继电器 K 线圈中没有电流，动合触点断开，灯 L 不亮。

当按钮开关 S 闭合瞬间，电路进入暂稳态，输出 u_O 为高电平，继电器 K 线包中有电流流过，动合触点闭合，灯 L 亮。与此同时，V_{CC} 经电阻 R 对电容 C 充电。当电容 C 上的电压 u_C 上升到 U_{T+} 时，暂稳态结束，电路回到稳定状态，输出 u_O 为低电平，动合触点断开，灯 L 熄灭。从按钮开关 S 合上到电容 C 上电压充到 U_{T+} 所需时间为定时时间，即灯 L 亮的时间。

由于 CO 端通过 VD_1 接 V_{CC}，即 $u_{CO} \approx V_{CC}$，因此，电容 C 电容到 V_{CC} 的时间比没有 VD_1 时长了很多，从而大大延长了定时时间。R、C 值越大，则定时时间越长。该电路常用于长时间定时。图 2.12.10 电路也可以根据通过继电器的动合触点接其他负载。

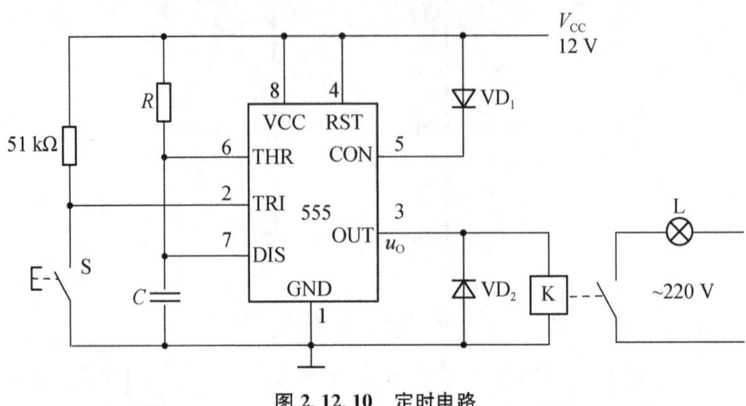

图 2.12.10　定时电路

10）构成占空比可调的多谐振荡器

图 2.12.11 所示为脉冲占空比可调的多谐振荡器。在放电管 VT 截止时，电源 V_{CC} 经过 R_1 和 VD_1 对电容 C 充电；当 VT 导通时，C 经过 VD_2、R_2 和放电管 VT 放电。调节电位器 R_P 可改变 R_1 和 R_2 的比值。因此，也改变了输出脉冲的占空比 q。由图 2.12.11 可得：

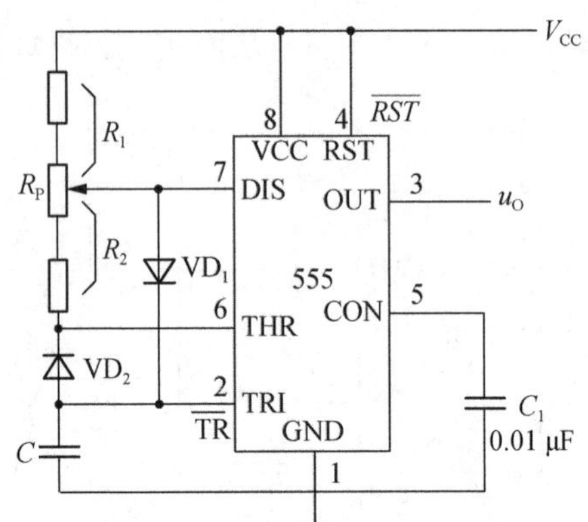

图 2.12.11　用 555 定时器组成占空比可调的多谐振荡器

$$t_{w1}=0.7R_1C$$

$$t_{w2}=0.7R_2C$$

振荡周期 T 为：

$$T=t_{w1}+t_{w2}=0.7(R_1+R_2)C$$

因此，占空比 q 为：

$$q=\frac{t_{w1}}{t_{w1}+t_{w2}}=\frac{0.7R_1C}{0.7R_1C+0.7R_2C}=\frac{R_1}{R_1+R_2}$$

当取 $R_1=R_2$ 时，则 $q=50\%$，这时 $t_{w1}=t_{w2}$，多谐振荡器输出方波。

由于 555 定时器组成的多谐振荡器电路简单、容易振荡，输出脉冲幅度稳定，同时，又可输出一定的功率推动负载，因此，获得了比较广泛的应用。

11）构成防盗报警器

图 2.12.12 所示为防盗报警器，555 定时器组成音频多谐振荡器。在 A、B 间连接的细铜丝为控制元器件，隐蔽安置在盗贼可能经过的地方。正常情况下，直接置 0 端$\overline{R_D}$通过细铜丝接低电平（地），音频多谐振荡器不振荡。一旦盗贼入室将细铜丝碰断。多谐振荡器振荡，通过扬声器发出声响。

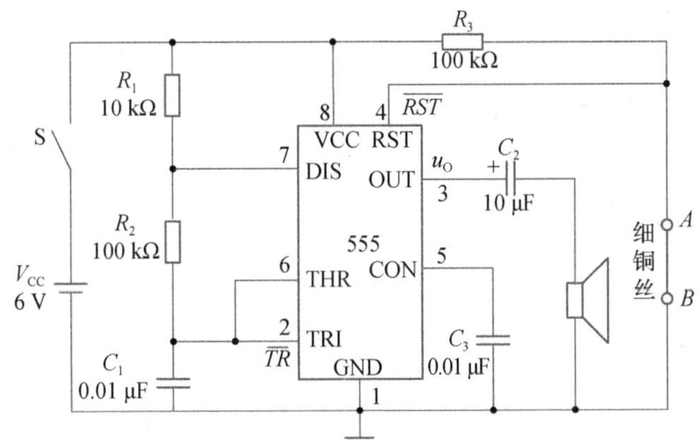

图 2.12.12 防盗报警器

12）模拟声响电路

如图 2.12.13 所示为由 555 定时器组成的模拟声响电路。定时器 555(1)为低频多谐振荡器，振荡频率约为 1 Hz，555(2)为振荡频率极高的多谐振荡器，振荡频率约为 1 kHz。555(1)的输出 u_{O1} 经电位器 R_P 接到 555(2)的直接置 0 端 R_{ST} 上，控制 555(2)的多谐振荡器的振荡与停止振荡。当输出 u_{O1} 为高电平时，555(2)的 RST 为高电平，开始振荡，扬声器发出 1 kHz 的声响；当输出 u_{O1} 为低电平时，555(2)的 RST 为低电平，停止振荡，扬声器不发出声响。因此，扬声器发出周期性的、频率为 1 kHz 的间歇声响。

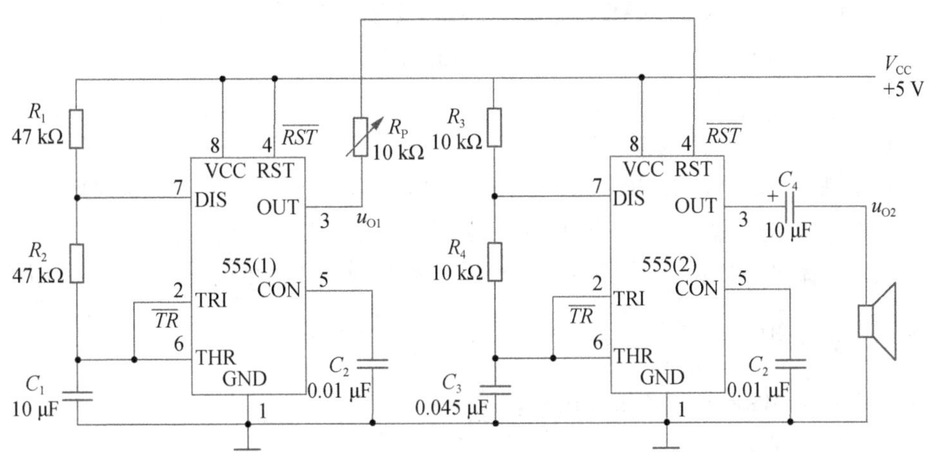

图 2.12.13 模拟声响报警器

13）秒脉冲信号发生器

如图 2.12.14 所示为由频率为 32 768 Hz 的石英晶体和 14 位二进制计数器/振荡器 CC4060 组成。CC4060 中的两个反相器和石英晶体组成频率为 32 768 Hz 的高稳定度多谐振荡器。由于 32 768$=2^{15}$，因此需要用 15 级二分频电路进行分频才可获得频率为 1 Hz 的秒脉冲。由图可知，G_2输出的 32 768 Hz 的脉冲信号经过 14 级二分频后，获得了频率为2 Hz 的脉冲信号，再经过一级 D 触发器组成的二分频电路后，便输出频率为 1 Hz 的秒脉冲信号。

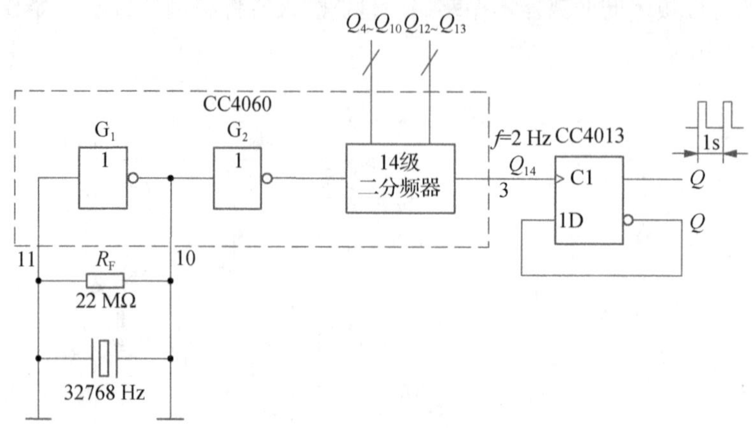

图 2.12.14　秒脉冲信号发生器

2.12.4　实验设备与器材

UT39C 数字式万用表	1 块
IT6302 直流稳压电源	1 台
AFG1022 低频信号发生器	1 台
TBS1102B-EDU 型双踪示波器	1 台
数字系统综合实验箱	1 台
集成电路 NE555、集成运算放大器等	若干
二极管；470 Ω、5.1 kΩ、20 kΩ、100 kΩ 等型号电阻；电位器；0.1 μF、33 μF、100 μF 等型号电容；喇叭；发光二极管；按钮等元器件	若干

2.12.5　思考题

(1) 对于“嘀—嘀”声响器，声音的节奏快慢是如何调节的？而音调的高低又是如何控制的？

(2) 在触摸开关实验中，对触摸时间有何具体要求？

(3) 石英晶体多谐振荡器的特点是什么？其振荡频率与电路中的 R、C 有无关系？为什么？

2.12.6　实验报告

在预习报告的基础上，完成下列内容：

(1) 画出实验电路图。

(2) 总结电路参数对电路特性的影响。

(3) 简述 555 定时器组成多谐振荡器的方法和工作原理。振荡频率主要取决于哪些元器件的参数？

(4) 555 定时器组成的多谐振荡器的振荡周期和振荡频率如何计算？

2.13 数字秒表实验

2.13.1 实验目的

(1) 了解数字计时装置的基本组成和工作原理。

(2) 了解数字系统的设计方法。

(3) 进一步熟悉有关集成电路的功能和使用方法。

2.13.2 实验原理

数字秒表是一种简单的秒表计时器，它具有计秒、保持和清零的功能，该装置的原理框图如图 2.13.1 所示。它由石英晶体振荡器、分频器、控制电路、秒计数器、译码驱动电路、数码显示器六部分组成。下面介绍各部分的组成及工作原理。

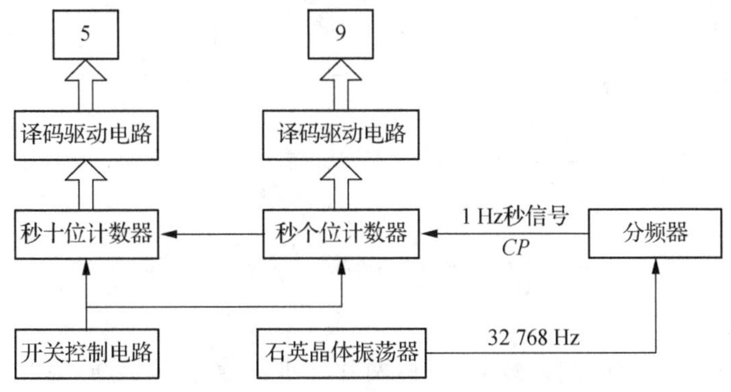

图 2.13.1 数字秒表的原理框图

1) 石英晶体振荡器

振荡器主要用来产生时间标准信号。因为秒表的精度，主要取决于时间标准信号的频率及其稳定度，所以要产生稳定的时标信号，一般采用石英晶体振荡器。从秒表的精度考虑，晶振频率愈高，秒表的计时准确度就愈高，但这会使振荡器的耗电量增大，分频器的级数也要增多，所以要根据实际情况确定晶振频率。

振荡器电路如图 2.13.2 所示。图中 R_f 为 CMOS 非门的偏置电阻，使非门静态时工作在放大区，取值为 10～30 MΩ。石英晶体与电容组成反馈网络，与电容三点式振荡器类似，只有当电路振荡频率等于石英晶体的并联谐振频率时，晶体发生并联谐振，呈感性，电路才得以维持振荡。通常取石英晶振的频率为 32 768 Hz，对其进行 15 级二分频后得到 1 Hz 秒信号。C_1 是频率微调电容，取值为 3～25 pF，C_2 是温度校正用电容，取值为 20～50 pF，为了使输出波形接近矩形脉冲，还需在输出端再加一级非门。

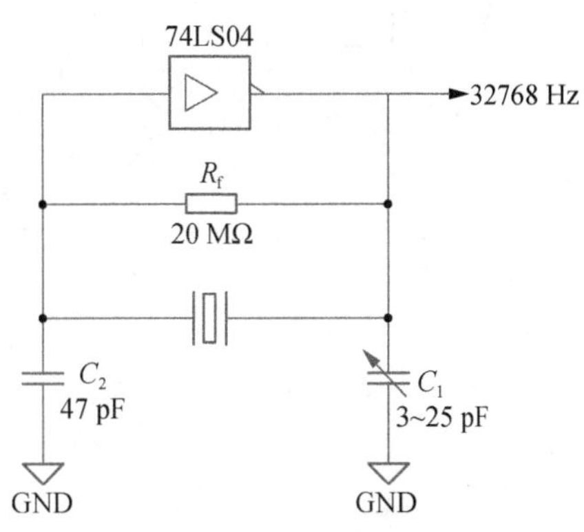

图 2.13.2 石英晶体振荡器

2）分频器

其功能是将石英晶体振荡器的 32 768 Hz 高频信号分频为秒脉冲，可选用 14 位串行计数器/振荡器 CC4060 来实现。

图 2.13.3 为石英晶体振荡器与分频器电路原理图。由图可见，CC4060 由两部分构成，一部分是门电路，可按图 2.13.2 构成振荡器，另一部分是 14 位二进制串行计数器，在分频器的最后一级输出端 Q_{14} 上得到对 32 768 Hz 频率的 2^{14} 分频信号，即 2 Hz。为了得到 1 Hz 秒信号，还需外加一级分频，可用 7474 双 D 触发器来实现。CC4060 有一个异步复位端 R_D，当 $R_D=1$ 时，各级输出 Q 均为 0。

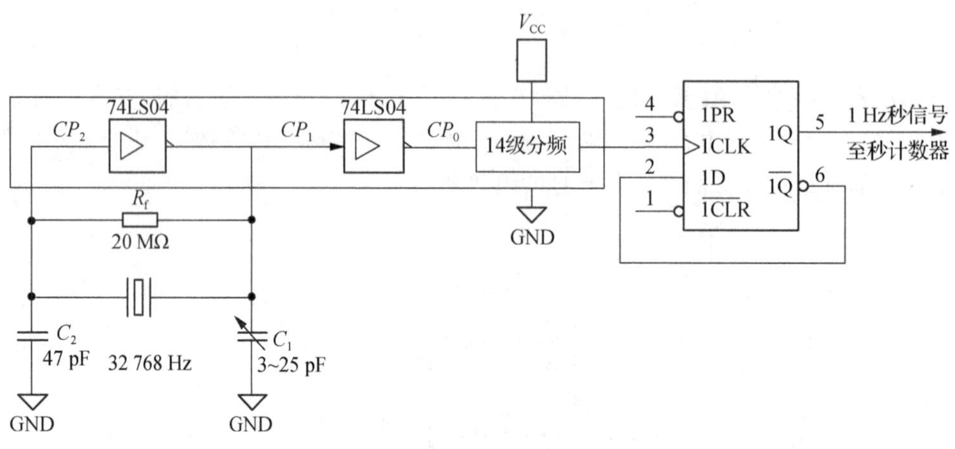

图 2.13.3　石英晶体振荡器与分频器电路原理图

3）秒计数器

秒计数器是一个六十进制计数器，可由两片异步计数器 74LS90 级联后反馈归 0 来实现，第 1 片实现秒个位计数，第 2 片实现秒十位计数，两片间为十进制关系，如图 2.13.4 所示。

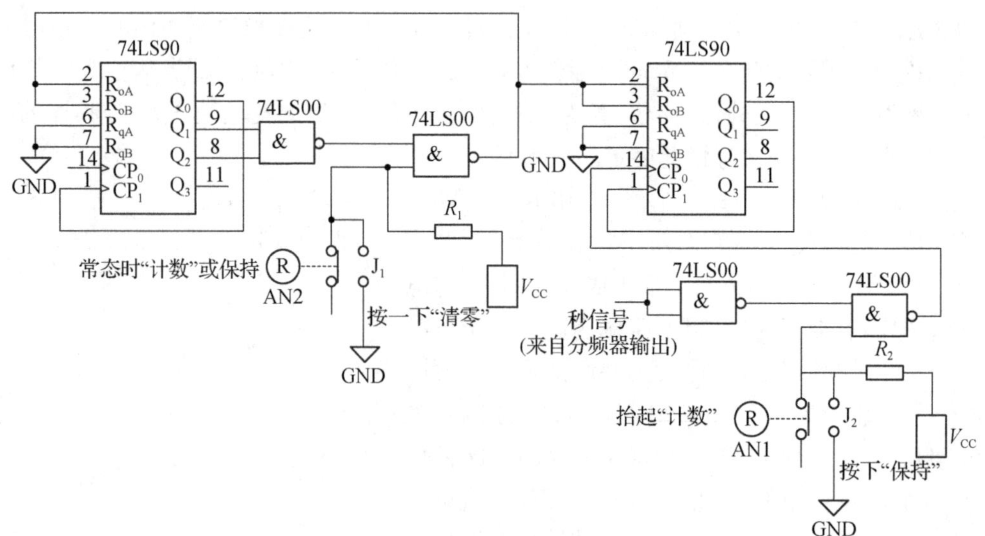

图 2.13.4　秒计数器

由图 2.13.4 可见，微动开关 AN1（无自锁功能）常态时抬起，使 G2 门打开，电路根据开关 AN2 状态“计数”或“保持”；按下 AN2 使 G3 门输出高电平，实现计数器的“清零”功能。开关 AN1 置“计数”档，G2 门打开，秒信号送入计数器，实现“计数”功能；开关 AN1 置“保持”挡，G2 门关闭，封锁秒信号，计数器停止计数，实现计数值的“保持”功能。

4）译码及显示电路

如图 2.13.5 所示，秒计数器的个位计数值通过 BCD—七段译码/驱动器 74LS247 驱动共阳型数码管 BS211，显示秒个位值。

十位计数值显示电路与个位计数值显示电路相同。

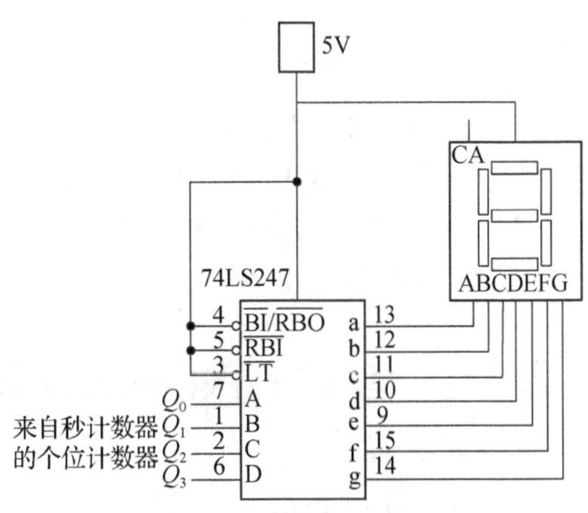

图 2.13.5　秒个位值译码显示电路

2.13.3　实验内容

1）设计并安装数字秒表电路

参考图 2.13.1～图 2.13.5 设计电路并接线。

2）观察并调试秒信号

调整 C_1，使石英晶体振荡器的振荡频率为 32 768 Hz，经过 15 级分频后，应得到 1 Hz 的秒信号。

3）检查译码显示电路

译码器的输入按 8421BCD 码送数，观察是否显示对应的十进制数。

4）调试秒计数器功能

在开关 AN1 抬起时，开关 AN2 置“计数”挡时，秒信号能通过门电路送入计数器 CP0 端，计数器按六十进制正常计数、显示；开关 AN2 置“保持”挡时，计数值应保持。

5）检查秒计数器“清零”功能

开关 AN1 按下时应使两个计数器的输出同时回零。

6）联机总调

按要求对电路进行整体功能调试。

2.13.4　实验设备与器材

UT39C 数字式万用表	1 块
IT6302 直流稳压电源	1 台
AFG1022 低频信号发生器	1 台
TBS1102B-EDU 型双踪示波器	1 台
数字系统综合实验箱	1 台
集成电路 74LS00、74LS04、74LS74、74LS90、74LS247、CC4060、BS211 等	若干
电阻 20 MΩ、电容 47 pF、可调电容（3～25 pF）、32 768 Hz 石英晶振、微动开关、按键开关等	若干

2.13.5 思考题

(1) 数字秒表的脉冲信号发生器为什么要采用石英晶体振荡电路？

(2) 实验中的 4 种数字秒表，分别有什么特点？

2.13.6 实验报告

在预习报告的基础上，完成下列内容：

(1) 写出数字秒表的功能要求。

(2) 画出整机方框图与整机电路图。

(3) 写出调试心得、体会，分析电路的优缺点，提出改进意见。

2.14 模/数和数/模转换器实验

2.14.1 实验目的

熟悉典型模/数(A/D)转换器 ADC0809 和数/模(D/A)转换器 DAC0832 的转换性能和使用方法。

2.14.2 实验原理

A/D 和 D/A 转换器是联系数字系统和模拟系统的桥梁。A/D 转换器将模拟系统的电压或电流转换成数值上与之成比例的二进制数，供数字设备或计算机使用；D/A 转换器将数字系统输出的数字量转换成相应的模拟电压或电流，用以控制设备。

A/D 和 D/A 转换器的种类繁多，其结构和工作原理也不尽相同，关于这方面的内容请参阅有关理论书和元器件手册，本实验介绍典型的 A/D 转换器 ADC0809 和 D/A 转换器 DAC0832。

1) A/D 转换器 ADC0809

ADC0809 是以逐次逼近法作为转换技术的 CMOS 型 8 位单片模拟/数字转换元器件。它由 8 路模拟开关、8 位 A/D 转换器和三态输出锁存缓冲器三部分组成，并有与微处理器兼容的控制逻辑，可直接和微处理器接口。其内部逻辑框图见图 2.14.1，外引线排列图如图 2.14.2 所示。该元器件性能如下(详细电特性可查手册)：

(1) 分辨率为 8 位；

(2) 总的不可调误差为$\pm\frac{1}{2}LSB$ 和$\pm LSB$；

(3) 无失码；

(4) 转换时间为 100 μs(CP=640 kHz)；

(5) +5 V 单电源供电，此时模拟输入范围为 0～5 V；

(6) 具有锁存控制的 8 通道多路模拟开关；

(7) 输出与 TTL 兼容；

(8) 无须进行零位和满量程调整；

(9) 元器件功耗低，仅 15 mW；

(10) 可锁存三态输出；

(11) 温度范围为−40 ℃～85 ℃。

功能说明：

(1) 多路开关：具有锁存控制的 8 路模拟开关可选通 8 路模拟输入中的任何一路模拟信号，送至 A/D 转换器，转换成 8 位数字量输出。送入地址锁存与译码器的三位地址码 *ADDC*、*ADDB*、*ADDA* 与模拟通道的选通对应关系如表 2.14.1 所示。

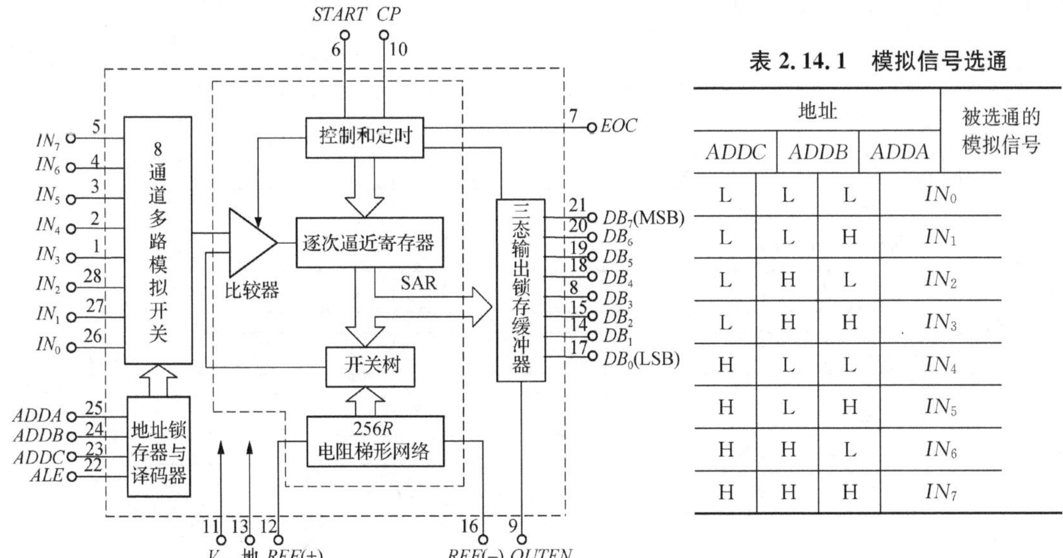

图 2.14.1　ADC0809 的逻辑框图

表 2.14.1　模拟信号选通

地址			被选通的模拟信号
ADDC	*ADDB*	*ADDA*	
L	L	L	IN_0
L	L	H	IN_1
L	H	L	IN_2
L	H	H	IN_3
H	L	L	IN_4
H	L	H	IN_5
H	H	L	IN_6
H	H	H	IN_7

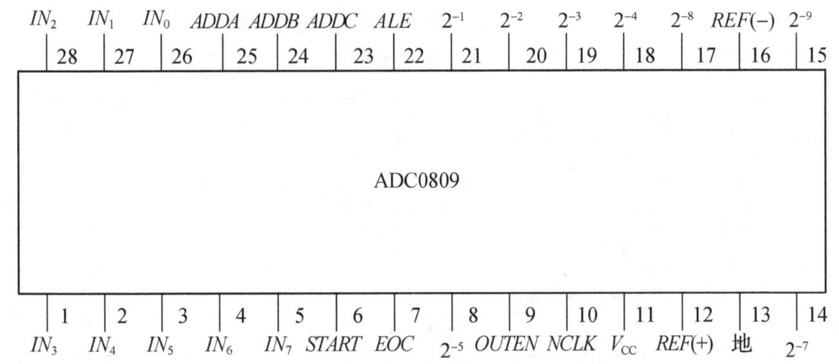

图 2.14.2　ADC0809 的外引线排列图

(2) 8 位 A/D 转换器：它是 ADC0809 的核心部分，它采用逐次逼近转换技术，并需要外接时钟。8 位 A/D 转换器包括：一个比较器，一个带有树状模拟开关的 256*R* 电阻分压器，一个 8 位逐次逼近寄存器(SAR)及必要的时序控制电路。

比较器是 8 位 A/D 转换器的重要部分，它最终决定整个转换器的精度。在 ADC0809 中，采用削波式比较器电路。它首先把输入信号转换成交流信号，经高增益交流放大器放大后，再恢复成直流电平信号，其目的是克服漂移的影响，这大大提高了转换器的精度。

带有树状模拟开关的 256*R* 电阻分压器的电路如图 2.14.3 所示，其作用是：将 8 位逐次逼近寄存器中的 8 位数字量转换成模拟输出电压送至比较器，与外加的模拟输入电压（经取样/保持的）进行比较。

（3）ADC0809 的时序波形图如图 2.14.4 所示，各引出端的功能表见表 2.14.2。

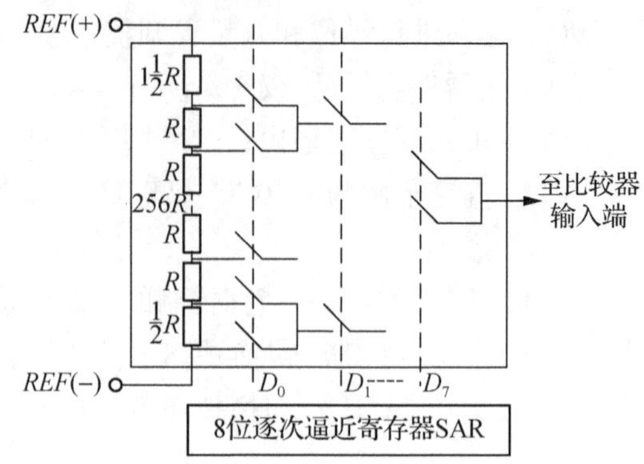

图 2.14.3　256*R* 电阻分压器

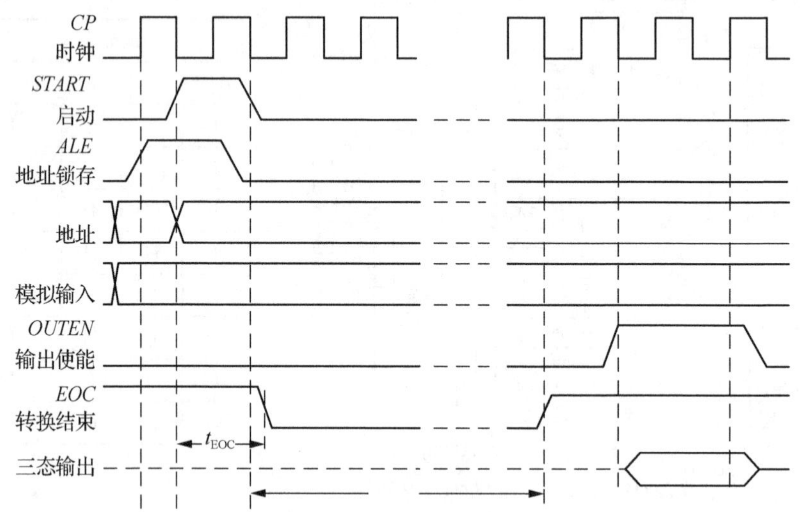

图 2.14.4　ADC0809 工作波形图

表 2.12.2　ADC0809 引出端功能表

端名	功能
$IN_0 \sim IN_7$	8 路模拟量输入端
ADDC、*ADDB*、*ADDA*	地址输入端
ALE	地址锁存输入端，ALE 上升沿时，输入地址码
V_{CC}	＋5 V 单电源供电
REF（＋）　*REF*（－）	参考电压输入端
OUTEN	输出使能，*OUTEN*＝1，变换结果从 $DB_7 \sim DB_0$
$DB_7 \sim DB_0$	8 位 A/D 变换结果输出端，DB_7 为 *MSB*、DB_0 为 *LSB*
CP	时钟信号输入（640 kHz）
START	启动信号输入端，在正脉冲作用下，当↑边沿到达时内部逐次逼近寄存器（SAR）复位，在↓边沿到达后，即开始转换
EOC	转换结束（中断）输出，*EOC*＝0 表示在转换，*EOC*＝1 表示转换结束。*START* 与 *EOC* 连接实现连续转换，*EOC* 的上升沿就是 *START* 的上升沿，*EOC* 的下降沿必须滞后上升沿 8 个时钟脉冲＋2 μs 时间（称 t_{EOC}）后才能出现。系统第一次转换必须加一个启动信号

ADC0809 典型应用时，与微处理器之间的连接关系如图 2.14.5 所示。

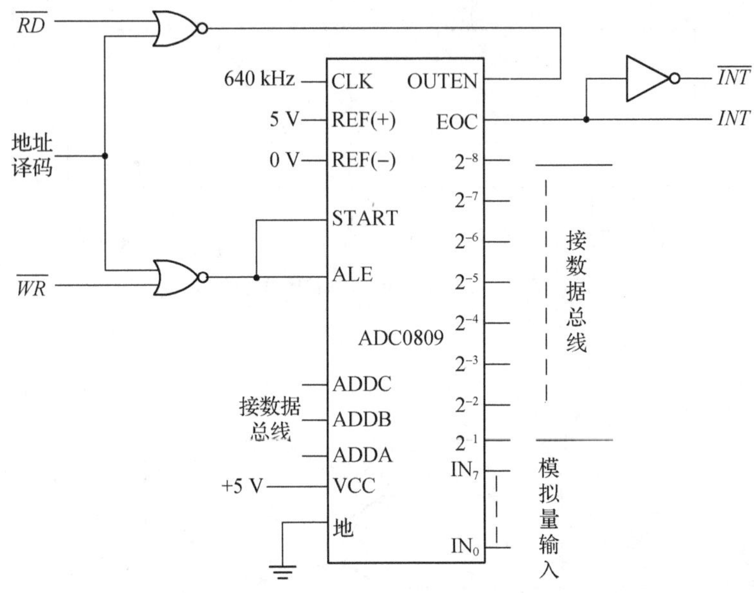

图 2.14.5　ADC0809 典型应用逻辑框图

2）D/A 转换器 DAC0832

DAC0832 是用先进的 CMOS/Si—Cr 工艺制成的单片 8 位数/模转换器。它由 8 位输入寄存器、8 位 DAC 寄存器、8 位 D/A 转换器以及微处理器兼容的控制逻辑等组成。它专用于直接与 8080、8085、Z80 和其他常见的微处理器接口。其内部逻辑框图如图 2.14.6 所示，外引线排列图如图 2.14.7，典型接线图如图 2.14.8 所示，表 2.14.3 是其引出端功能表。

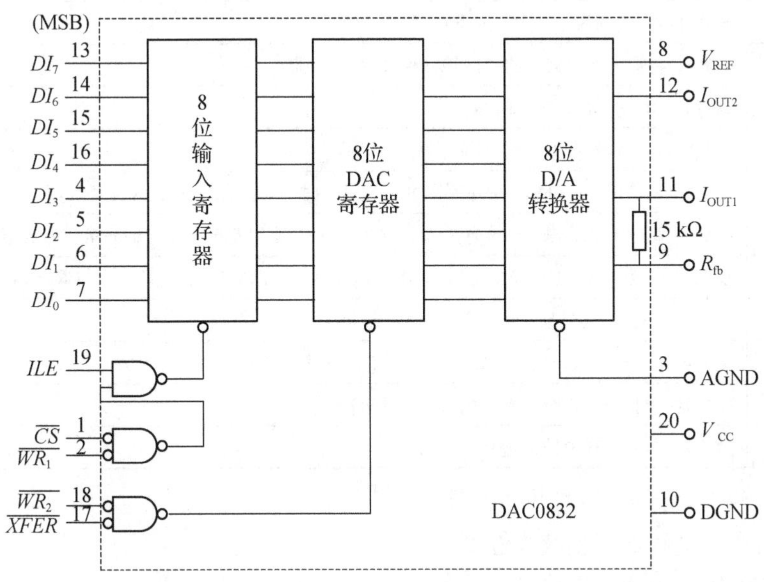

图 2.14.6　DAC0832 逻辑框图

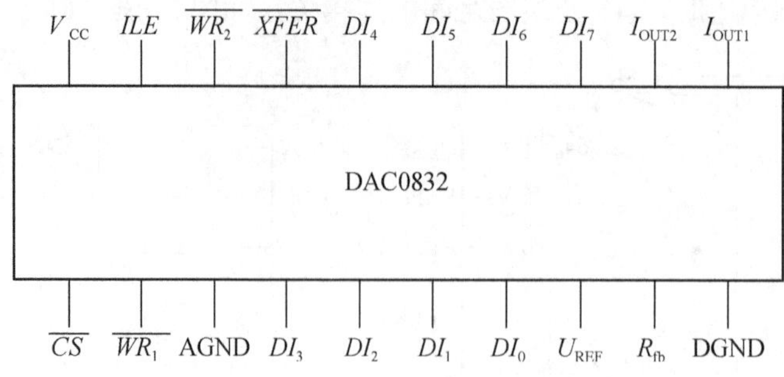

图 2.14.7　DAC0832 外引线排列图

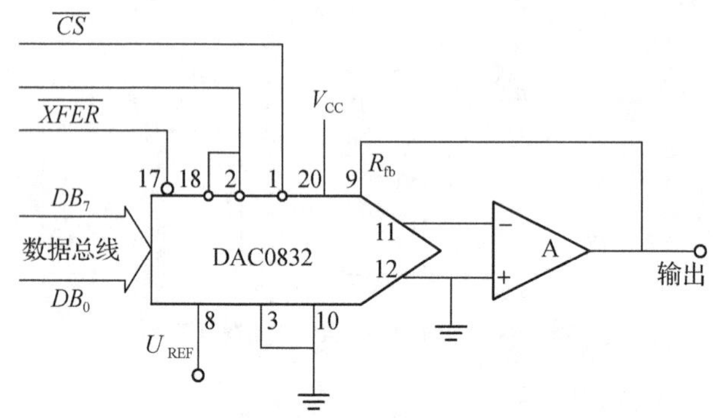

图 2.14.8　DAC0832 典型接线图

表 2.14.3　DAC0832 的引出端功能表

引脚名	功能
$\overline{CS}$	片选端(低电平有效),$\overline{CS}$与 ILE 结合使能$\overline{WR_1}$
ILE	输入锁存使能端,ILE 与$\overline{CS}$结合使能$\overline{WR_1}$
$\overline{WR_1}$	写入 1,将 DI 端数据送入输入寄存器
$\overline{WR_2}$	写入 2,将输入寄存器中的数据转移到 DAC 寄存器
$\overline{XFER}$	转移控制信号,$\overline{XFER}$使能$\overline{WR_2}$
$DI_7 \sim DI_0$	8 位数据输入,其中 DI_7 为 MSB,DI_0 为 LSB
I_{OUT1}	DAC 电流输出 1,当 DAC 寄存器数字码为全 1 时,I_{OUT1} 输出最大;为全 0 时,$I_{OUT1}=0$
I_{OUT2}	DAC 电流输出 2,$I_{OUT1}+I_{OUT2}=$常量(对应于一个固定基准电压时的满量程电流值)
R_{fb}(15 kΩ)	反馈电阻,为 DAC 提供输出电压,并作为运放分流反馈电阻,它在芯片内与 $R-2$ 梯形网络匹配
U_{REF}	基准电压输入,选择范围+10 V～－10 V
V_{CC}	电源电压,+5 V～+15 V,以+15 V 时工作最佳
AGND	模拟地(模拟电路部分的地),始终与 DGND 相连
DGND	数字地(数字逻辑电路的地)

其主要特性为(详细电特性可查手册):

(1) 只需在满量程下调整其线性度;

(2) 可与通用微处理器直接接口;

(3) 需要时亦可不与微处理器连用而单独使用;

(4) 可双缓冲、单缓冲或直通数据输入；

(5) 每输入字为 8 位；

(6) 逻辑电平输入与 TTL 兼容；

(7) 电流建立时间 1 μs；

(8) 功耗 20 mW；

(9) 单电源供电 5 V～15 V；

(10) 增益温度补偿 0.002% FS/℃。

工作原理：

DAC0832 采用 $R-2R$ 电阻网络实现 D/A 转换。网络是由 Si－Cr 薄膜工艺形成，因而，即使在电源电压 $V_{CC}=+V$ 的情况下，参考电压 U_{REF} 仍可在－10 V～10 V 范围内工作。DAC0832 的电阻网络与外接的求和放大器的连接关系如图 2.14.9 所示。

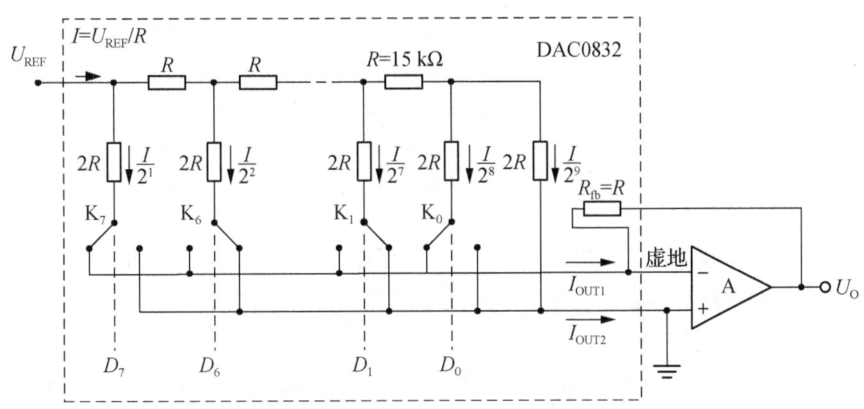

图 2.14.9 DAC0832 中的电阻网络与外接求和放大器连接图

由图 2.14.9 可以计算出流经参考电源的电流：

$$I=U_{REF}/R$$

此电流每流经一个节点，即按 1/2 的关系分流，各支路的电流已在图中标出。得：

$$I_{OUT1}=\frac{I}{2^8}\sum_{i=0}^{7}D_i\times 2^i;I_{OUT2}=\frac{I}{2^8}\sum_{i=0}^{7}\overline{D_i}\times 2^i$$

$$I_{OUT1}+I_{OUT2}=I=U_{REF}/R=\text{常数}$$

故

$$U_O=-I_{OUT1}\cdot R_{fb}(\text{通常 } R_{fb}=R)$$

则有：

$$U_O=-\frac{1}{2^8}U_{REF}\sum_{i=0}^{7}D_i\times 2^i$$

可见，输出电压数值上与参考电压的绝对值成正比，与输入的数字量成正比，其极性总是与参考电压的极性相反。

在图 2.14.9 的基础上再增加一级集成运放，如图 2.14.10 所示，便构成双极性电压输出。这种接法在效果上起到把数字量的最高位当作符号位的作用。在双极性工作方式下，参考电压也可以改变极性，这样便实现了完整的 4 象限乘积输出。

将不同的输入数码代入上式，可求得 U_O 的值如表 2.14.4 所示。

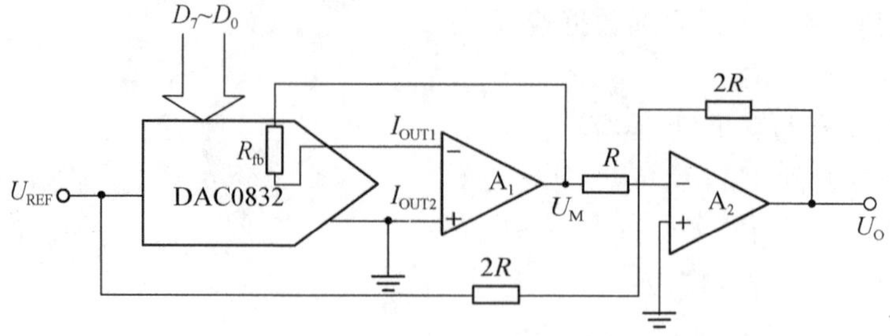

图 2.14.10　DAC0832 的双极型工作方式

表 2.14.4　U_O的数值

输入数码								理想输出 U_O	
D_7	D_6	D_5	D_4	D_3	D_2	D_1	D_0	$+U_{REF}$	$-U_{REF}$
1	1	1	1	1	1	1	1	$U_{REF}-U_{LSB}$	$-\|U_{REF}\|+U_{LSB}$
1	1	0	0	0	0	0	0	$U_{REF}/2$	$-\|U_{REF}\|/2$
1	0	0	0	0	0	0	0	0	0
0	1	1	1	1	1	1	1	$-U_{LSB}$	$+U_{LSB}$
0	0	1	1	1	1	1	1	$-\|U_{REF}\|/2-U_{LSB}$	$\|U_{REF}\|/2-U_{LSB}$
0	0	0	0	0	0	0	0	$-U_{REF}$	$+\|U_{REF}\|$

工作方式：

由图 2.14.10 可见，DAC0832 内部有两个寄存器：8 位输入寄存器和 8 位 DAC 寄存器。因此其工作方式可能有三种：双缓冲工作方式、单缓冲工作方式和直通工作方式。

(1) 双缓冲工作方式

双缓冲工作方式可以在输出的同时，采集下一个数据字，以提高转换速度。而且在多个转换器同时工作时，能同时选出模拟量。采用双缓冲方式，必须要有两步操作：第一步写操作是把数据写入 8 位输入寄存器；第二步写操作是把 8 位输入寄存器的内容写入 8 位 DAC 寄存器。故在一个微处理器形成的系统中，需要有两个地址译码：一个是片选$\overline{CS}$，另一个是传送控制$\overline{XFER}$。微处理器与采用双缓冲工作方式的多片 DAC0832 的连接图见图 2.14.11。

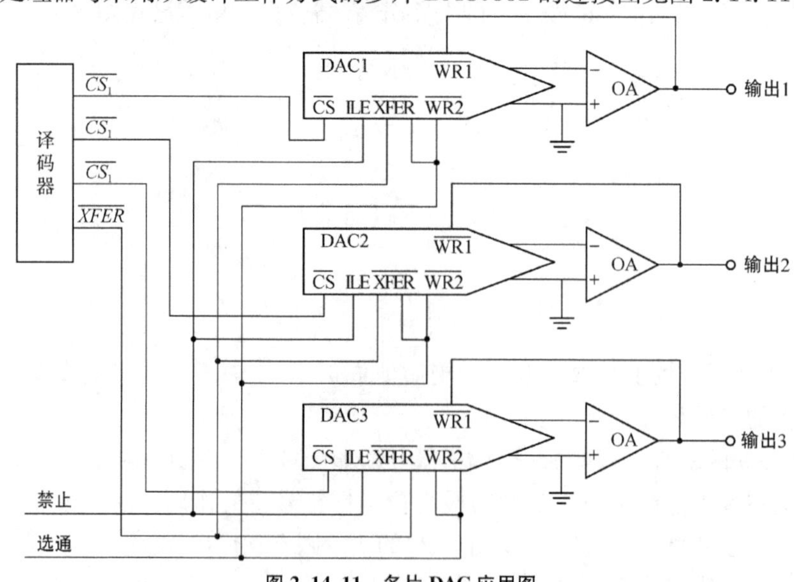

图 2.14.11　多片 DAC 应用图

（2）单缓冲工作方式

采用单缓冲工作方式，可得到较大的 DAC 吞吐量。此时，可使两个寄存器之一处于始终直通的状态，而使另一个寄存器处于受控锁存器状态。

（3）直通工作方式

虽然 DAC0832 是为微机系统设计的，但亦可接成完全直通的工作方式。此时，$\overline{CS}$、$\overline{WR_1}$、$\overline{WR_2}$和$\overline{XFER}$固定接地，ILE 固定接高电平。直通工作方式可用于连续反馈控制环路中，此时由一个二进制可逆计数器来驱动。或者，用在一个功能发生器电路中，可由一个 ROM 连续地向 DAC0832 提供 DAC 数据。

注意：① 由于 DAC0832 由 CMOS 工艺制成，故要防止静电荷引起的损坏，所有未用的数字量输入端应与 V_{CC}或地短接。如果悬空，DAC 将识别为“1”。

② 当用 DAC0832 与任何微处理器接口时，有两项很重要的时间关系要处理。第一是最小的$\overline{WR}$选通脉冲宽度，一般不应小于 500 ns，但若 V_{CC}＝15 V，亦可小至 100 ns。第二是保持数据有效时间不应小于 90 ns，否则将锁存错误数据，其关系如图 2.14.12 所示。

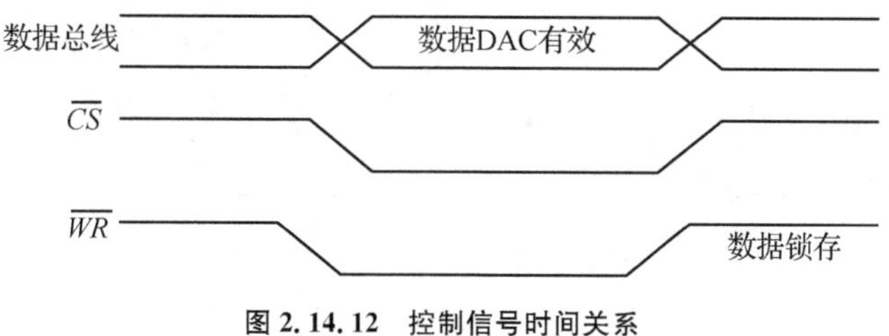

图 2.14.12　控制信号时间关系

2.14.3　实验内容

1）A/D 转换器 ADC0809 的功能测试（见图 2.14.13、表 2.14.5）

（1）按图 2.14.13 接线，检查各路电源。

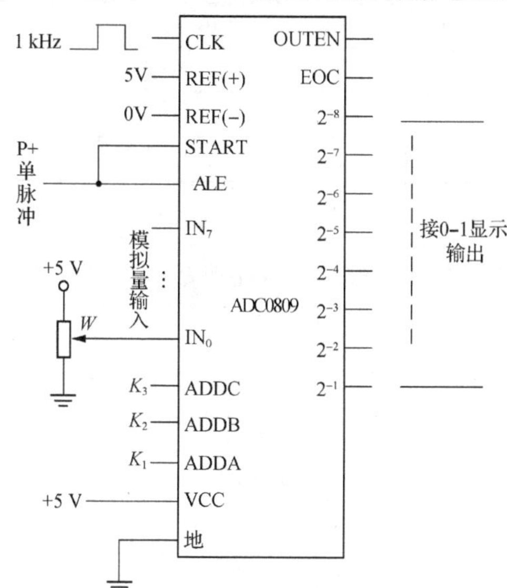

图 2.14.13　A/D 转换实验接线图

表 2.14.5　A/D 测试功能表

输入模拟电压（V）	输出 8 位数码
0	0　0　0　0　0　0　0　0
1	
2	
3	
4	
5	

(2) 将 K_1、K_2、K_3 置为“0”，即为 0 通道输入。

(3) 调整电位器 W，使该通道输入电平为 0 V。

(4) 按下“P_+”使其输出一个正脉冲，一方面通过 ALE 将转换通道地址闭锁入 ADC 芯片；另一方面则发出启动信号(START)使 ADC 自动进行转换，转换结束后 EOC 输出逻辑 1，说明转换结束。

(5) 将 K_0 扳至“1”，使 OE(输出允许，高电平有效)为“1”，则可在输出端读出相应转换的数码 00000000。

(6) 调整 W，依次使输入电平为 1 V、2 V、3 V、4 V、5 V 重复上面步骤(4)、(5)，记下其输出的对应数码并填入表 2.14.5 中。

(7) 扳动 K_3、K_2、K_1 改变输入通道，重复步骤(3)～(6)。

2) D/A 转换器 DAC0832 的功能测试

(1) 按图 2.14.14 接线，检查各路电源。注意：所有地线应当连接在一起。

(2) 按表改变输入数字量，用万用表测量其输出模拟电压 U_O 并记入表 2.14.6 中。

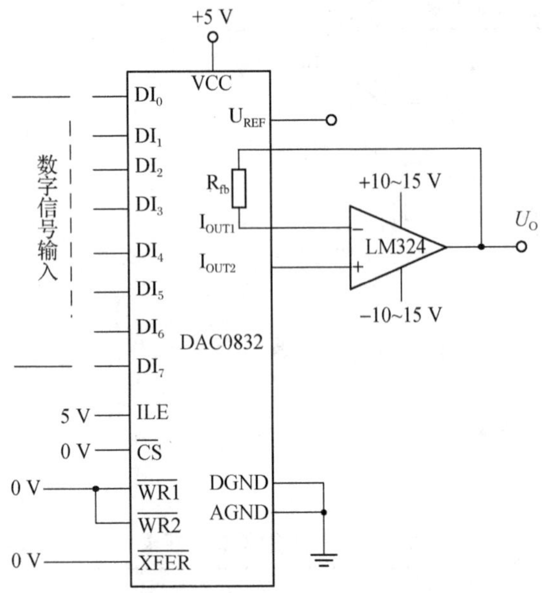

图 2.14.14　D/A 转换实验接线图

表 2.14.6　D/A 功能测试表

输入数字量	输出
D	模拟电压 U_O(V)
0 0 0 0 0 0 0 0 0	
0 0 0 0 0 0 0 0 1	
0 0 0 0 0 0 0 1 0	
0 0 0 0 0 0 1 0 0	
0 0 0 0 0 1 0 0 0	
0 0 0 0 1 0 0 0 0	
0 0 0 1 0 0 0 0 0	
0 0 1 0 0 0 0 0 0	
0 1 0 0 0 0 0 0 0	
1 0 0 0 0 0 0 0 0	
1 1 1 1 1 1 1 1 1	

3) 数/模转换器 DAC0832 和模/数转换器 ADC0809 联接起来，完成数—模—数转换功能，试画出接线图并实验。

2.14.4　实验设备与器材

UT39C 数字式万用表　1 块

IT6302 直流稳压电源　1 台

AFG1022 低频信号发生器　1 台

TBS1102B-EDU 型双踪示波器　1 台

数字系统综合实验箱　1 台

A/D 转换器 ADC0809	1 片
D/A 转换器 DAC0832	1 片
四运算放大器 LM324	1 片
电位器 22 kΩ	1 只

2.14.5 思考题

(1) 阅读实验原理部分,熟悉 ADC0809、DAC0832 的内部结构、性能指标,外引线排列及各引脚功能;理解其基本工作原理并掌握其典型使用方法。

(2) 拟出测试 ADC0809、DAC0832 功能的方案和记录表格;完成实验任务 3 的准备工作。

2.14.6 实验报告

在预习报告的基础上,完成下列内容:

(1) 画出实验电路图,说明设计原理。

(2) 分析实验数据,说明误差产生的原因。

3 设计型实验

3.1 四中断排序器

3.1.1 设计任务

如图 3.1.1 所示，是具有外部设备的微处理器，当外设请求中断时，微处理器要能得到这个中断信号，并判断是哪一台外设的请求。设计一个中断排序器，要求这个电路产生一个主中断信号 I，以表示有一个或一个以上的中断存在。地址信号 A 和 B 能够识别出四个中断中的哪个提出请求，并假定中断下标越高者越优先。

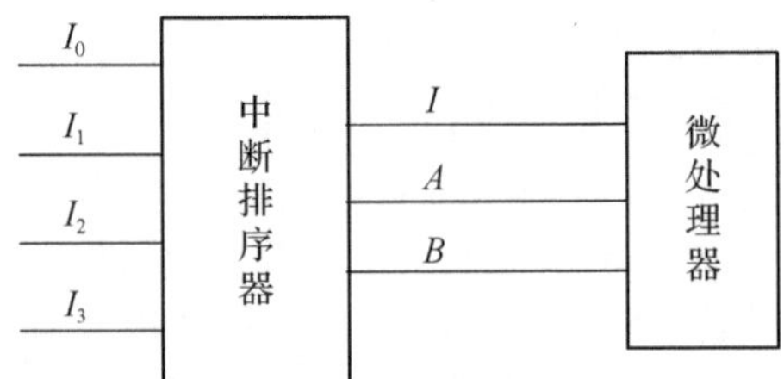

图 3.1.1　四中断排序器示意图

3.1.2 参考设计

(1) 确定输入输出变量

根据题意，可知输入变量为 I_0、I_1、I_2、I_3，输出变量为 I、A、B。地址 BA，B 为高位，A 为低位。

(2) 列出反映输入输出变量关系的真值表，见表 3.1.1。

表 3.1.1　四中断排序器真值表

输入				输出		
I_0	I_1	I_2	I_3	I	B	A
0	0	0	0	0	0	0
X	X	X	1	1	1	1
X	X	1	0	1	1	0
X	1	0	0	1	0	1
1	0	0	0	1	0	0

(3) 根据真值表画卡诺图，如图 3.1.2 所示。

I_0I_1 \ I_2I_3	00	01	11	10
00	0	1	1	1
01	1	1	1	1
11	1	1	1	1
10	1	1	1	1

I_0I_1 \ I_2I_3	00	01	11	10
00	0	1	1	0
01	1	1	1	1
11	1	1	1	1
10	0	0	0	0

I_0I_1 \ I_2I_3	00	01	11	10
00	0	0	0	0
01	1	1	1	1
11	1	1	1	1
10	1	1	1	1

图 3.1.2　四中断排序器(I、A、B)卡诺图

(4) 化简卡诺图得到各输出变量的逻辑表达式

$$\overline{I}=\overline{I_0}\cdot\overline{I_1}\cdot\overline{I_2}\cdot\overline{I_3},A=\overline{I_2}I_1+I_3,\overline{B}=\overline{I_2}\cdot\overline{I_3}$$

(5) 将逻辑表达式转换成与非的形式(假设要求全部使用与非门)

$$I=\overline{\overline{I_0}\cdot\overline{I_1}\cdot\overline{I_2}\cdot\overline{I_3}},A=\overline{\overline{\overline{I_2}I_1}\cdot\overline{I_3}},B=\overline{\overline{I_2}\cdot\overline{I_3}}$$

(6) 根据逻辑表达式画出电路图,如图 3.1.3 所示。

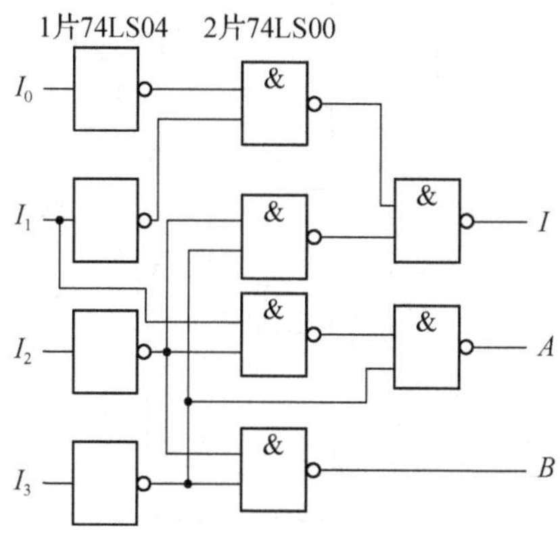

图 3.1.3　四中断排序器逻辑电路图

(7) 结合附录中 74LS00、74LS04 的引脚图,进一步画出实物接线图,并根据接线图搭接电路,验证设计电路是否实现任务要求的功能。

3.2　血型配对系统

3.2.1　设计任务

用一个四选一数据选择器和最少量的与非门,设计一个符合输血—受血规则的四输入一输出电路,如图 3.2.1 所示,检验所设计电路的逻辑功能。

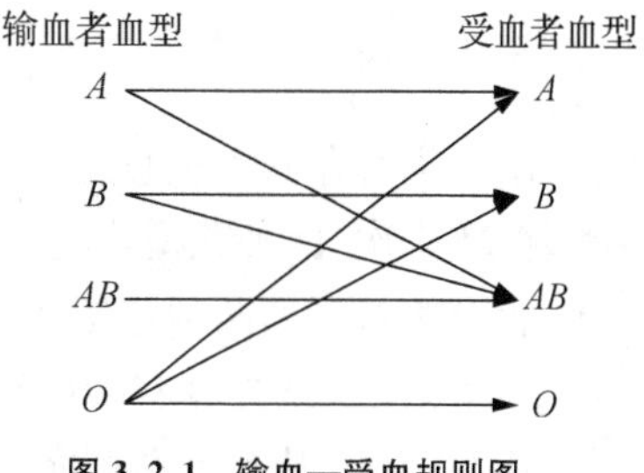

图 3.2.1　输血—受血规则图

3.2.2　参考设计

(1) 分析题意

根据题意,可以把输血者的血型作为输入变量,共有 4 种情况;把受血者的血型作为控制变量,由控制变量决定,当前应输出哪种血型,由规则图可知:A 型血的人可以接受 A 型或 O 型血;B 型血的人可以接受 B 型或 O 型血;AB 型血的人可以接受 A 型、B 型、AB 型或

O 型血；O 型血的人只能接受 O 型血。

(2) 根据分析，可以得到结论：当受血者为 A 型血时，Y＝A 型＋O 型；当受血者为 B 型血时，Y＝B 型＋O 型；当受血者为 AB 型血时，Y＝A 型＋B 型＋AB 型＋O 型；当受血者为 O 型血时，Y＝O 型。

(3) 将第 2 步中的逻辑表达式转换成与非的形式，将 AB 型血以变量 C 表示，得到 $Y_1=\overline{\overline{A}\,\overline{O}}$，$Y_2=\overline{\overline{B}\,\overline{O}}$，$Y_3=\overline{\overline{A}\,\overline{B}\,\overline{C}\,\overline{O}}$，$Y_4=O$。共需要 5 个二输入与非门，1 片 74LS00 中集成了 4 个与非门，因此，需要两片 74LS00。

(4) 总电路如图 3.2.2 所示。图中，74LS153 的地址输入变量 A、B 的 4 种组合表示受血者血型，00 表示 A 型，01 表示 B 型，10 表示 AB 型，11 表示 O 型。

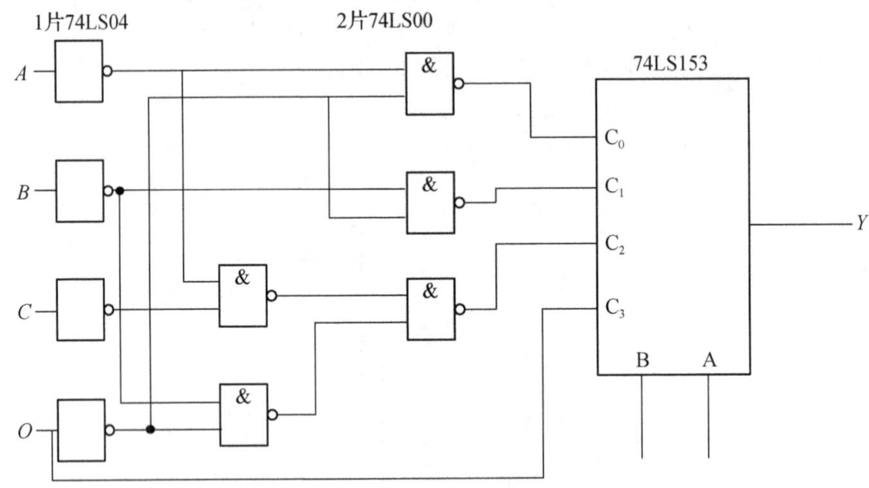

图 3.2.2　输血—受血规则电路原理图

(5) 对照附录中 74LS00、74LS04、74LS153 引脚图，将逻辑电路图进一步转换成实物接线图，搭接电路，调试并验证电路功能。

3.3　四路彩灯控制器

3.3.1　设计任务

用移位寄存器为核心元器件，设计一个四路彩灯循环控制器，要求组成两种花型，每种花型循环一次，两种花型轮流交替。

假设选择下列两种花型：

花型 1——从左到右顺序亮，全亮后再从左到右顺序灭；

花型 2——从右到左顺序亮，全亮后再从右到左顺序灭。

3.3.2　参考设计

(1) 根据选定花型，可列出移位寄存器的输出状态编码，见表 3.3.1。

通过对表 3.3.1 的分析，可以得到以下结论：

0～3 节拍，工作模式为右移，$S_R=1$。

4～7 节拍，工作模式为右移，$S_R=0$。

8～11 节拍，工作模式为左移，$S_L=1$。

12～15 节拍，工作模式为左移，$S_L=0$。

表 3.3.1 输出状态编码

基本节拍	输出状态编码	花型
0	0000	花型 1
1	1000	
2	1100	
3	1110	
4	1111	
5	0111	
6	0011	
7	0001	
8	0000	花型 2
9	0001	
10	0011	
11	0111	
12	1111	
13	1110	
14	1100	
15	1000	

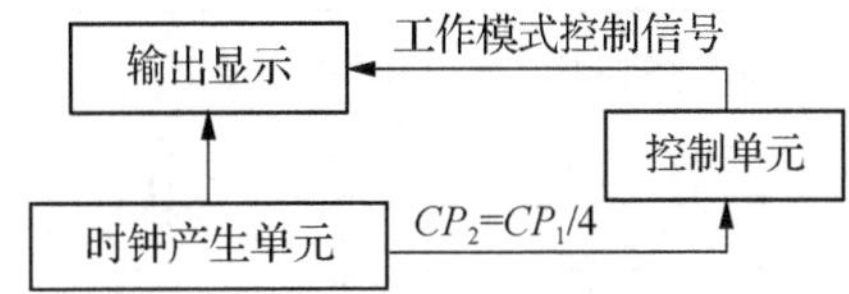

图 3.3.1 四路彩灯控制器电路框图

(2) 完成四路彩灯控制器的电路框图，如图 3.3.1 所示。

(3) 74LS194 的控制激励情况可通过表 3.3.2 表示。

表 3.3.2 74LS194 控制激励表

时钟 CP_2	工作方式	激励		
		S_1S_0	S_R	S_L
1	右移	01	1	X
2	右移	01	0	X
3	左移	10	X	1
4	左移	10	X	0

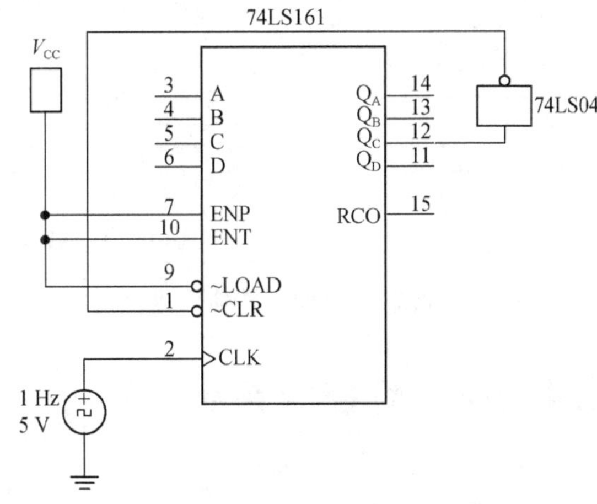

图 3.3.2 4 分频器电路

(4) 对电路工作情况进行分析，每隔 4 个基本时钟节拍 CP_1，74LS194 的工作模式改变一次，因此，控制单元的时钟频率为提供给 74LS194 工作频率的 1/4，在时钟产生单元需要一个 4 分频器，为控制单元提供时钟节拍，4 分频器可用 74LS161 的低两位来实现，参考电路如图 3.3.2 所示。

(5) 控制单元电路的输入与输出可用表 3.3.3 表示。

表 3.3.3　控制单元电路的输入与输出

74LS161 低两位计数输出		激励		
Q_B	Q_A	S_1S_0	S_R	S_L
0	0	01	1	X
0	1	01	0	X
1	0	10	X	1
1	1	10	X	0

列出 S_1、S_0、S_R、S_L关于 Q_B、Q_A的卡诺图。

Q_A \ Q_B	0	1
0	0	1
1	0	1

Q_A \ Q_B	0	1
0	1	0
1	1	0

Q_A \ Q_B	0	1
0	1	X
1	0	X

Q_A \ Q_B	0	1
0	X	1
1	X	0

得到 S_1、S_0、S_R、S_L关于 Q_B、Q_A的逻辑表达式分别为：

$$S_1=Q_B,S_0=\overline{Q_B},S_R=\overline{Q_A},S_L=\overline{Q_A}$$

(6) 得到总参考电路如图 3.3.3 所示。

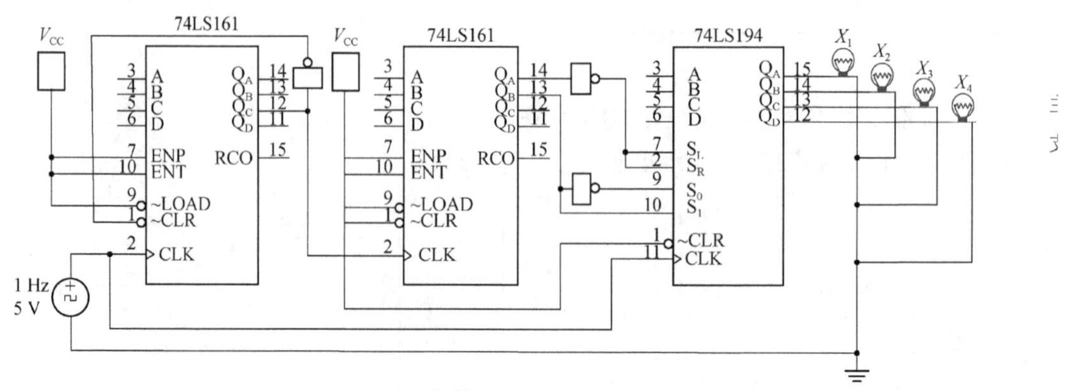

图 3.3.3　四路彩灯控制器

(7) 进一步将电路原理图转换为硬件连接图，搭接电路，验证电路功能是否符合任务要求。

3.4　交通灯控制系统

3.4.1　设计任务

设计一个符合图 3.4.1 所示的交通灯系统电路，HG、HY、HR 分别表示主干道绿、黄、红三色灯，FG、FY、FR 分别表示支干道绿、黄、红三色灯，绿、黄、红三色灯可用发光二极管模拟。控制要求：由一条主干道与一条支干道汇合成十字路口，在每一条路的路口处设置红、绿、黄三色信号灯。主干道处于常允许通行，支干道有车来时才允许通行，主、支干道均有车时，两者交替允许通行，主干道每次放行 T_1，支干道每次放行 T_2，在每次由绿灯亮转换到红灯亮时，要经过黄灯亮的 T_3 时间。设 T_1 为 50 s；T_2 为 30 s；T_3 为 5 s。

3.4.2 参考设计

1）定时器设计

定时器分别产生上述三个时间间隔后，向控制器发出"时间到"信号，控制器根据定时器与传感器信号，决定是否进行状态转换。如确定要状态转换，则控制器发出状态转换信号 ST，定时器开始清零，准备重新计时。

定时器由与系统脉冲同步的计数器构成，从系统脉冲得到标准的 1 Hz 频率信号，当脉冲上升沿到来时，在控制信号的作用下，计数器从零开始计数，并向控制器提供模 50、模 30、模 5 信号，即 T_1、T_2、T_3时间间隔信号。

定时器电路由 5 s、30 s、50 s 计数器功能模块构成，此部分内容请参考第 2 章计数器部分。

2）控制器设计

交通灯的主控电路是一个时序电路，输入信号为：车辆检测信号（传感器信号）设为 A、B，三个定时信号 5 s、30 s、50 s 设为 E、D、C（见图 3.4.1）。控制器的状态转换表如表 3.4.1 所示。

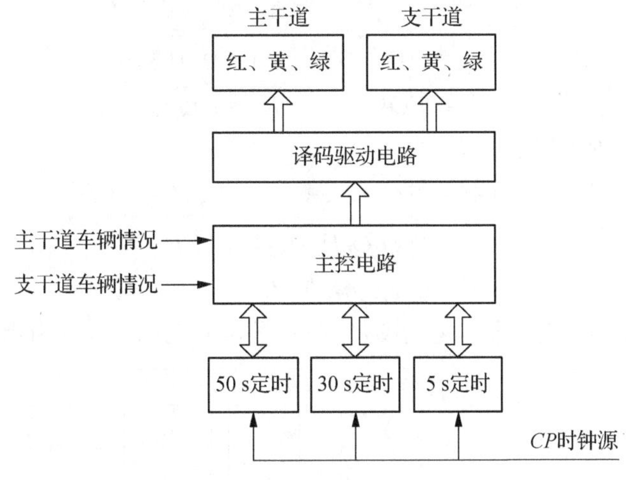

图 3.4.1 交通灯系统框图

表 3.4.1 状态转换表

状态	主干道	支干道	时间(s)
S_0	绿灯亮，允许通行	红灯亮，禁止通行	50
S_1	黄灯亮，停车	红灯亮，禁止通行	5
S_2	红灯亮，禁止通行	绿灯亮，允许通行	30
S_3	红灯亮，禁止通行	黄灯亮，停车	5

逻辑变量取值含义为：

$A=0$，主干道无车，$A=1$，主干道有车；$B=0$，支干道无车，$B=1$，支干道有车；

$C=0$，50 s 定时未到，$C=1$，50 s 定时到；$D=0$，30 s 定时未到，$D=1$，30 s 定时到；

$E=0$，5 s 定时未到，$E=1$，5 s 定时到。

状态编码为：$S_0=00$，$S_1=01$，$S_2=10$，$S_3=11$。

赋值后的状态转换表如表 3.4.2 所示。

表 3.4.2　逻辑赋值后的状态表

ABCDE	$Q_2^nQ_1^n$	$Q_2^{n+1}Q_1^{n+1}$	说明
X0XXX	00	00	维持 S_0
110XX	00	00	维持 S_0
01XXX	00	01	由 $S_0 \to S_1$
111XX	00	01	由 $S_0 \to S_1$
XXXX0	01	01	维持 S_1
XXXX1	01	11	由 $S_1 \to S_0$
1X0X	11	11	维持 S_2
01XXX	11	11	维持 S_2
X0XXX	11	10	由 $S_2 \to S_3$
11X1X	11	10	由 $S_2 \to S_3$
XXXX0	10	10	维持 S_3
XXXX1	10	00	由 $S_3 \to S_0$

将表中的触发器输出化简，并选择 JK 触发器，可得状态方程(驱动方程)如下：

$$Q_2^{n+1} = EQ_1^n\overline{Q_2^n} + \overline{E\,\overline{Q_1^n}}Q_2^n$$

$$Q_1^{n+1} = B\,\overline{A\,\overline{C}}\,\overline{Q_2^n}\,\overline{Q_1^n} + \overline{\overline{B\,\overline{AD}}Q_2^n}Q_1^n$$

$$J_1 = B\,\overline{A\,\overline{C}}\,\overline{Q_2^n}, \quad K_1 = \overline{B\,\overline{AD}}Q_2^n$$

$$J_2 = EQ_1^n, \qquad K_2 = E\overline{Q_1^n}$$

三个定时器的 CP 驱动方程为：

$$CP_{50} = [\overline{Q_2}\,\overline{Q_1}(A+\overline{B}) + Q_2\,\overline{Q_1}E]CP$$

$$CP_{30} = [\overline{Q_2}Q_1E + Q_2Q_1B]CP$$

$$CP_5 = [Q_1 \oplus Q_2]CP$$

由此可得到控制器、定时器的电路图，分别如图 3.4.2、图 3.4.3 所示。

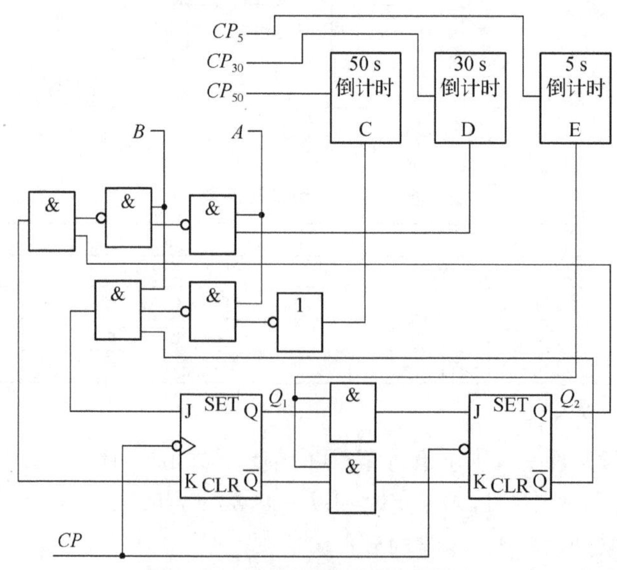

图 3.4.2　交通灯控制器的参考电路

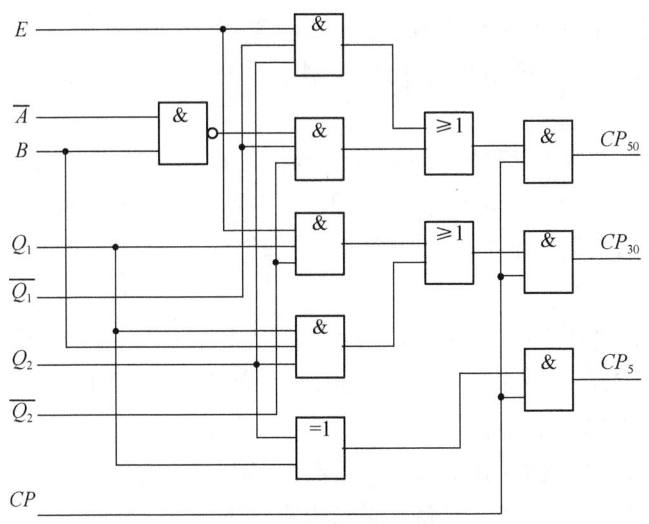

图 3.4.3　定时器的驱动脉冲参考电路

3）译码器设计

系统的输出是由 Q_1Q_2 驱动下的 6 个信号灯，可列出各状态与信号灯的逻辑关系真值表如表 3.4.3 所示，得到译码驱动电路的逻辑表达式及电路图，如图 3.4.4 所示。

$$HR=Q_2, FR=\overline{Q_2}, HY=Q_1\ \overline{Q_2}, FY=Q_2\ \overline{Q_1}, HG=\overline{Q_1Q_2}, FG=Q_1Q_2$$

表 3.4.3　译码驱动电路真值表

Q_2Q_1	HG	HY	HR	FG	FY	FR
00	1	0	0	0	0	1
01	0	1	0	0	0	1
10	0	0	1	0	1	0
11	0	0	1	1	0	0

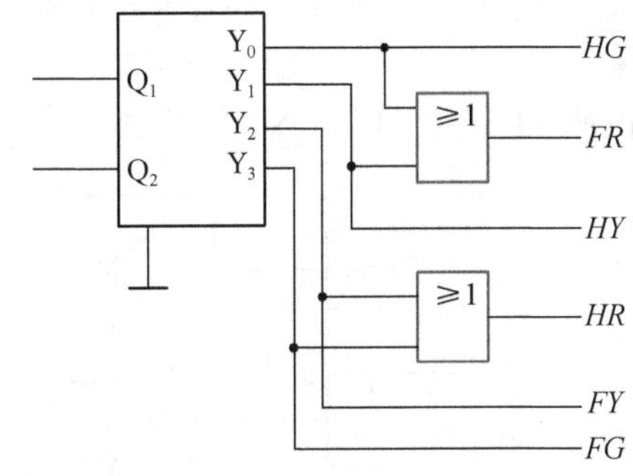

图 3.4.4　译码器的参考电路

4）搭接电路

将各模块电路进一步转化成硬件连接图，并搭接电路进行调试，验证设计是否与题目要求相符。

3.5　多路智力竞赛抢答器

3.5.1　设计任务

设计一个多路智力竞赛抢答器，具体要求如下：

1）基本功能

（1）可同时供 8 名选手参加比赛，编号分别为 0、1、2、3、4、5、6、7，各用一个抢答按钮，按钮的编号与选手编号相对应，分别为 S_0、S_1、S_2、S_3、S_4、S_5、S_6、S_7。

(2) 给主持人设置一个控制开关，用来控制系统的清零（编号显示数码管灭灯）和抢答的开始。

(3) 抢答器具有数据锁存和显示的功能。抢答开始后，若有选手按动抢答器按钮，编号立即锁存，并在 LED 上显示出选手的编号，同时扬声器给出音响提示。此外，要封锁输入电路，禁止其他选手抢答，优先抢答选手的编号一直保持到主持人将系统清零为止。

2) 扩展功能

(1) 抢答器具有定时抢答的功能，且一次抢答的时间可以由主持人设定（如 20 s）。当节目主持人启动“开始”键后，要求定时器立即减计时，并用显示器显示，同时扬声器发出短暂的声响，声响持续时间 0.5 s 左右。

(2) 参赛选手在设定的时间内抢答，抢答有效，定时器停止工作，显示器上显示选手的编号和抢答时刻的时间，并保持到主持人将系统清零为止。

(3) 如果定时抢答的时间已到，却没有选手抢答，本次抢答无效，系统短暂报警，并封锁输入电路，禁止选手超时后抢答，时间显示器上显示 00。

3.5.2 参考设计

1) 设计思路

根据题意，抢答器由主体电路和扩展电路两部分组成，如图 3.5.1 所示。主体电路完成基本的抢答功能，即开始抢答后，当选手按动抢答键时，能显示选手的编号，同时能封锁输入电路，禁止其他选手抢答。扩展电路完成定时抢答的功能。

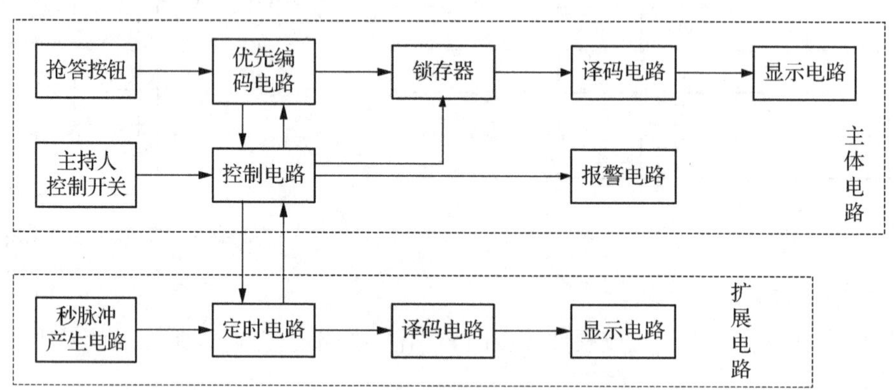

图 3.5.1 抢答器总体框图

图 3.5.1 所示抢答器的工作过程是：接通电源时，节目主持人将开关置于“清除”位置，抢答器处于禁止状态，编号显示器灭灯，定时显示器显示设定的时间，当节目主持人宣布抢答题目后，说一声“抢答开始”，同时将控制开关拨至“开始”位置，扬声器给出声响提示，抢答器处于工作状态，定时器倒计时，当定时时间到，却没有选手抢答时，系统报警并封锁输入电路，禁止选手超时后抢答。当选手在定时时间内按动抢答键时，抢答器要完成以下四项工作：

(1) 优先编码电路立即分辨出抢答者的编号，并由锁存器进行锁存，然后由译码显示电路显示编号；

(2) 扬声器发出短暂声响，提醒节目主持人注意；

(3) 控制电路要对输入编码电路进行封锁，避免其他选手再次进行抢答；

(4) 控制电路要使定时器停止工作，时间显示器上显示剩余的抢答时间，并保持到主持人将系统清零为止。

(5) 当选手将问题回答完毕后，主持人操作控制开关，使系统回复到禁止工作状态，以便进行下一轮抢答。

2) 电路设计

(1) 抢答电路设计

抢答电路的功能有两个：一是能分辨出选手按键的先后，并锁存优先抢答者的编号，供译码显示电路用；二是要使其他选手的按键操作无效。选用优先编码器 74LS148、74LS48 译码器和 RS 锁存器 74LS279 可以完成上述功能，其电路组成如图 3.5.2 所示。

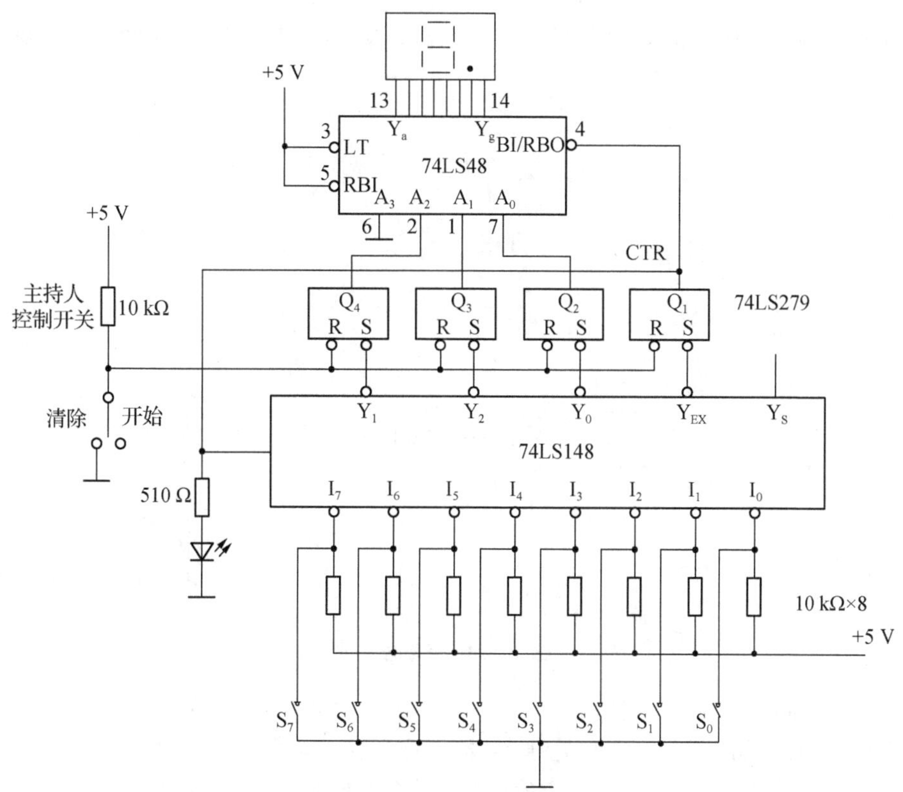

图 3.5.2 抢答电路

其工作原理是：当主持人控制开关处于“清除”位置时，RS 触发器的 R 端为低电平，输出端($Q_4 \sim Q_1$)全部为低电平。于是 74LS148 的 $BI=0$，显示器灭灯；74LS148 的选通输入端 $ST=0$，74LS148 处于工作状态，此时锁存电路不工作。当主持人开关拨到“开始”位置时，优先编码电路和锁存电路同时处于工作状态，即抢答器处于等待工作状态，等待输入端 $I_7 \sim I_0$ 输入信号；当有选手将键按下时(如按下 S_5)，74LS148 的输出 $Y_2Y_1Y_0=010$，$Y_{EX}=0$，经 RS 锁存器后，$CTR=1$，$BI=1$，74LS279 处于工作状态，$Q_4Q_3Q_2=101$，经 74LS48 译码后，显示器显示出“5”。此外，$CTR=1$，使 74LS148 的 ST 端为高电平，74LS148 处于禁止工作状态，封锁了其他按键的输入。当按下的键松开后，74LS148 的 Y_{EX} 为高电平，但由于 CTR 维持高电平不变，所以 74LS148 仍处于禁止工作状态，其他按键的输入信号不会被接收。这就保证了抢答者的优先性以及抢答电路的准确性。当优先抢答者回答完问题后，由主持人操作控制开关 S，使抢答电路复位，以便进行下一轮抢答。

(2) 定时电路设计

节目主持人根据抢答题的难易程度，设定一次抢答的时间，可以选用有预置数功能的十进制同步加/减计数器 74LS192 进行设计，具体电路可参考第 2 章计数器章节进行设计。

(3) 报警电路设计

由 555 定时器和三极管构成的报警电路如图 3.5.3 所示，其中，555 定时器构成多谐振荡器，振荡频率为：

$$f_0=\frac{1}{(R_1+2R_2)C\ln 2}\approx\frac{1.43}{(R_1+2R_2)C}$$

其输出信号经三极管推动扬声器。PR 为控制信号，当 PR 为高电平时，多谐振荡器工作，反之，电路停振。

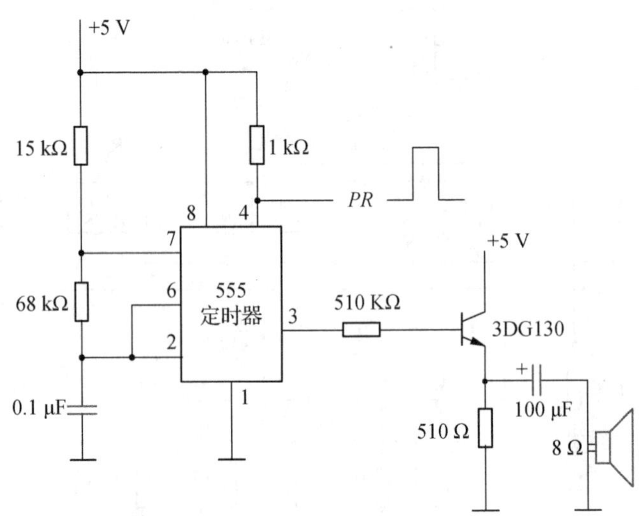

图 3.5.3 报警电路

(4) 时序控制电路设计

时序控制电路是抢答器设计的关键，它要完成以下三项功能：

① 主持人将控制开关拨到“开始”位置时，扬声器发声，抢答电路和定时电路进入正常抢答工作状态。

② 当参赛选手按动抢答键时，扬声器发声，抢答电路和定时电路停止工作。

③ 当设定的抢答时间到，无人抢答时，扬声器发声，同时抢答电路和定时电路停止工作。

根据上面的功能要求及图 3.5.2，设计的时序控制电路如图 3.5.4 所示。图中，门 G_1 的作用是控制时钟信号 CP 的放行与禁止，门 G_2 的作用是控制 74LS148 的输入使能端 ST。

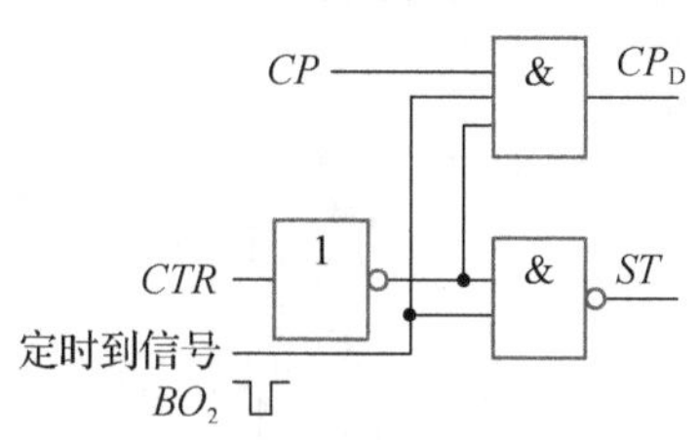

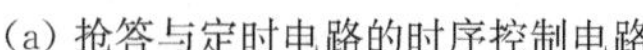
(a) 抢答与定时电路的时序控制电路

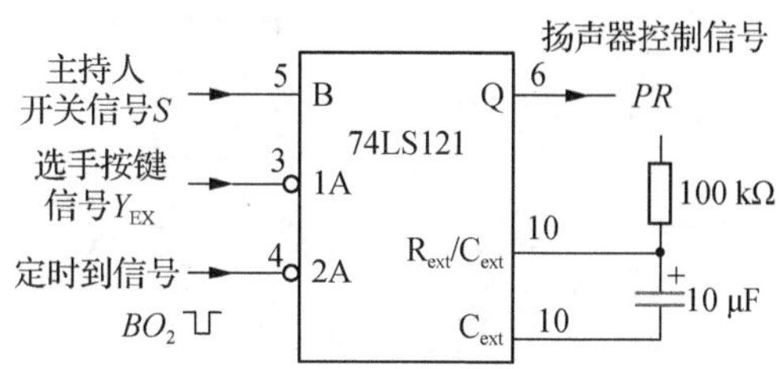

(b) 报警电路的时序控制电路

图 3.5.4　时序控制电路

图 3.5.4(a)的工作原理是：主持人控制开关从“清除”位置拨到“开始”位置时，来自图 3.5.2 中的 74LS279 的输出 $CTR=0$，经 G_3反相，$A=1$，则从 555 定时器输出端的时钟信号 CP 能够加到 74LS279 的 CP_D时钟输入端，定时电路进行递减计时。同时，在定时时间未到时，定时到信号 $BO_2=1$，门 G_2的输出 $ST=0$，使 74LS148 处于正常工作状态，从而实现功能①的要求。当选手在定时时间内按动抢答键时，$CTR=1$，经 G_3 反相，$A=0$，封锁 CP 信号，定时器处于保持工作状态；同时，门 G_2的输出 $ST=1$，74LS148 处于禁止工作状态，从而实现功能②的要求。当定时时间到时，$BO_2=0$，$ST=1$，74LS148 处于禁止工作状态，禁止选手进行抢答。同时，门 G_1处于关门状态，封锁 CP 信号，使定时电路保持 00 状态不变，从而实现功能③的要求。

图 3.5.4(b)用于控制报警电路及发声的时间，发声时间由时间常数 RC 决定。

(5) 整机电路设计

经过以上各单元电路的设计，可以得到定时抢答器的整机电路，如图 3.5.5 所示。

3) 搭接与调试

将电路图进一步转化为接线图，分模块进行硬件电路的搭接与调试，验证设计的功能是否符合任务要求。

3.6　数字钟系统

3.6.1　设计任务

设计一个数字钟系统，要求能够显示时、分、秒。

3.6.2　参考设计

根据题意，可以将数字钟系统拆分成四大模块：脉冲产生部分、计数部分、译码部分、显示部分，主要由振荡器、秒计数器、分计数器、时计数器、BCD 七段显示译码/驱动器、LED 七段显示数码管构成。数字钟的计数部分，主要是六十进制与二十四进制计数器。

1) 1 Hz 秒信号发生电路

1 Hz 秒信号的产生可以通过两部分电路实现；第一部分：由 555 定时器与电阻电容构成一个能够产生 1 kHz 时钟信号的电路；第二部分：由 3 个十进制的 74LS90 对 1 kHz 时钟信号进行 1 000 分频，从而产生 1 Hz 的脉冲信号。1 Hz 秒信号发生电路如图 3.6.1 所示。

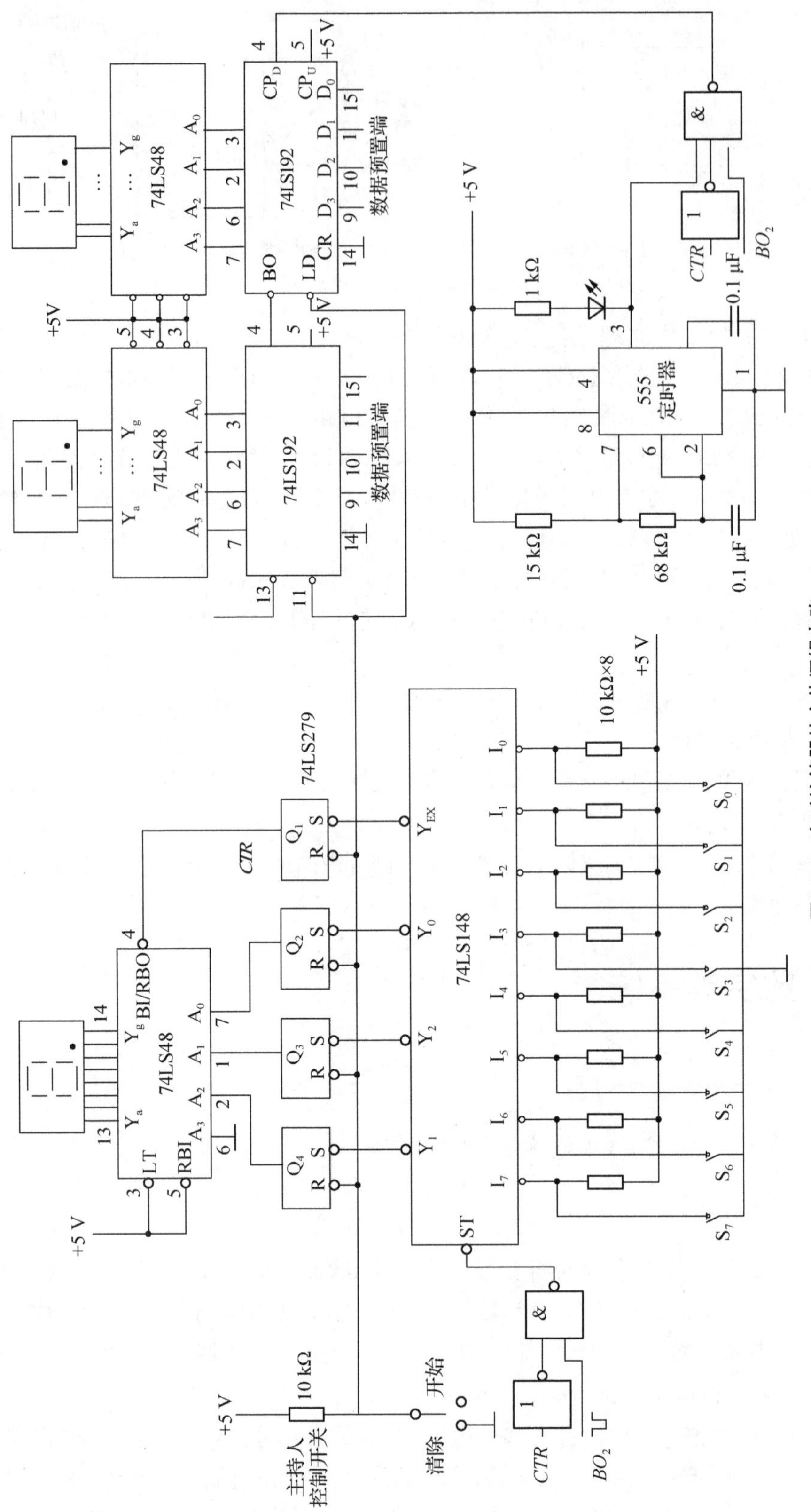

图3.5.5 定时抢答器的主体逻辑电路

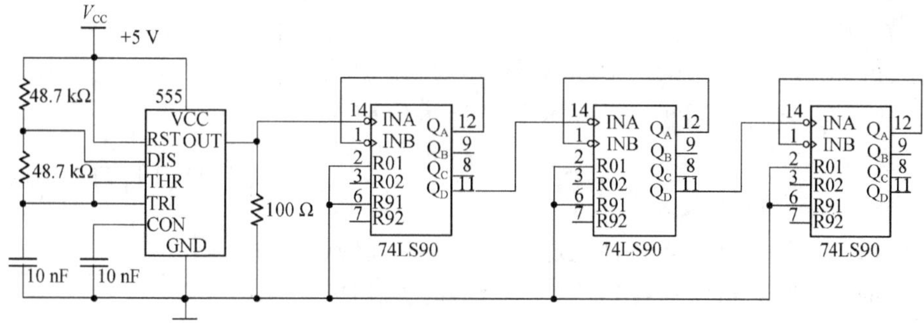

图 3.6.1　1 Hz 秒信号发生电路

2）六十进制计数器

在数字钟的控制电路中，“60 分”和“60 秒”的控制是一样的，可以通过一个十进制计数器和一个六进制计数器串联得到六十进制计数器。本设计采用异步清零法，由集成电路 74LS161 和适量与非门实现六十进制计数器，计数状态为 00～59。电路原理图如图 3.6.2 所示。

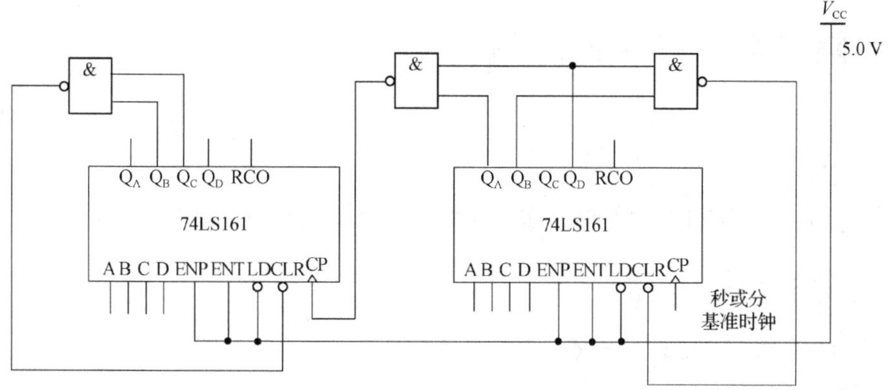

图 3.6.2　六十进制计数器

3）二十四进制计数器

二十四小时的计数电路，可以通过异步清零法，由 74LS161 和适量与非门构成二十四进制计数器，计数状态为 00～23。电路原理图如图 3.6.3 所示。

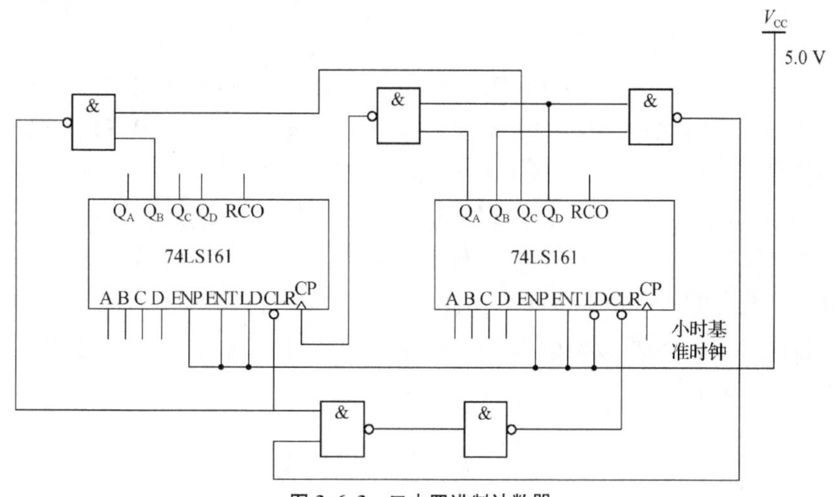

图 3.6.3　二十四进制计数器

4）译码显示电路

本设计的BCD七段显示译码/驱动器选用的元器件为CD4511，数码管选用共阴模式，具体译码显示电路如图3.6.4所示。

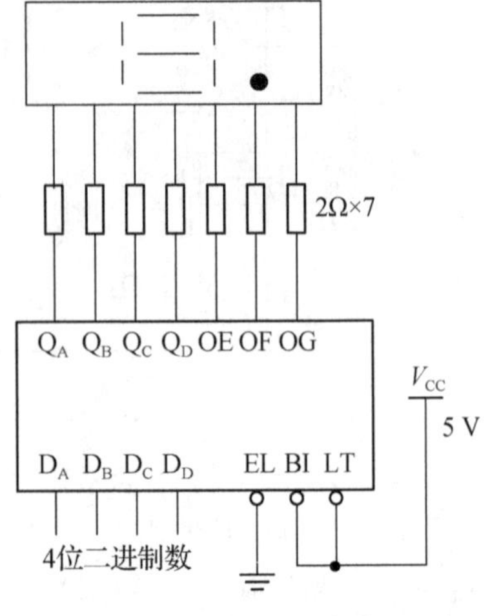

图3.6.4 译码显示电路

5）秒、分、时的级联

数字钟在运行过程中，当秒计数电路状态由59转换为00的同时，需要给分计数电路提供一个计数时钟脉冲。当分计数电路状态由59转换为00的同时，需要给时计数电路提供一个计数时钟脉冲。这样，就可以实现1分钟60秒、1小时60分钟、1天24小时的数字钟功能。

6）进一步画出实物连接图，进行硬件接线并调试电路，验证电路功能是否符合设计要求。

3.7 随机存取存储器应用

3.7.1 设计任务

选择合适的静态随机存取存储器实现数据的随机存取及顺序存取。

3.7.2 参考设计

1）随机存取存储器的选择

（1）随机存取存储器

随机存取存储器(RAM)，又称读写存储器，它能存储数据、指令、中间结果等信息。任何一个存储单元都能随机地存入(写入)信息或取出(读出)信息。随机存取存储器具有记忆功能，但断电后所存信息(数据)会消失，不利于数据的长期保存，所以多用于中间过程暂存信息。

（2）2114A静态随机存取存储器

2114A是一种1 024×4位的静态随机存取存储器，采用HMOS工艺制作，它的逻辑框图如图3.7.1所示，芯片的引脚排列见附录。A_0～A_9是地址输入端；$\overline{WE}$是写选通信号；$\overline{CS}$是片选控制信号；I/O_0～I/O_7是数据输入/输出端。V_{CC}是电源，工作电压为+5 V。

在2114A内部有4 096个存储单元排列成64×64矩阵，采用行、列两个地址译码器译码，行译码(A_3～A_8)输出X_0～X_{63}，从64行中选择指定的一行，列译码(A_0、A_1、A_2、A_9)输出Y_0～Y_{15}，再从已选定的一行中选出4个存储单元进行读/写操作。I/O_0～I/O_3既是数据输入端，也是数据输出端，$\overline{CS}$是片选信号，$\overline{WE}$是写使能信号，控制元器件的读写操作，元器件的功能如表3.7.1所示。

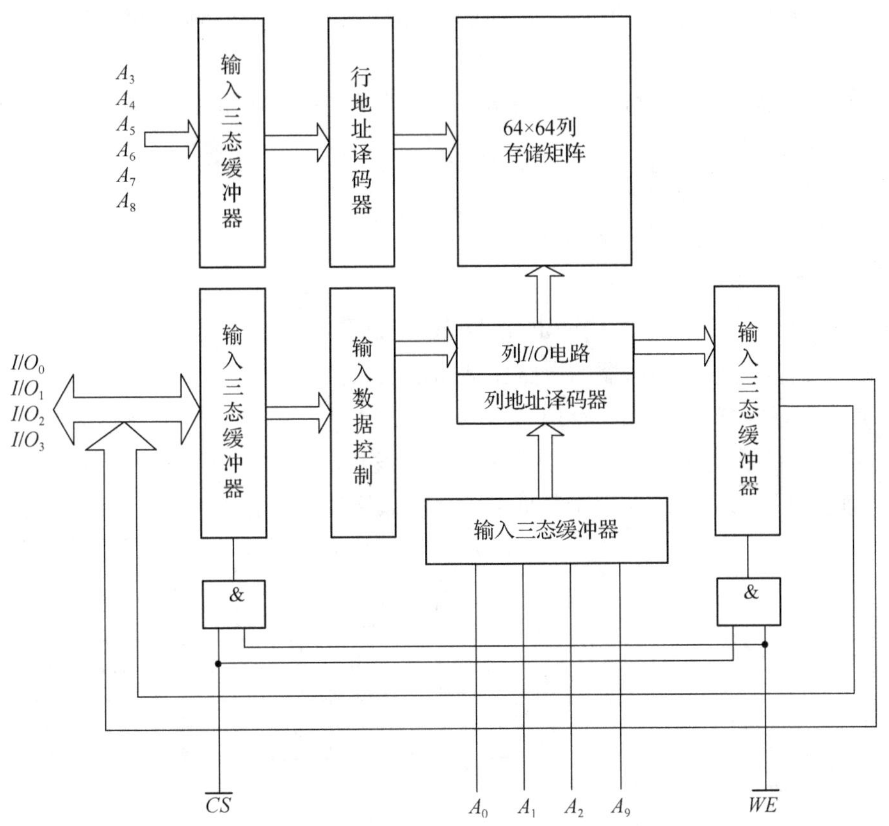

图 3.7.1 2114A 随机存储器的逻辑框图

表 3.7.1 器件功能

地址	$\overline{CS}$	$\overline{WE}$	$I/O_0 \sim I/O_3$
有效	1	X	高阻态
有效	0	1	读出数据
有效	0	0	写入数据

当元器件要进行读操作时，首先输入要读出单元的地址码($A_0 \sim A_9$)，并使$\overline{WE}=1$，给定地址的存储单元内容(4 位)经读写控制电路传送到三态输出缓冲器，而且只能在$\overline{CS}=0$ 时才能把读出数据送到数据引脚 $I/O_0 \sim I/O_3$上。

当元器件要进行写操作时，在 $I/O_0 \sim I/O_3$端输入要写入的数据，在 $A_0 \sim A_9$端输入要写入单元的地址码，然后再使$\overline{WE}=0$，$\overline{CS}=0$。在$\overline{CS}=0$ 时，$\overline{WE}$输入一个负脉冲能写入信息；同样，$\overline{WE}=0$ 时，$\overline{CS}$输入一个负脉冲也能写入信息。因此，在地址码改变期间，$\overline{WE}$或$\overline{CS}$必须至少有一个为 1，否则会引起误写入，冲掉原来的内容。为了确保数据能可靠地写入，写脉冲宽度 t_{WP}必须大于或等于元器件手册所规定的时间区间，当写脉冲结束时，就标志这次写操作结束。

2114A 具有下列特点：

① 采用直接耦合的静态电路，不需要时钟信号驱动，也不需要刷新。

② 不需要地址建立时间，存取特别简单。

③ 输入、输出同极性，读出是非破坏性的，使用公共的 I/O 端，能直接与系统总线相连接。

④ 使用单电源＋5 V 供电，输入输出与 TTL 电路兼容，输出能驱动一个 TTL 门和 C_L＝100 pF 的负载。

⑤ 具有独立的片选功能和三态输出。

⑥ 元器件具有高速和低功耗性能。

⑦ 读/写周期均小于 250 ns。

2）用 2114A 实现数据的随机存取及顺序存取

2114A 静态随机存取存储器的电路原理图如图 3.7.2 所示。

(1) 用 2114A 实现静态随机存取

电路各单元的功能如图 3.7.2(a)所示，RS 触发器和与非门用于控制电路的读写操作；2114A 为静态 RAM；74LS244 用于数据输入、输出、缓冲及锁存。

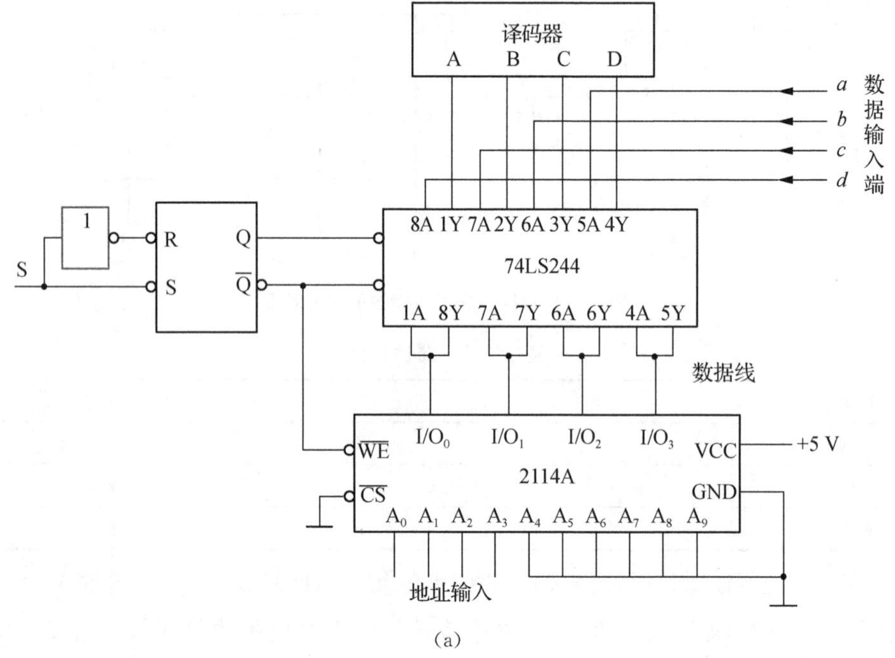

(a)

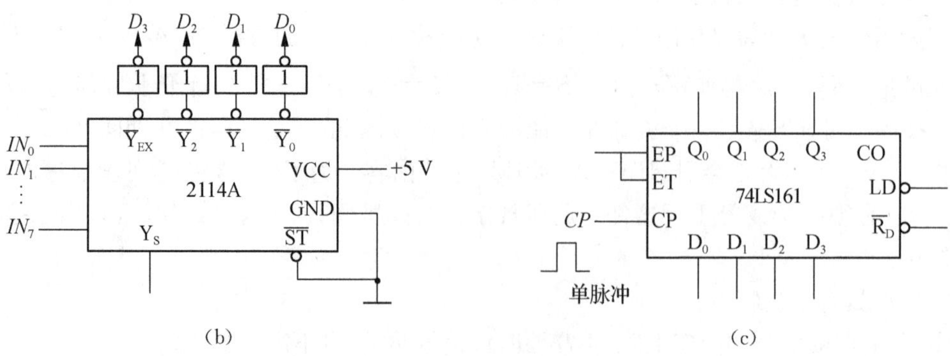

(b)　　(c)

图 3.7.2　2114A 随机和顺序存取数据电路原理图

当进行写入操作时，$\overline{CS}=0$，$\overline{WE}=0$，由 $A_0 \sim A_3$ 输入要写入单元的地址码，控制端 S 接高电平，触发器置 0，即 $Q=0$，$\overline{EN_A}=0$，74LS244 中的输出三态缓冲器使能，要写入的数据 (a,b,c,d) 经缓冲器送至 2114A 的输入端 $(I/O_0 \sim I/O_3)$。

当进行读操作时，$\overline{CS}=0$，$\overline{WE}=0$，由 $A_0 \sim A_3$ 输入要读出单元的地址码，控制端 S 接低电平，触发器置 1，即 $Q=0$，$\overline{EN_B}=0$，74LS244 中的输出三态缓冲器使能，要读出的数据 (a,b,c,d) 经缓冲器送至译码器的 A、B、C、D 端并显示出来。

(2) 用 2114A 实现静态顺序存取

在图 3.7.2 所示电路中，由 74LS148 优先编码器对 8 位的二进制指令进行编码后，作为存储器的起始地址，由二进制同步加法计数器 74LS161 在 CP 脉冲的作用下，产生顺序存取的地址码。

当进行写入操作时，$\overline{CS}=0$，$\overline{WE}=0$，计数器 74LS161 的 $\overline{CR}=1$，$\overline{LD}=0$，CP 脉冲输入后，计数器进行加 1 计数，产生一组连续地址，控制随机存储器将一组数据依次写入计数器输出值所对应的地址。

当进行读出操作时，$\overline{CS}=0$，$\overline{WE}=0$，计数器 74LS161 的操作与写入操作时相同。读出的数据送至译码器的 A、B、C、D 端并显示出来。

3) 搭接电路并调试

将各原理图进一步转化成接线图，进行硬件连接并测试电路功能是否与任务要求一致。

4 Proteus 仿真实验

4.1 Proteus 8.0 专业版 ISIS 的使用

4.1.1 Proteus ISIS 简介

Proteus 软件是由英国 Labcenter Electronics 公司开发的 EDA 工具软件，已有近 20 年的历史，在全球得到了广泛应用。Proteus 软件的功能强大，它集电路设计、制版及仿真等多种功能于一身，不仅能够对电工、电子技术学科涉及的电路进行设计与分析，还能够对微处理器进行设计和仿真，并且功能齐全，界面多彩，是近年来备受电子设计爱好者青睐的一款新型电子线路设计与仿真软件。

Proteus 具有和其他 EDA 工具一样的原理图编辑、印刷电路板(PCB)设计及电路仿真功能，最大的特色是其电路仿真的交互化和可视化。通过 Proteus 软件的虚拟仿真模式(VSM)，用户可以对模拟电路、数字电路、模数混合电路、单片机及外围元器件等电子线路进行系统仿真。Proteus 是目前在高校的实验教学中应用较多的软件。

Proteus 软件由 ISIS 和 ARES 两部分构成，其中 ISIS 是一款便捷的电子系统原理设计和仿真平台软件，ARES 是一款高级的 PCB 布线编辑软件。

Proteus ISIS 的特点有：

(1) 实现了单片机仿真和 SPICE 电路仿真的结合。具有模拟电路仿真、数字电路仿真、单片机及其外围电路组成的系统仿真、RS232 动态仿真、I2C 调试器、SPI 调试器、键盘和 LCD 系统仿真等功能；有各种虚拟仪器，如示波器、逻辑分析仪、信号发生器等。

(2) 具有强大的原理图绘制功能。

(3) 支持主流单片机系统的仿真。目前支持的单片机类型有 68000 系列、8051 系列、AVR 系列、PIC12 系列、PIC16 系列、PIC18 系列、Z80 系列、HC11 系列以及各种外围芯片。

(4) 提供软件调试功能。在硬件仿真系统中具有全速、单步、设置断点等调试功能，同时可以观察各个变量、寄存器等的当前状态，因此在该软件仿真系统中，也必须具有这些功能；同时支持第三方的软件编译和调试环境，如 Keil C51 uVision2 等软件。

Proteus 版本及其元器件的数据库升级更新及时，本文介绍的 Proteus 8.0 Professional 是 2013 年 2 月推出的专业版。Proteus 8.0 版的新主页如图 4.1.1 所示，可从主页分别进入 Proteus 的设计系统。

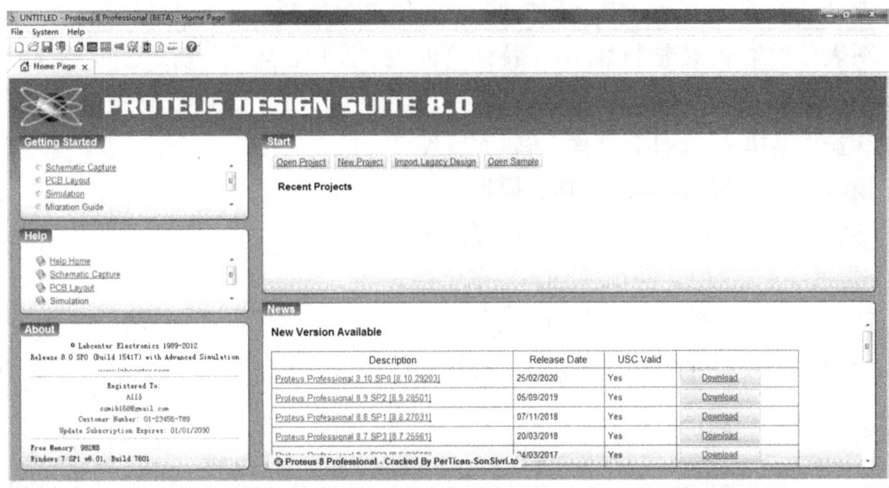

图 4.1.1 Proteus 8.0 Professional 的主页界面

4.1.2 Proteus 8.0 中 ISIS 的介绍

1) Proteus 8.0 中 ISIS 的主窗口介绍

(1) 三大窗口:编辑窗口、元器件工具窗口、浏览窗口。

(2) 两大菜单:主菜单与辅助工具菜单(通用工具及专用工具)。

Proteus 8.0 中 ISIS 的主窗口界面如图 4.1.2 所示。

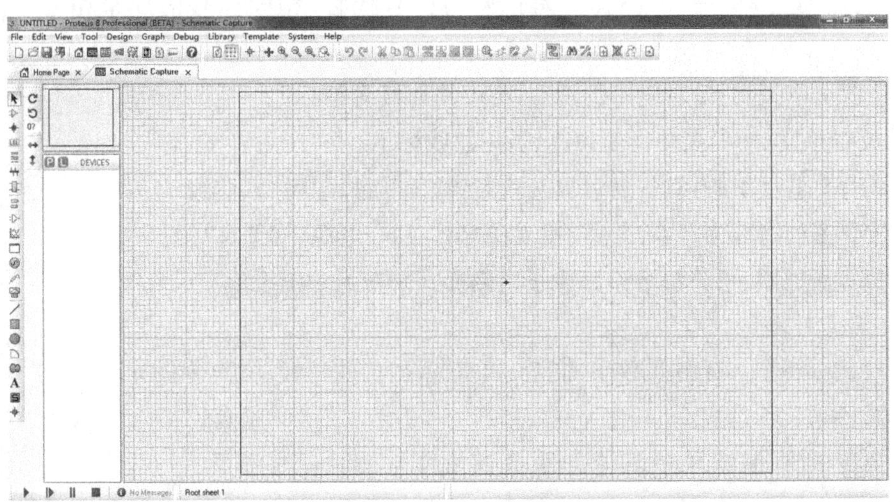

图 4.1.2 Proteus 8.0 中 ISIS 的主窗口界面

2) 主菜单简介

(1) 文件菜单:新建/加载/保存/打印。

(2) 编辑菜单:取消/剪切/拷贝/粘贴。

(3) 浏览菜单:图纸网络设置/快捷工具选项。

(4) 工具菜单:实时标注/自动放线/网络表生成/电气规则检查。

(5) 设计菜单:设计属性编辑/添加/删除图纸/电源配置。

(6) 图表分析菜单:传输特性/频率特性分析/编辑图形/运行分析。

(7) 调试菜单:起动调试/复位调试。

(8) 库操作菜单:元器件封装库/编辑库管理。

(9) 模板菜单:设置模板格式/加载模板。

(10) 系统菜单:设置运行环境/系统信息/文件路径。

(11) 帮助菜单:帮助文件/设计实例。

3) Proteus 中 ISIS 的主窗口示意图

Proteus 中 ISIS 主窗口界面最上面一行菜单栏是通用工具菜单栏,如图 4.1.3 所示。

图 4.1.3 通用工具菜单栏

Proteus 中 ISIS 主窗口界面最左边一列菜单栏是专用工具菜单栏,如图 4.1.4 所示。专用工具包含编辑工具、调试工具和图形工具。

(1) 编辑工具

点击鼠标:点击此键可取消左键的放置功能,但可编辑对象。

选择元器件:在元器件表选中元器件,在编辑窗中移动鼠标,点击左键放置元器件。

标注连接点:当两条连线交叉时,放个接点表示连通。

标志网络线标号:电路连线可用网络标号代替,相同标号的线是相同的。

放置文本说明:是对电路的说明,与电路仿真无关。

放置总线:当多线并行简化连线,用总线标示。

放置元器件引脚:有普通、反相、正时钟、反时钟、短引脚、总线。

放置图纸内部终端:有普通、输入、输出、双向、电源、接地、总线。

放置子电路:可将部分电路以子电路形式画在另一图纸上。

(2) 调试工具

放置分析图:有模拟、数字、混合、频率特性、传输特性、噪声分析等。

放置录放音设置。

放置电源、信号源:有直流电源、正弦信号源、脉冲信号源等。

放置电压电流探针:显示网络线上的电压或串联在指定的网络线上显示电流值。

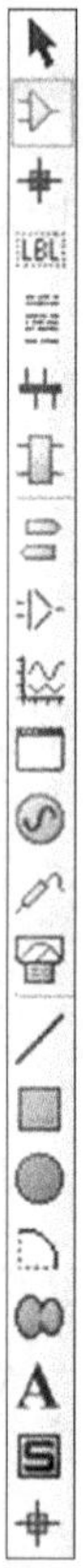

图 4.1.4 专用工具菜单栏

放置虚拟仪器:有示波器、计数器、RS232 终端、SPI 调试器、I2C 调试器、信号发生器、图形发生器、直流电压表、直流电流表、交流电压表、交流电流表。

(3) 图形工具

放置各种线:有元器件、引脚、端口、图形线、总线等。

放置矩形框:移动鼠标到框的一角,按下左键拖动,释放后完成。

放置圆形框：移动鼠标到圆心，按下左键拖动，释放后完成。

放置圆弧线：鼠标移到起点，按下左键拖动，释放后调整弧长，点击鼠标完成。

画闭合多边形：鼠标移到起点，点击产生折点，闭合后完成。

放置文字标签：在编辑框放置说明文本标签。

放置特殊图形：可在库中选择各种图形。

放置特殊节点：可有原点、节点、标签引脚名、引脚号。

Proteus 中 ISIS 主窗口界面左下方一行菜单栏是交互仿真按键，如图 4.1.5 所示。

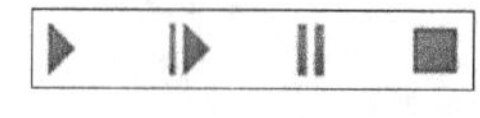

图 4.1.5　交互仿真按键

4.1.3　电路原理图设计流程与操作示范

一般电路原理图设计流程如图 4.1.6 所示。

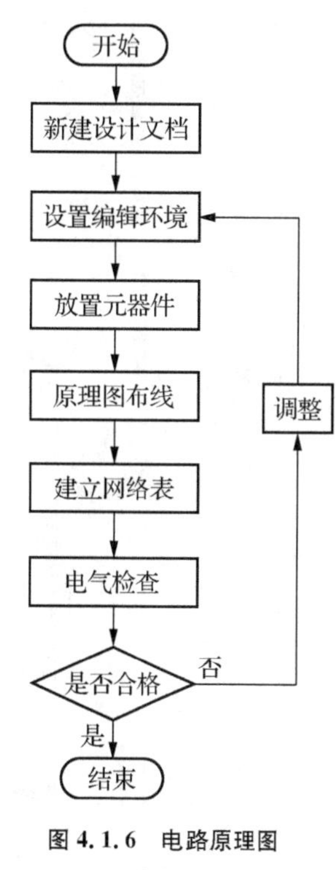

图 4.1.6　电路原理图设计流程图

1）建立设计文件

打开 ISIS 系统，选择合适（默认）类型，建立无标题文件，并在存储时命名即可。

2）在模板菜单下设置默认或修改规则（见图 4.1.7）、编辑全局文本风格（见图 4.1.8）、编辑全局图形风格（见图 4.1.9）、设置图表颜色（见图 4.1.10）等模式。

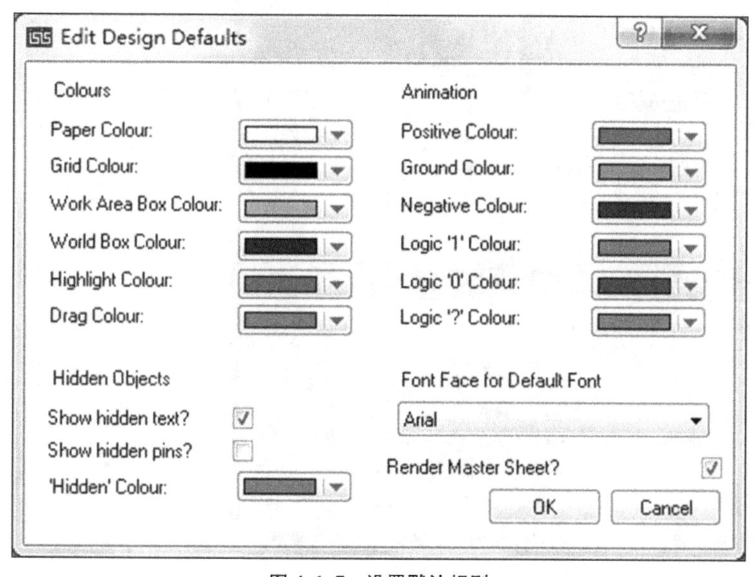

图 4.1.7　设置默认规则

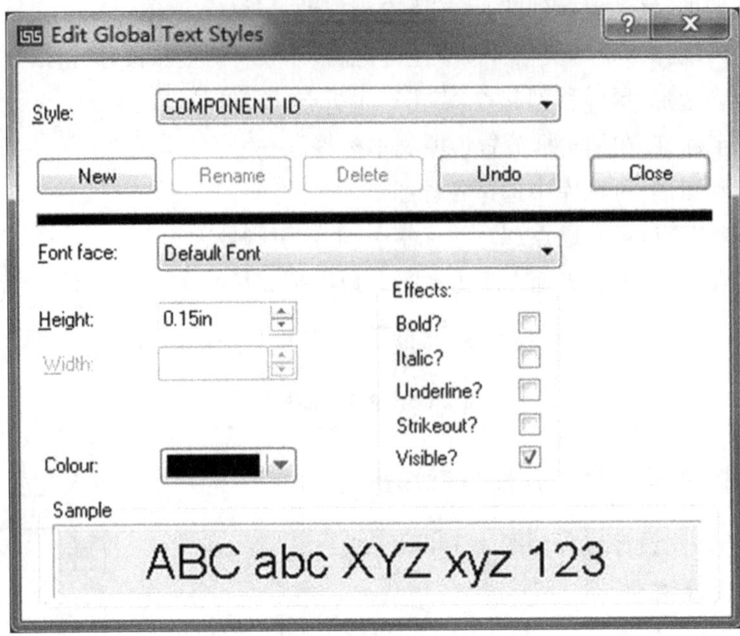

图 4.1.8　编辑全局文本风格

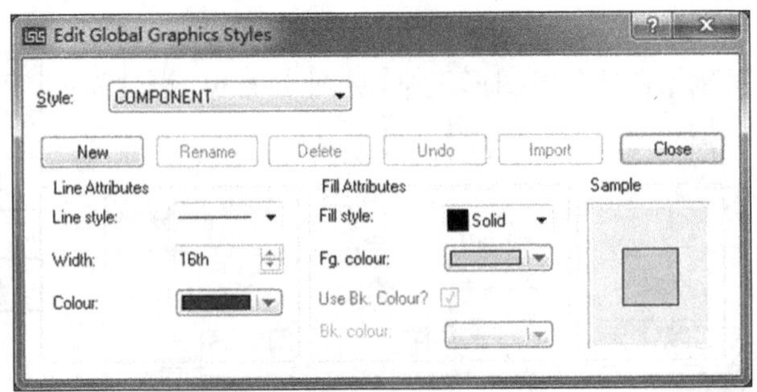

图 4.1.9　编辑全局图形风格

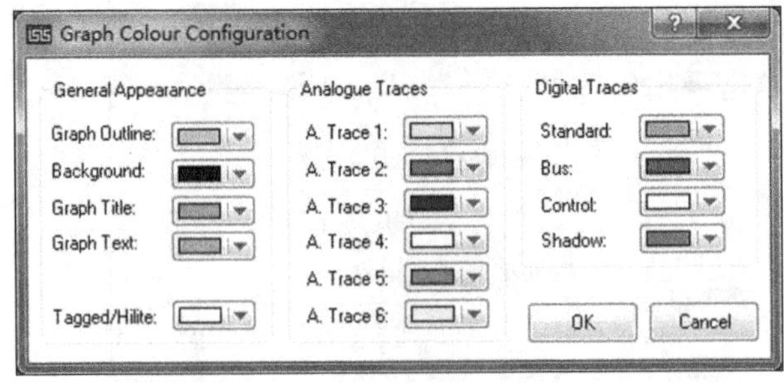

图 4.1.10　图表颜色设置

3）选取并放置元器件与调试工具的操作

（1）选择并放置元器件（或编辑调试工具）

先从元器件库（调试工具）中确认元器件（调试工具）至预览窗口，再在编辑窗口点击鼠标左键，放置元器件或工具。

(2) 改变元器件(或调试工具)的放置方向

对象在编辑窗口时,对元器件先单击右键,再点击旋转键。

删除元器件(或工具):在编辑窗口对要删除对象双击右键删除。

拖动元器件(或工具):对要拖动对象,按住左键将对象拖到目的地。

(3) 编辑元器件(或编辑调试工具)参数

对元器件双击左键,编辑元器件参数。

4) 编辑(修改)元器件参数

按左键(或右键)选中对象,再按左键编辑(修改)元器件参数。双击左键,确定并编辑参数。

例如:编辑电阻参数,从元器件库中选定的电阻值是 1 kΩ,可双击左键,在元器件参数对话框中将其改为 10 kΩ。

当然也可选择隐藏元器件的部分参数。

5) 放置连线,绘制电路图

按左键点击第 1 个对象(元器件),再按左键点击第 2 个对象(元器件),二者间就自动连线了。

6) 对原理图作电气规则检查

在工具菜单下做电气规则检查,根据有错提示修改,直到通过电气规则检查。

4.1.4 Proteus 8.0 的电路交互式仿真

电路仿真就是利用电路软件建立数学模型,通过计算分析来表现电路工作状态的一种手段。按仿真类型分为交互式仿真(实时仿真)与图表分析仿真(非实时仿真)。

1) Proteus 8.0 的电子仿真工具

(1) 电子仿真工具的分类

① 激励信号源:直流电压源、正弦信号源、脉冲信号源、频率调制信号源等(图表仿真也可用);

② 常用开关/按键;

③ 虚拟仪器:包含示波器及各种信号源等,虚拟仪器在图表仿真时不可用。

交互式仿真是主要用虚拟仪器(函数信号源、示波器、电压电流表等)实时调节、跟踪电路状态变化的仿真模式。

(2) 激励信号源

① 选择激励源类型;

② 设置信号参数;

③ 激励信号源既可交互式仿真,也可做如扫频等图表分析仿真。

(3) 常用的开关/按键/数据拨码开关

① 复位开关(键):点击接通,放开断开;

② 乒乓开关:点击接通,再点击断开;

③ 多状态开关:点击一次改变一个状态;

④ 逻辑数据:点击一次改变状态,启动前可设置常态;

⑤ 逻辑脉冲:点击一次输出一脉冲,启动前可设置常态;

⑥ 逻辑数据产生器:分 BCD 码和 HEX 两种。

利用调试工具中电压探针与电流探针,既可在交互式仿真时显示电压与电流,也可做图表分析时电压与电流的取样工具。

在交互式仿真中,可在系统菜单的动画选项中选择电压电流状态指示:

① 在交互式仿真中,有箭头表示电流方向;

② 在默认规则中数字引脚颜色表示电平,线段颜色表示电压大小;

③ 可在默认规则的动画选项中,修改颜色所代表的电平、电压的含义。

(4) 虚拟仪器

① 虚拟示波器;

② 逻辑分析仪;

③ 定时/计数器;

④ 虚拟终端;

⑤ SPI 调制器;

⑥ I2C 调制器;

⑦ 信号发生器;

⑧ 模式发生器;

⑨ DC 电压表;

⑩ DC 电流表;

⑪ AC 电压表;

⑫ AC 电流表。

2) Proteus 8.0 的交互式仿真操作实践

仿真实验步骤:

(1) 在 ISIS 下创建仿真实验电路。

从元器件库调用电路元器件(基本元器件参数可以修改);将元器件连接组成待测电路。

(2) 从调试工具库中调用仪器(信号源、示波器)与实验电路组成交互式仿真测量电路。

(3) 根据实验要求,在主窗口操作交互式仿真按键进行仿真。

(4) 有些参数也可从调试工具库中调用测试探针直接测试。

4.1.5 图表分析(仿真)操作说明

1) 图表分析项目

(1) 模拟图表分析;

(2) 数字图表分析;

(3) 混合图表分析;

(4) 频率分析;

(5) 传输特性分析;

(6) 噪声分析;

(7) 失真分析;

(8) 傅立叶分析；

(9) 音频分析；

(10) 交互分析；

(11) 一致性分析；

(12) 直流扫描分析；

(13) 交流扫描分析。

2) 电路图表分析(仿真)步骤

(1) 建立分析图表，根据需要选择分析图表种类，光标指向编辑窗口，将分析图表添加到原理图；

(2) 在电路图中测试点设置相应测量探针，并将探针添加到分析图表中；

(3) 在图表分析编辑框，设置相应项目与数据；

(4) 进行图表分析仿真(如有设置错误，则返回编辑对话框修改)。

3) 图表分析注意事项

(1) 做图表分析时一定要断开实时仿真虚拟仪器与电路的连线；

(2) 这两种仿真分别运行不同的计算运行程序；

(3) 虚拟仪器在图表频率分析中会提示错误。

4) 一阶电路响应的图表分析

以一阶电路交互式仿真电路为例，如图 4.1.11 所示。

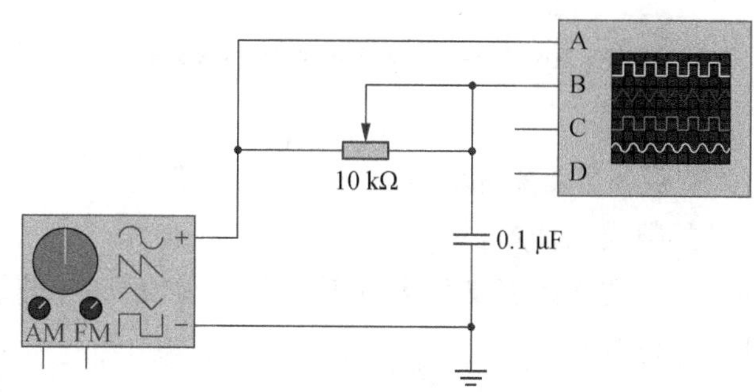

图 4.1.11 一阶电路响应测试电路

(1) 一阶电路响应的模拟图表分析步骤：

① 在图表分析中选择模拟图表；

② 在电路上添加激励信号源(除去虚拟仪器)；

③ 在电路测试点添加电压测试探针；

④ 从图表图标中选取模拟仿真表，测试探针也可通过图表对话框添加；

⑤ 设置模拟仿真起始与结束时间；

⑥ 点击运行框分析运行进行，运行结果如图 4.1.12 所示。

可直接将模拟图表分析结果复制粘贴到此文档中，如图 4.1.13 所示。

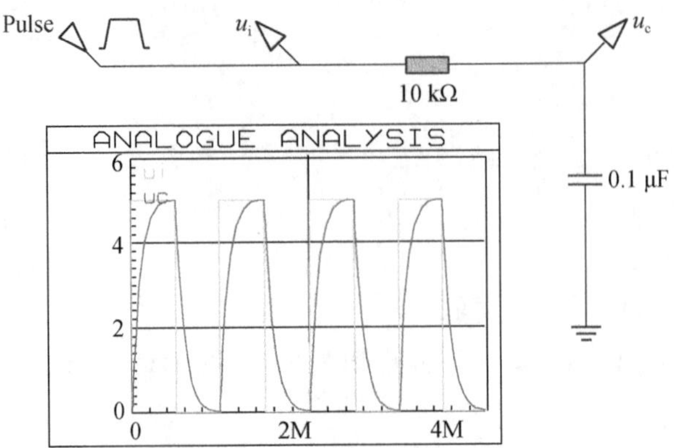

图 4.1.12　一阶电路响应的模拟图表分析

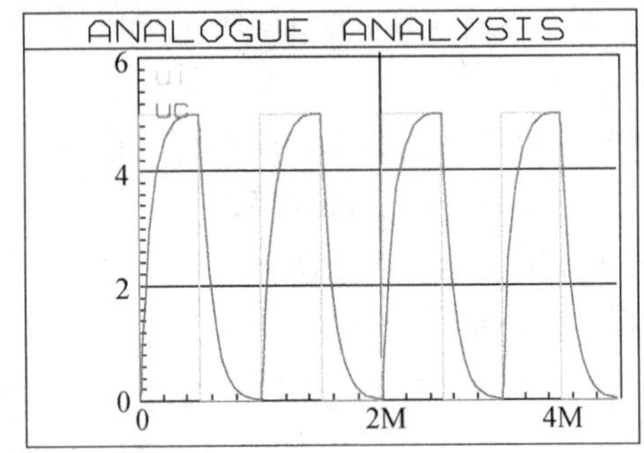

图 4.1.13　复制粘贴后的一阶电路响应模拟图表分析结果

(2) 混合图表分析

一阶电路响应的数模混合图表分析步骤：

① 在图表分析中选择数模混合图表；

② 首先在编辑对话框中选择数字波形，添加输入的激励信号电压探针 u_i(u_i：数字波形输入激励信号)，如图 4.1.14 所示；

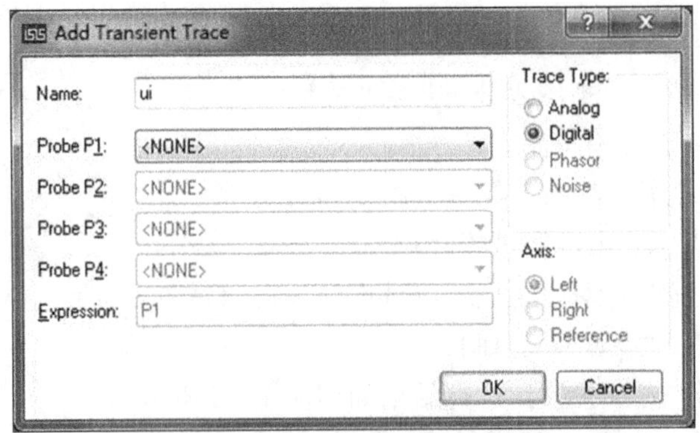

图 4.1.14　添加输入数字波形的激励信号 u_i

③ 然后在编辑对话框中选择模拟波形，在坐标左轴添加电压探针 u_{oc}(u_{oc}：模拟波形输出电压信号)，如图 4.1.15 所示，在坐标右轴添加电流探针 i_c(i_c：模拟波形输出电流信号)，

如图 4.1.16 所示；

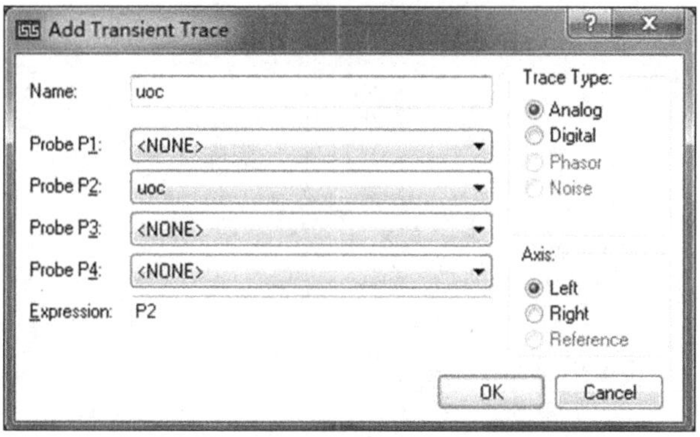

图 4.1.15　添加输出模拟波形的电压信号 u_{oc}

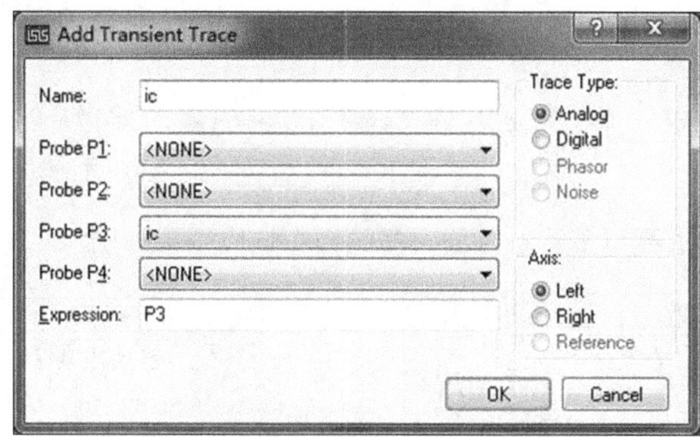

图 4.1.16　添加输出模拟波形的电流信号 i_c

④ 设定图表分析起止时间；

⑤ 运行图表分析仿真如图 4.1.17 所示。

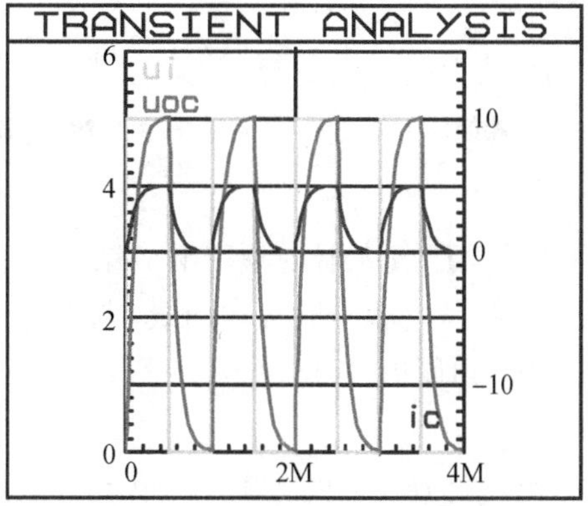

图 4.1.17　一阶电路响应的混合图表分析结果

5）频率特性分析

频率特性分析即测量电路的频率响应。以单管电压放大器电路为例，如图 4.1.18 所示。其频率分析可用频率图表分析，也可用交流扫描分析。

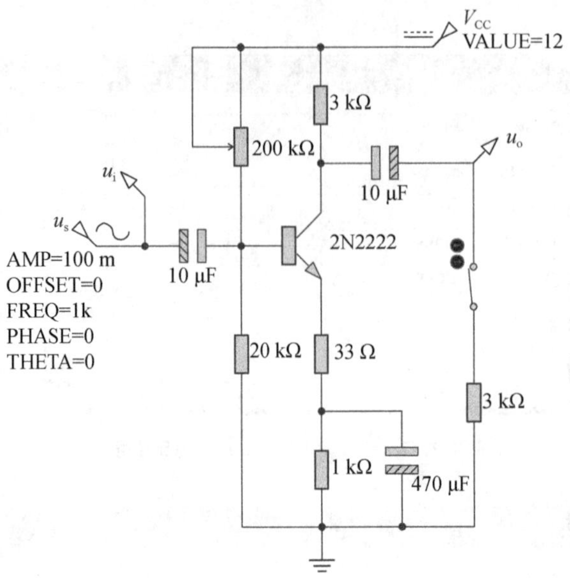

图 4.1.18　单管电压放大器电路

(1) 频率图表分析

用频率图表分析法测量单管电压放大器的频率响应结果如图 4.1.19 所示。

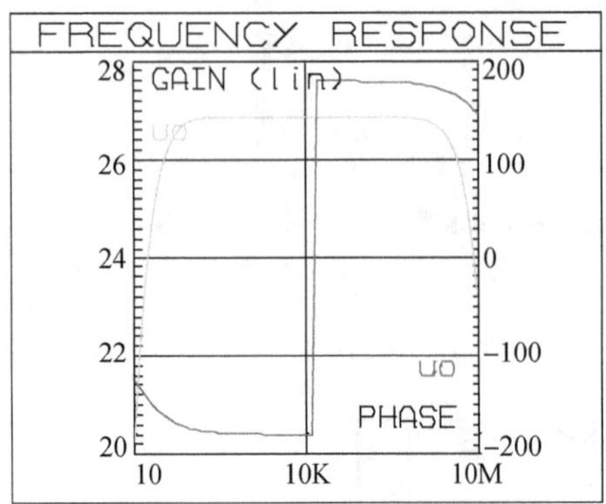

图 4.1.19　频率图表分析幅频相频特性

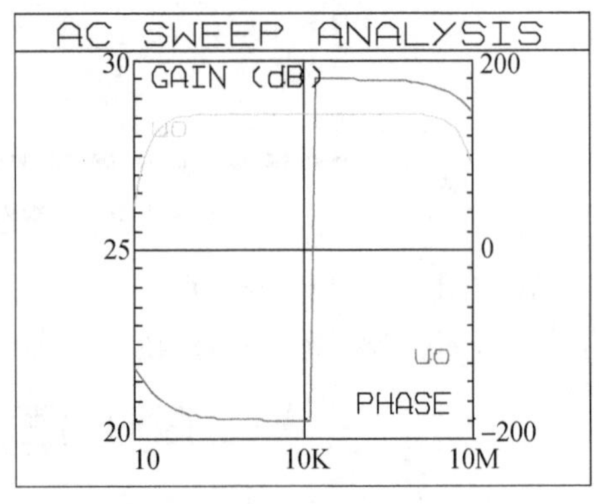

图 4.1.20　交流扫描分析幅频相频特性

(2) 交流扫描分析

用交流扫描分析法测量单管电压放大器的频率响应结果如图 4.1.20 所示。图中，X 轴：频率；左 Y 轴：幅频曲线，电压增益单位：dB；右 Y 轴：相频曲线，角度单位：度。

6) 传输(转移)特性分析

以三极管输出特性的图表分析为例，如图 4.1.21 所示。

(1) 在图表中添加电流探针 i_C，如图 4.1.22 所示。

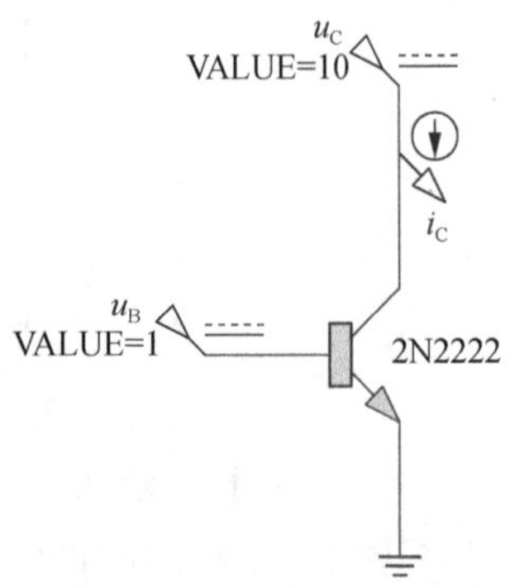

图 4.1.21　三极管的输出特性电路

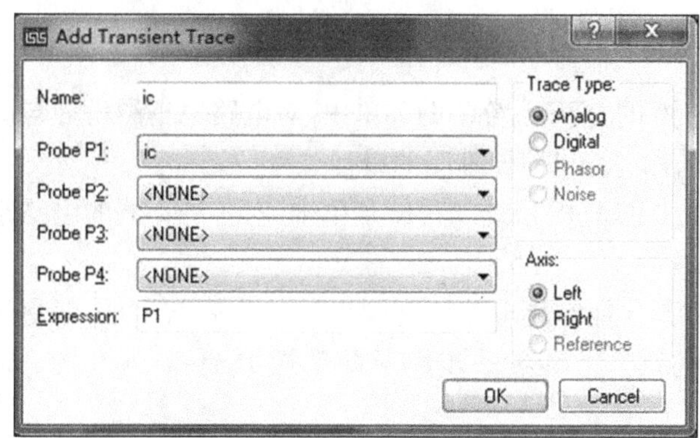

图 4.1.22　添加三极管电流探针 i_c

(2) 分别添加电压探针 u_{B2}、u_{C1}，如图 4.1.23 所示。

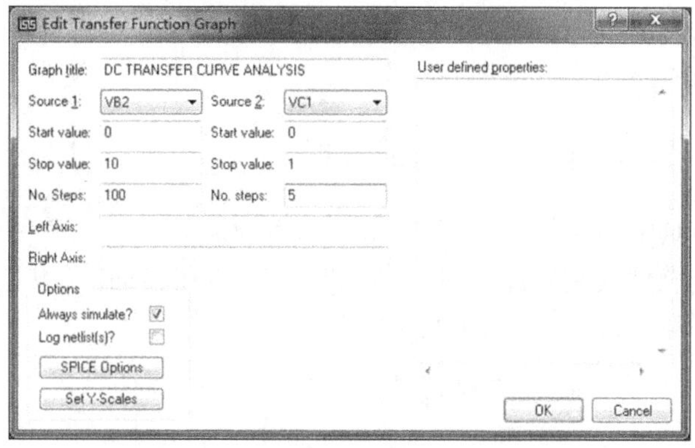

图 4.1.23　添加三极管基极电压和集电极电压探针

(3) 以电压 u_{C1} 为横轴，以三极管电流 i_C 为纵轴，点击图表仿真，产生三极管输出特性曲线，如图 4.1.24 所示。

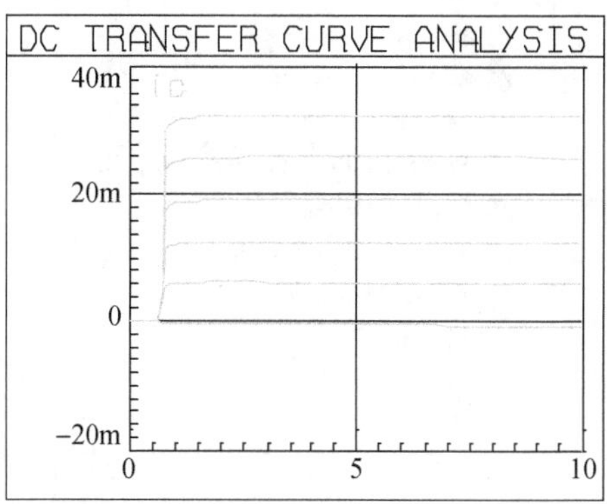

图 4.1.24　三极管的输出特性图表分析结果

4.1.6 运用 Proteus 8.0 的帮助菜单辅助自学

(1) 在 Proteus 8.0 的 ISIS 系统帮助菜单中，对电路原理图设计与仿真的各部分均有较详细的说明，可以帮助你进行电路原理图的设计。

(2) 在 Proteus 8.0 的 ISIS 系统的帮助菜单中，对各种不同的电路原理图都有正确的设计图例可供参考。

(3) 只有加强练习，才能掌握电路原理图设计的步骤与方法，学好 Proteus 8.0 的 ISIS (电路原理图设计与仿真)，才能进一步学习并掌握 Proteus 8.0 的 ARES(印刷电路版的设计)。

4.2 基础原理验证型实验仿真

以下 Proteus 仿真实验中，以二输入与非门逻辑功能测试的仿真步骤最为详细，后面的仿真实验可以以此作为参考。

4.2.1 二输入与非门逻辑功能测试仿真

这里 Proteus 仿真采用的版本是 Proteus 8.0 专业版。

(1) 先按要求把软件安装到计算机上，安装结束后，在桌面的"开始"程序菜单中，单击运行 Proteus 8.0 Professional，如图 4.2.1 所示。

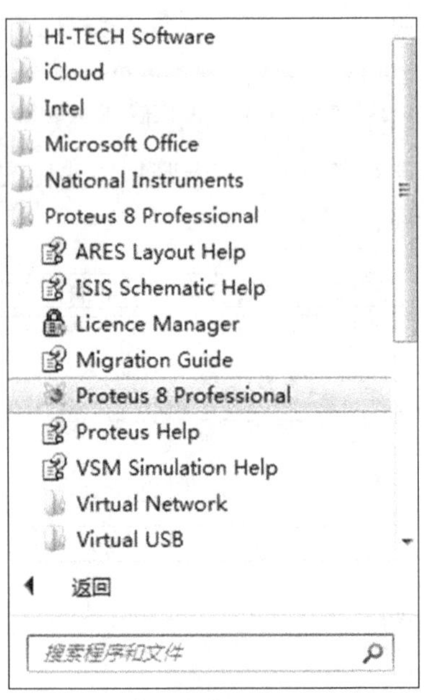

图 4.2.1 打开"开始"菜单单击运行 Proteus 8.0

(2) 进入 Proteus 8.0 Professional 主界面，如图 4.2.2 所示。

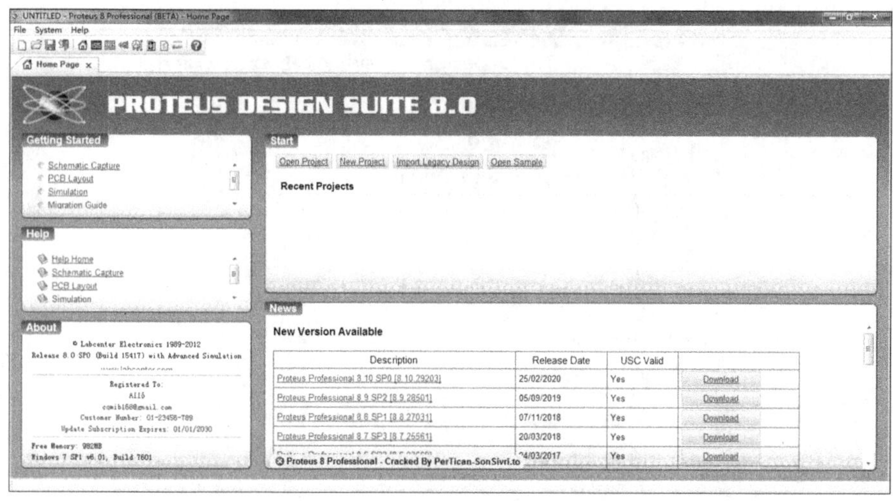

图 4.2.2　Proteus 8.0 Professional 主界面

（3）单击左上角 ISIS 图标，如图 4.2.3 所示。

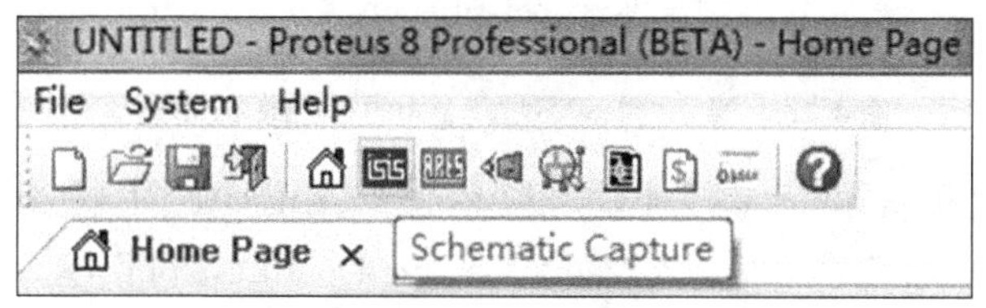

图 4.2.3　单击 ISIS 图标

（4）进入 Proteus ISIS 编辑界面，如图 4.2.4 所示。

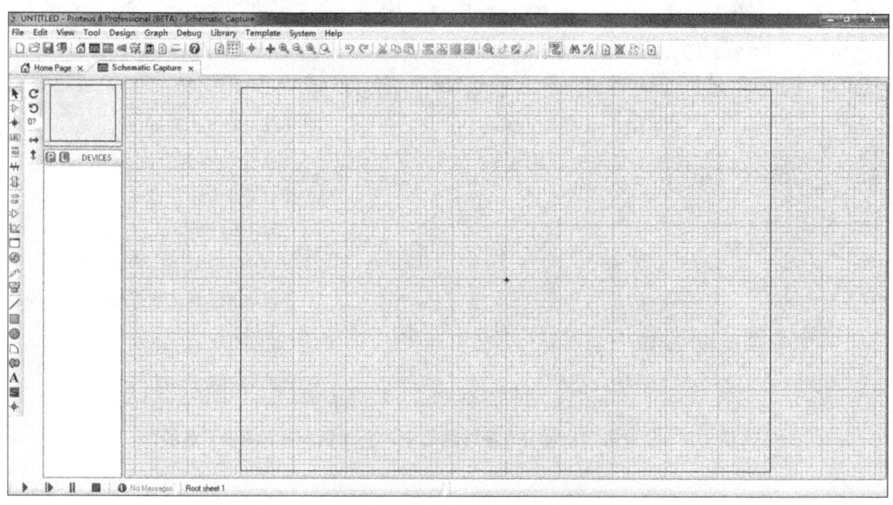

图 4.2.4　Proteus ISIS 编辑界面

如果想要把电路原理图编辑区背景中的灰色网格去掉，可以单击“View”下拉菜单中的“Toggle Grid”选项，如图 4.2.5 所示。

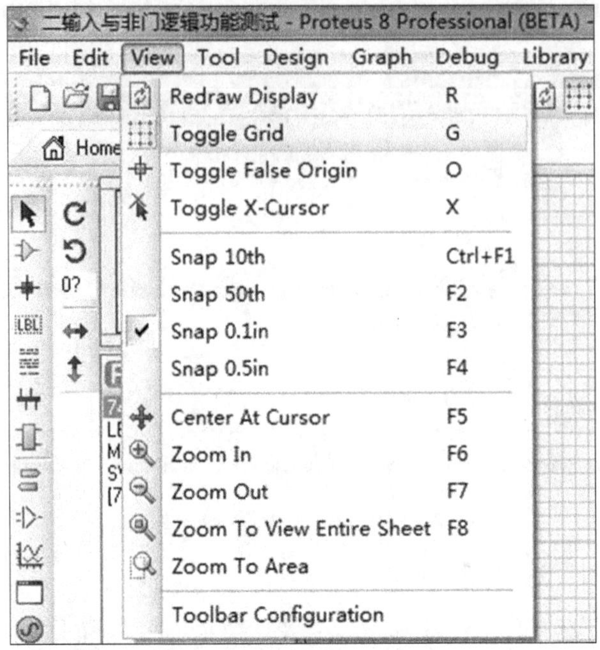

图 4.2.5　单击"View"下拉菜单中的"Toggle Grid"选项

如果想要把背景中的灰色也去掉，可以单击"Template"下拉菜单中的"Set Design Colours"选项，如图 4.2.6 所示，进入"Edit Design Defaults"对话框，将"Paper Colour"设置成"白色"，如图 4.2.7 所示，点击"OK"按钮，此时电路原理图编辑区背景变成白色，如图 4.2.8 所示。

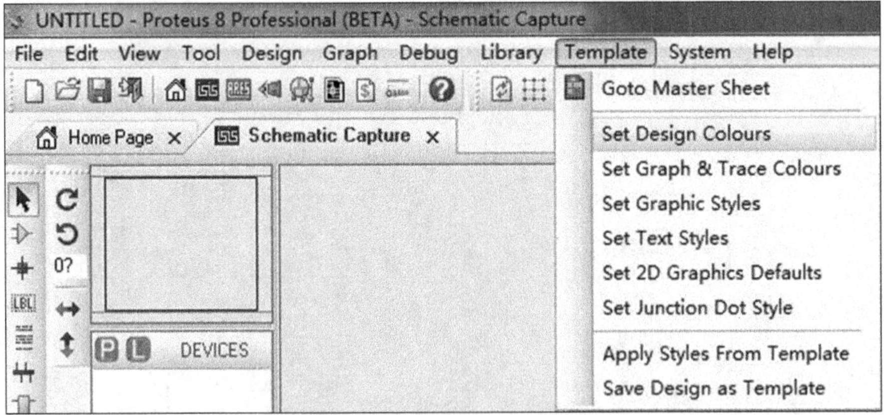

图 4.2.6　单击"Template"下拉菜单中的"Set Design Colours"选项

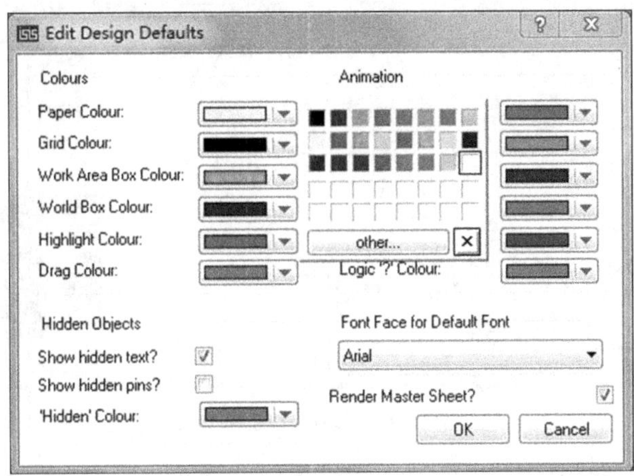

图 4.2.7 在"Edit Design Defaults"对话框中设置背景颜色

图 4.2.8 Proteus ISIS 编辑区背景变成白色

(5) 单击左侧一栏图标中的"Component Mode"工具图标,如图 4.2.9 所示。

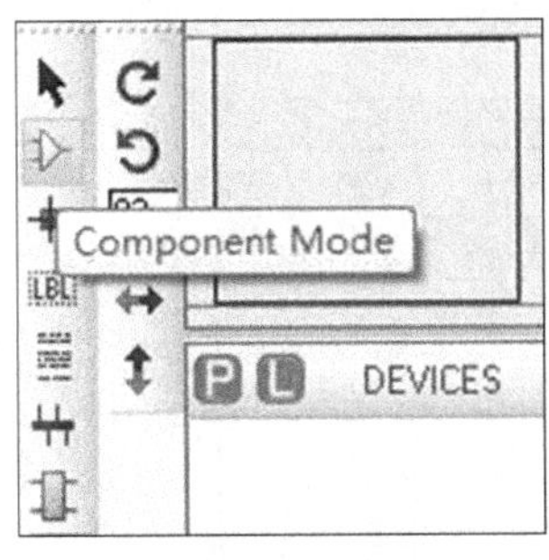

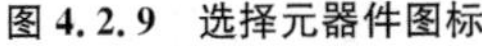

图 4.2.9 选择元器件图标

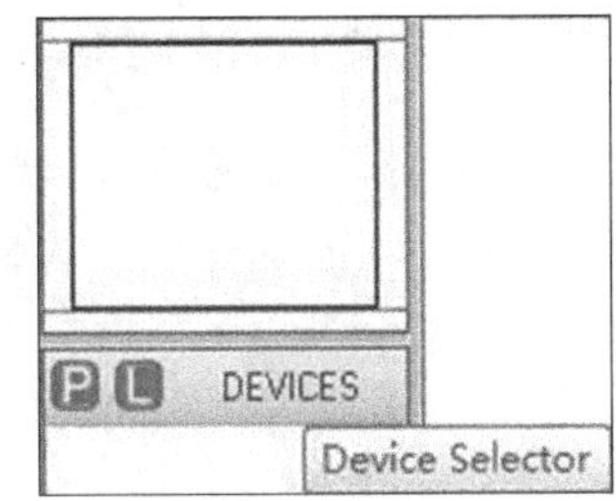

图 4.2.10 双击"DEVICES"图标

(6) 双击"DEVICES"图标DEVICES,如图 4.2.10 所示。

或者单击界面左侧预览窗口下面的"P"按钮,弹出"Pick Devices(元器件拾取)"对话框,在左侧"Category(类别)"中选中"TTL 74LS series",在"Results(查询结果)"元器件列表中选中"74LS00",如图 4.2.11 所示。

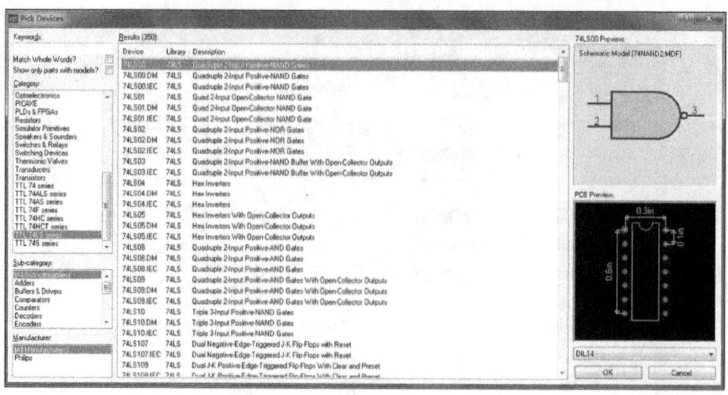

图 4.2.11　选中"74LS00"元器件

如果在"Category(类别)"中不容易找到想要的元器件，也可以直接在"Pick Devices(拾取元器件)"对话框的左上角"Keywords"处键入想要的元器件名称，比如"74LS00"。在输入元器件名称的同时，右侧的"Results(搜索结果)"界面实时显示包含该名称的元器件，如图 4.2.12 所示。

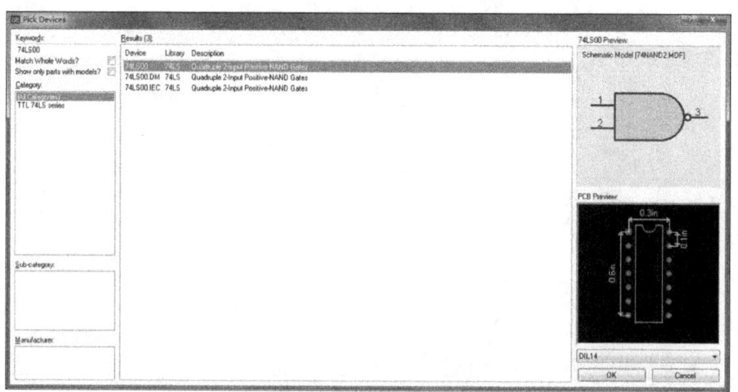

图 4.2.12　查找元器件"74LS00"的搜索结果界面

(7) 单击右下角"OK"按钮，此时一个二输入与非门 74LS00 就被放置到编辑区中，如图 4.2.13 所示。

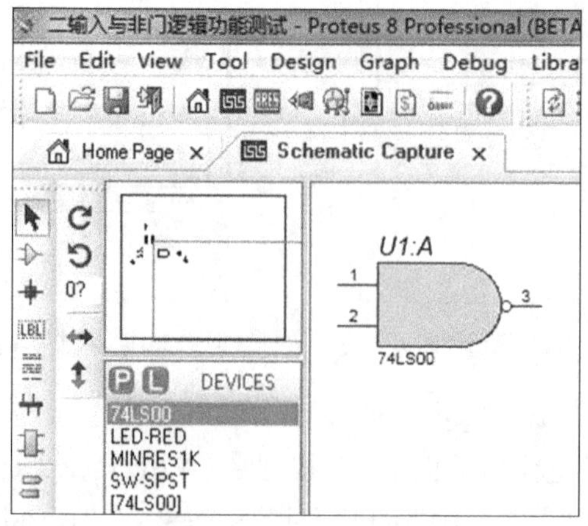

图 4.2.13　放置二输入与非门 74LS00 后的界面

也可以在电路原理图编辑区空白处单击右键出现下拉菜单，逐步选择二输入与非门“74LS00”，如图 4.2.14 所示。和在工具栏的“place”里面选择效果是一样的，都可以达到放置元器件的目的。

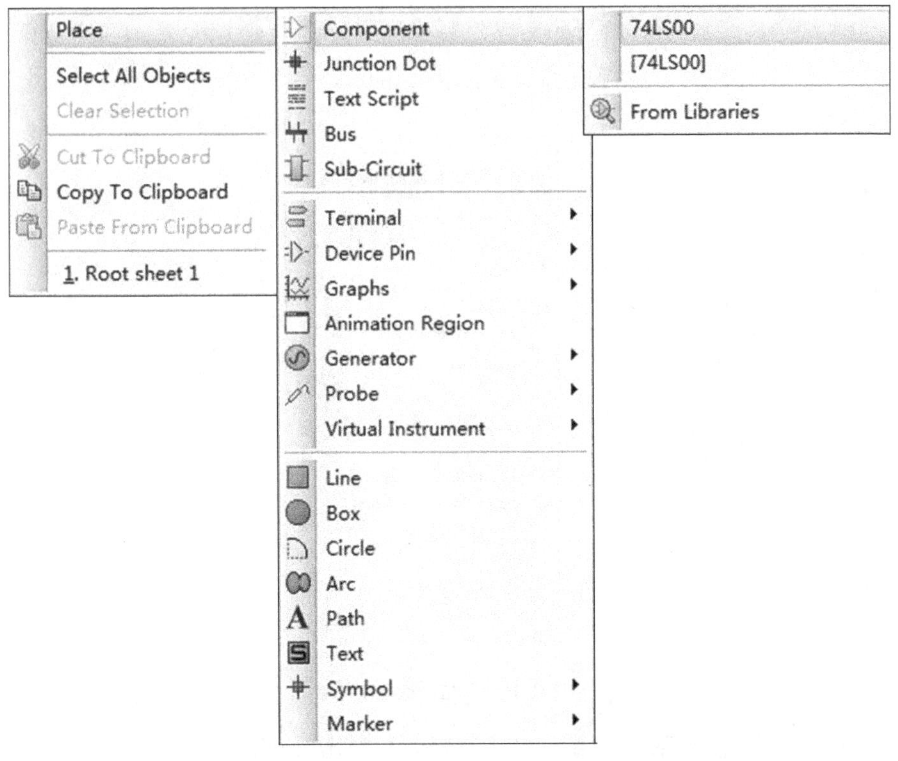

图 4.2.14　单击右键放置元器件“74LS00”

（8）单击界面左侧预览窗口下面的“P”按钮P，弹出“Pick Devices（元器件拾取）”对话框，在左侧“Category（类别）”中选中“Resistors（电阻）”，在下方的“Sub. category（子类）”中选中“0.6 W Metal Film”，在“Results（查询结果）”元器件列表中选中“MINRES1K”，如图 4.2.15 所示。

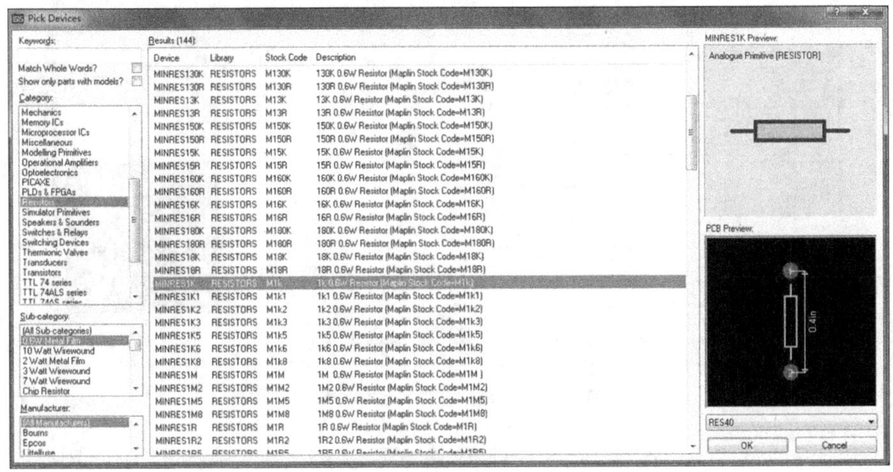

图 4.2.15　拾取元器件“MINRES1K”

(9) 单击右下角“OK”按钮，此时一个 1 kΩ 的电阻 R_1 就被放置到编辑区中。用同样的方法放置一个 1 kΩ 的电阻 R_2 到编辑区中。选中电阻 R_1 以后单击右键可以旋转电阻，如图 4.2.16 所示。

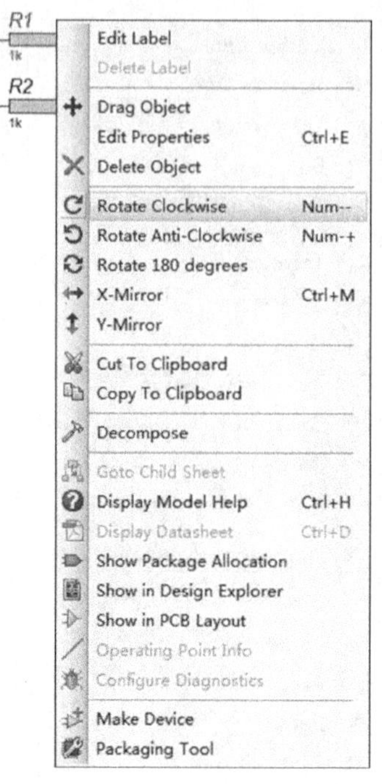

图 4.2.16　单击右键旋转电阻

(10) 单击界面左侧预览窗口下面的“P”按钮P，弹出“Pick Devices(元器件拾取)”对话框，在左侧“Category(类别)”中选中“Switches&Relays(开关)”，在下方的“Sub-category(子类)”中选中“Switches”，在“Results(查询结果)”元器件列表中选中“SW-SPST”，如图 4.2.17 所示。

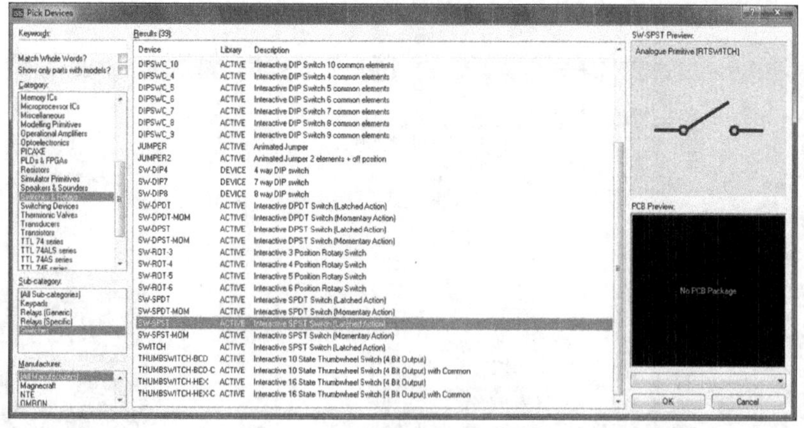

图 4.2.17　拾取元器件“SW-SPST”

(11) 单击右下角“OK”按钮，此时一个开关 SW_1 就被放置到编辑区中。用同样的方法再放置一个开关 SW_2 到编辑区中。

(12) 单击界面左侧预览窗口下面的“P”按钮，弹出“Pick Devices(元器件拾取)”对话框，在左侧“Category(类别)”中选中“Optoelectronics(发光电子元器件)”，在下方的“Sub-category(子类)”中选中“LEDs”，在“Results(查询结果)”元器件列表中选中“LED-RED”，如图 4.2.18 所示。

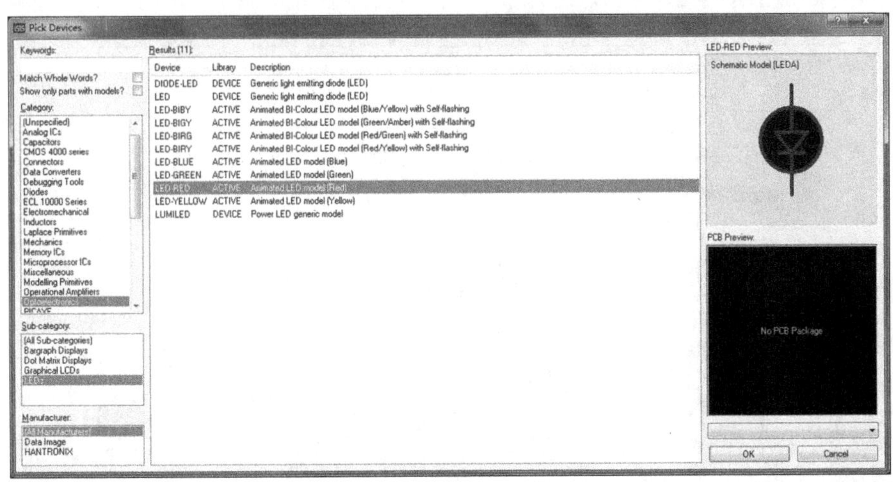

图 4.2.18 拾取元器件“LED-RED”

(13) 单击右下角“OK”按钮，此时一个红色 LED 灯就被放置到编辑区中。同样可以选中它然后单击右键旋转其方向。

(14) 单击左侧一栏图标中的“Terminals Mode”工具图标，如图 4.2.19 所示。

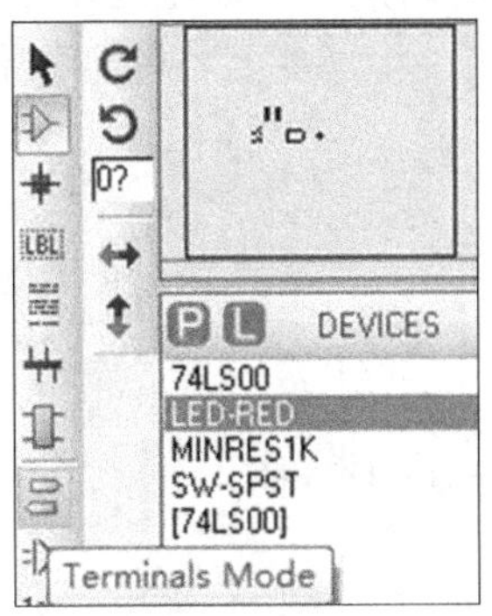

图 4.2.19 单击工具图标“Terminals Mode”

(15) 单击选中“POWER”，如图 4.2.20 所示。一般默认是+5 V 的电源，也可以自己去设定。在编辑区空白处双击两下，就将电源放置在编辑区。

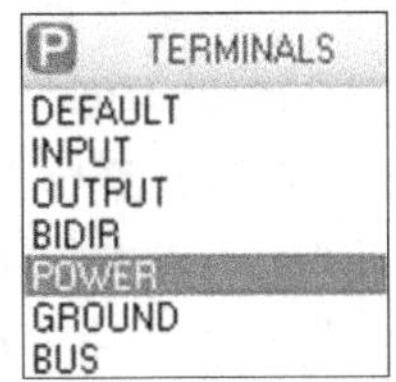

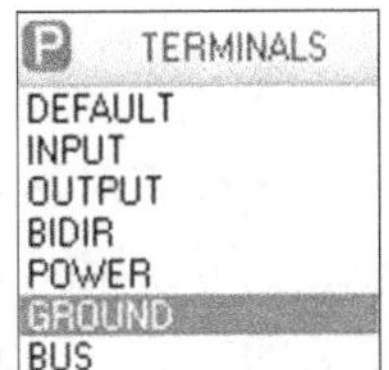

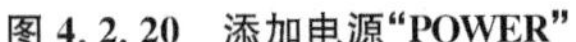

图 4.2.20 添加电源“POWER”　　**图 4.2.21 添加地“GROUND”**

(16) 再单击选中“GROUND”，如图 4.2.21 所示。在编辑区空白处双击两下，就将“地”

放置在编辑区。此时二输入与非门测试电路中所有元器件都被放置在编辑区中，如图 4.2.22 所示。

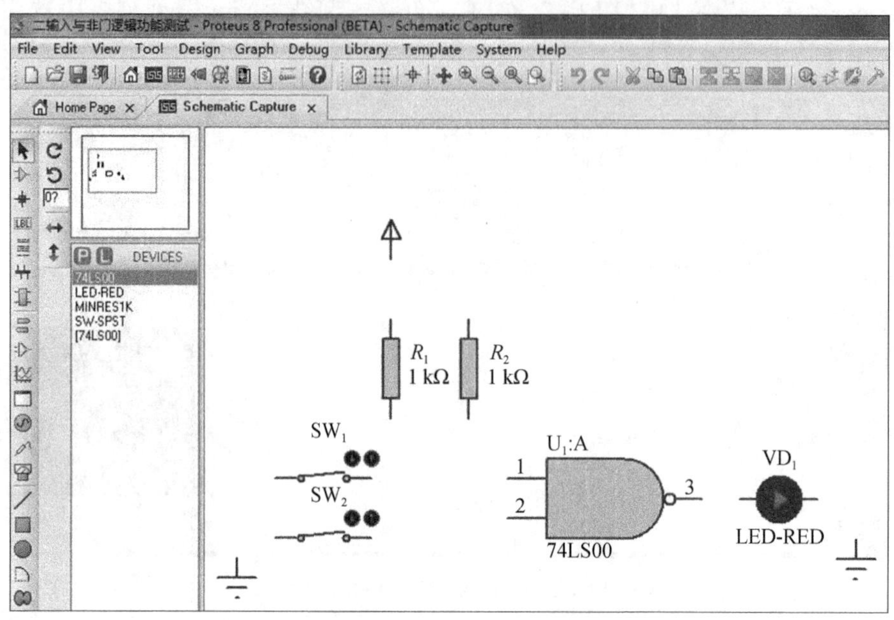

图 4.2.22　与非门测试电路中所有元器件都被放置在编辑区

(17) 将鼠标移动至导线起点的元器件引脚处，鼠标指针会出现“×”提示符号，点击左键确认就可以画线了，需要导线拐弯时点击鼠标左键即可改变导线的方向，在导线结束时再点击左键就完成了一段导线的连接。将这些元器件连接起来，就得到二输入与非门的测试电路，如图 4.2.23 所示。

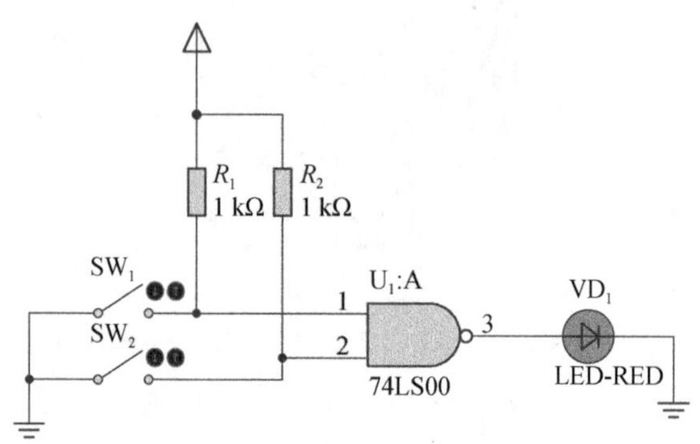

图 4.2.23　二输入与非门的测试电路

(18) 通过右键单击元器件“74LS00”选择菜单中的“Edit Properties”选项，如图 4.2.24 所示，进入“Edit Component”对话框设置“Part Reference”，可将电路中的“U1：A”符号隐藏，如图 4.2.25 所示，也可以用同样的方法右键单击电阻将“R_1”“R_2”“SW_1”“SW_2”“D_1”等符号设为隐藏，设置后的二输入与非门的测试电路如图 4.2.26 所示。这样，当元器件比较多的时候，电路图会更清晰。

图 4.2.24 单击菜单中的"Edit Properties"选项

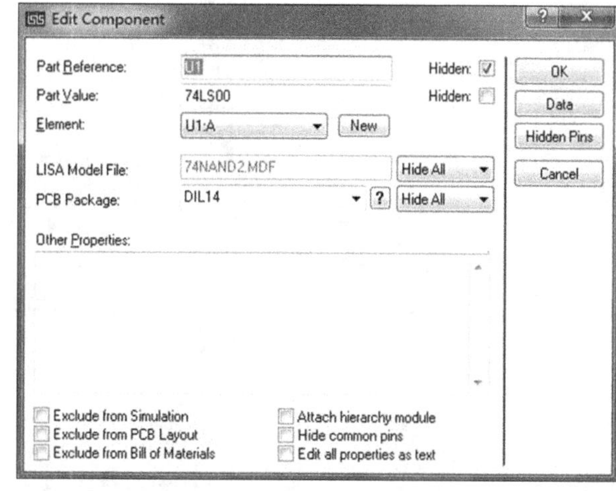

图 4.2.25 在"Edit Component"对话框中将"Part Reference"设为隐藏

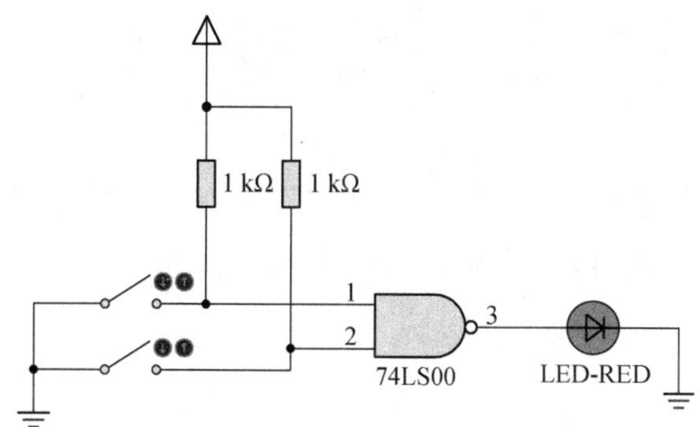

图 4.2.26 设置后的二输入与非门的测试电路

(19) 将两个开关都断开，点击左下角的蓝色仿真按钮▶，此时仿真按钮变成绿色，电路进行仿真，此时看到 LED 灯处于熄灭状态。显示结果如图 4.2.27 所示。

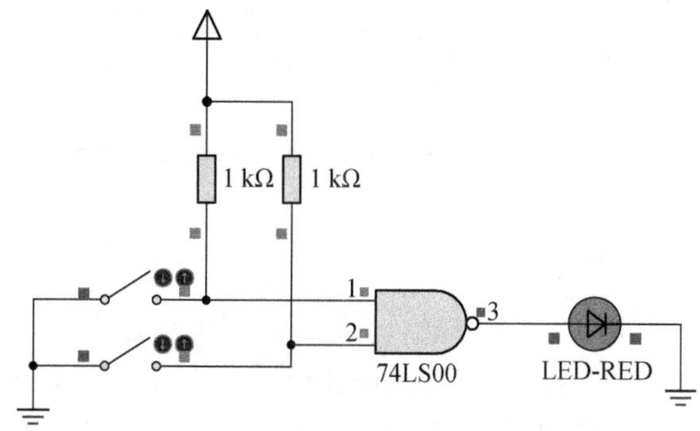

图 4.2.27 与非门 1 脚、2 脚输入均为 1 时，3 脚输出为 0

(20) 将其中一个开关断开，另一个开关闭合，点击仿真按钮▶进行仿真，此时发现 LED 灯被点亮，如图 4.2.28、图 4.2.29 所示。

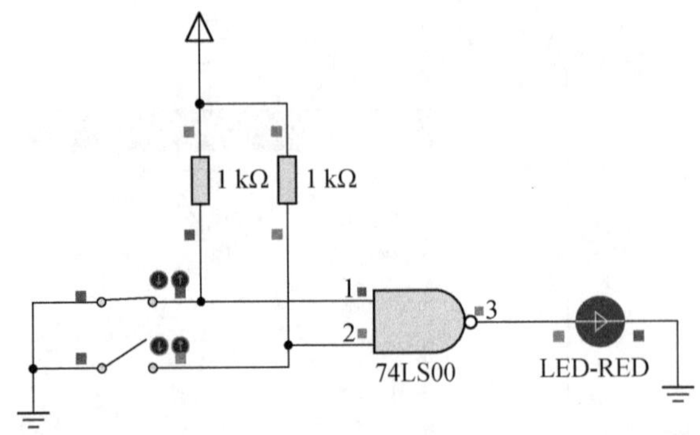

图 4.2.28　与非门 1 脚输入为 0、2 脚输入为 1 时，3 脚输出为 1

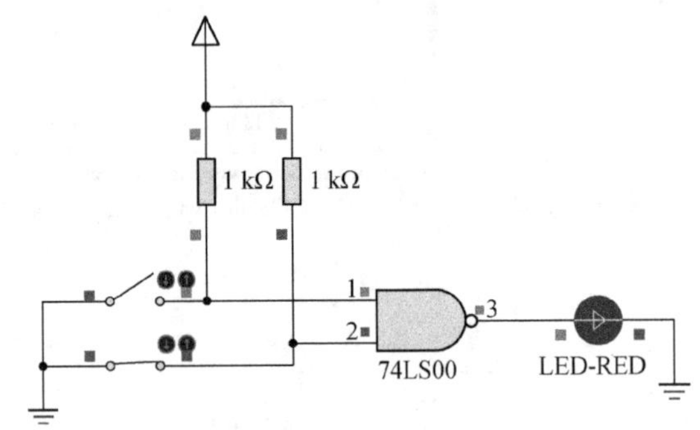

图 4.2.29　与非门 1 脚输入为 1、2 脚输入为 0 时，3 脚输出为 1

(21) 将两个开关都闭合，点击仿真按钮▶进行仿真，此时发现 LED 灯被点亮，如图 4.2.30 所示。

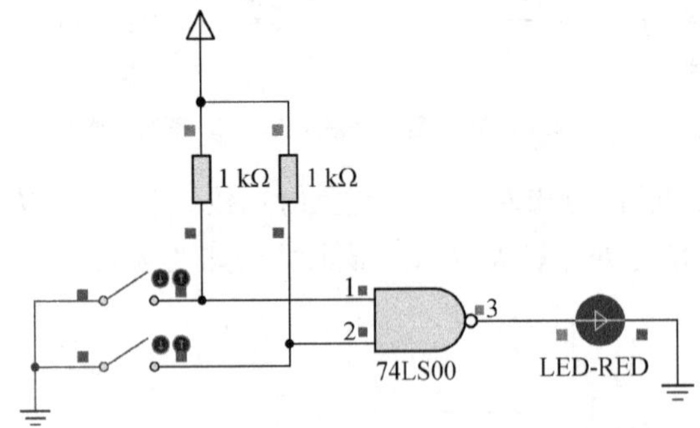

图 4.2.30　与非门 1 脚、2 脚输入均为 0 时，3 脚输出为 1

4.2.2　译码器测试仿真

(1) 打开 Proteus 8.0 Professional 软件，在 ISIS 界面新建文件。

(2) 点击左侧小工具箱的"Component Mode"，点击"P"图标，放置 1 个译码器"74LS139"、4 个 LED 灯"LED－RED"和 3 个逻辑电平开关"LOGICSTATE"至电路原理图空白编辑区。

(3) 单击左侧小工具箱的"Terminals Mode",放置地"Ground"至电路原理图空白编辑区。

(4) 将所有这些元器件连接起来,如图 4.2.31 所示。

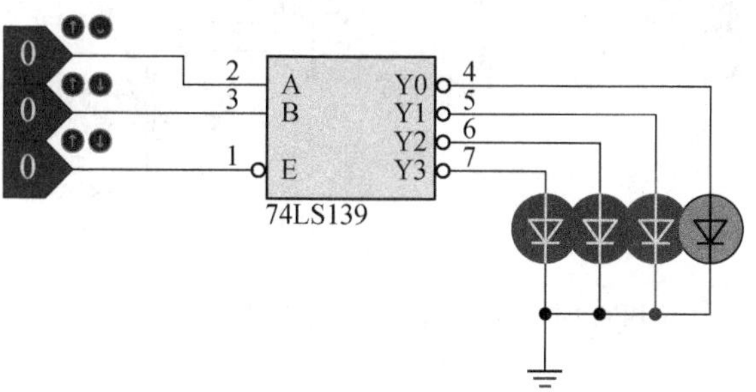

图 4.2.31　译码器测试电路

(5) 点击左下角的电路仿真开关即可进行电路仿真,依次改变输入逻辑电平开关的状态同时观察输出 LED 灯的亮灭状态,如图 4.2.32～图 4.2.36 所示。

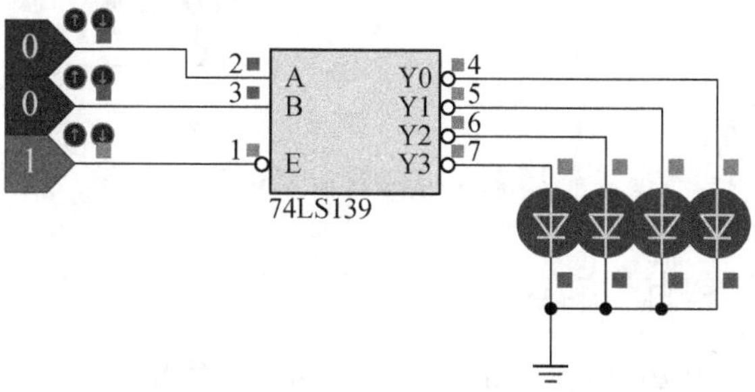

图 4.2.32　$\overline{E}=1$、$BA=00$ 时,$\overline{Y_3Y_2Y_1Y_0}=1111$

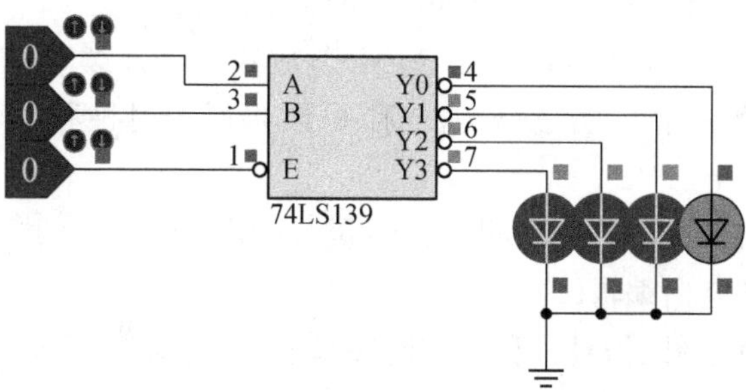

图 4.2.33　$\overline{E}=0$、$BA=00$ 时,$\overline{Y_3Y_2Y_1Y_0}=1110$

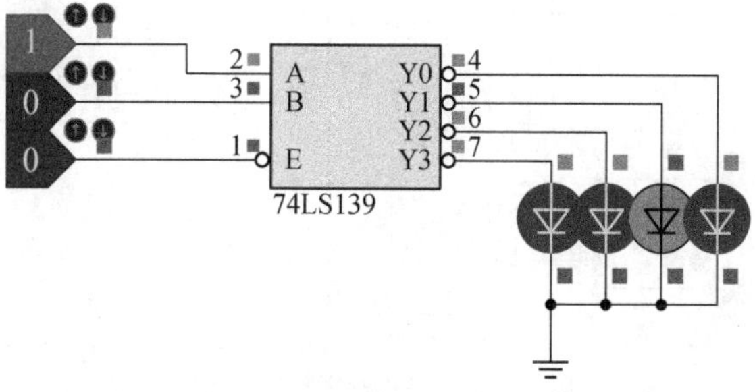

图 4.2.34　$\overline{E}=0$、$BA=01$ 时,$\overline{Y_3Y_2Y_1Y_0}=1101$

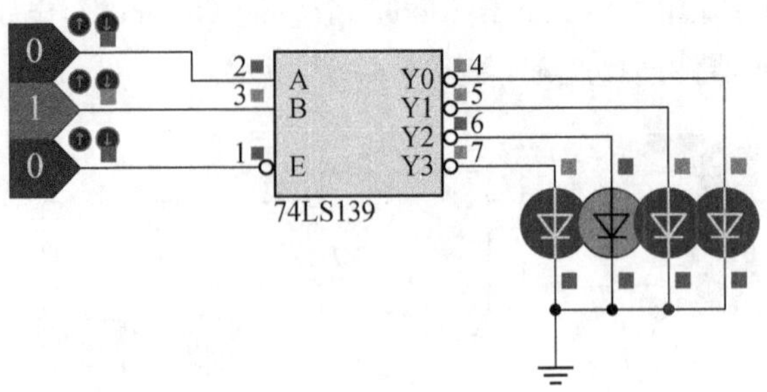

图 4.2.35 $\overline{E}=0$、$BA=10$ 时，$\overline{Y_3Y_2Y_1Y_0}=1011$

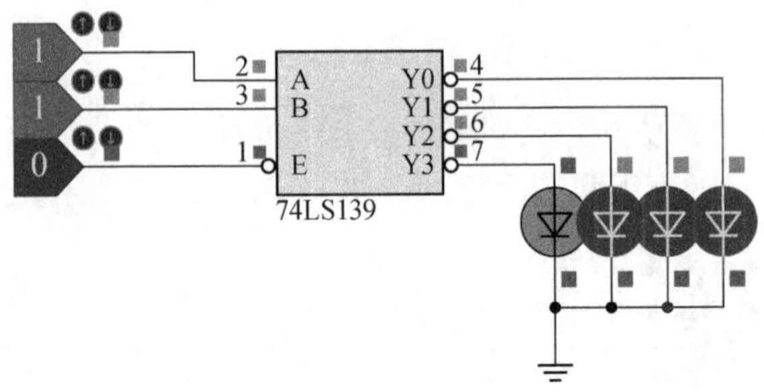

图 4.2.36 $\overline{E}=0$、$BA=11$ 时，$\overline{Y_3Y_2Y_1Y_0}=0111$

4.2.3 数据选择器测试仿真

(1) 打开 Proteus 8.0 Professional 软件，在 ISIS 界面新建文件。

(2) 点击左侧小工具箱的"Component Mode"，点击"P"图标，放置 1 个数据选择器"74LS153"和 3 个 LED 灯"LED-RED"至电路原理图空白编辑区。

(3) 单击左侧小工具箱的"Generator Mode"，放置 2 个连续时钟脉冲信号"DCLOCK"至电路原理图空白编辑区。双击信号源图标，可以将两个时钟脉冲信号频率分别设置为 1 kHz 和500 Hz。

(4) 单击左侧小工具箱的"Virtual Instruments Mode"，放置 1 个示波器"OSCILLIOSCOPE"至电路原理图空白编辑区。

(5) 将所有这些元器件、信号源和仪器连接起来，如图 4.2.37 所示。

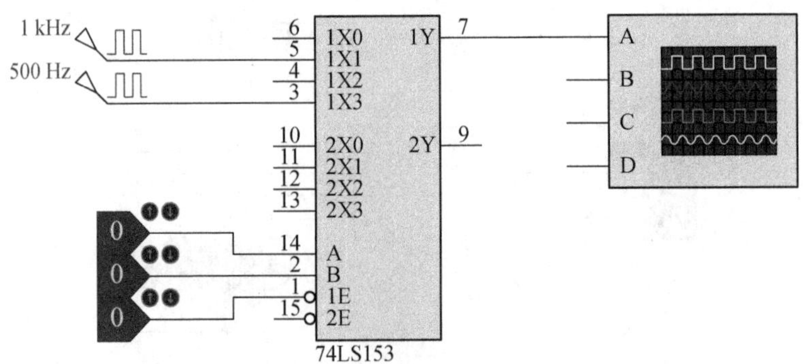

图 4.2.37 数据选择器测试电路

(6) 点击左下角的电路仿真开关即可进行电路仿真，依次改变输入逻辑电平开关的状态同时观察示波器 A 通道的输出波形，如图 4.2.38～图 4.2.47 所示。

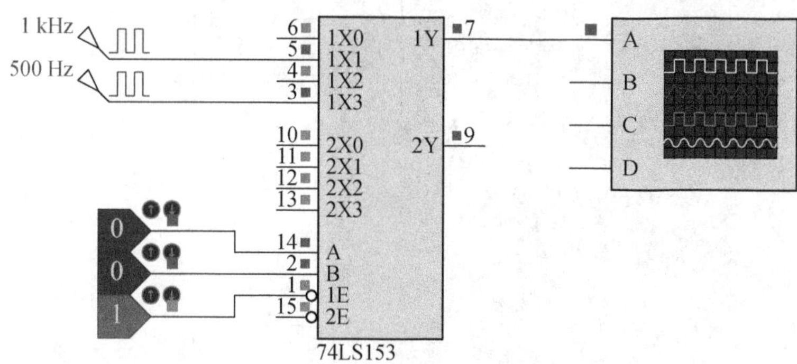

图 4.2.38 $\overline{1E}$=1、BA=00 时数据选择器测试电路

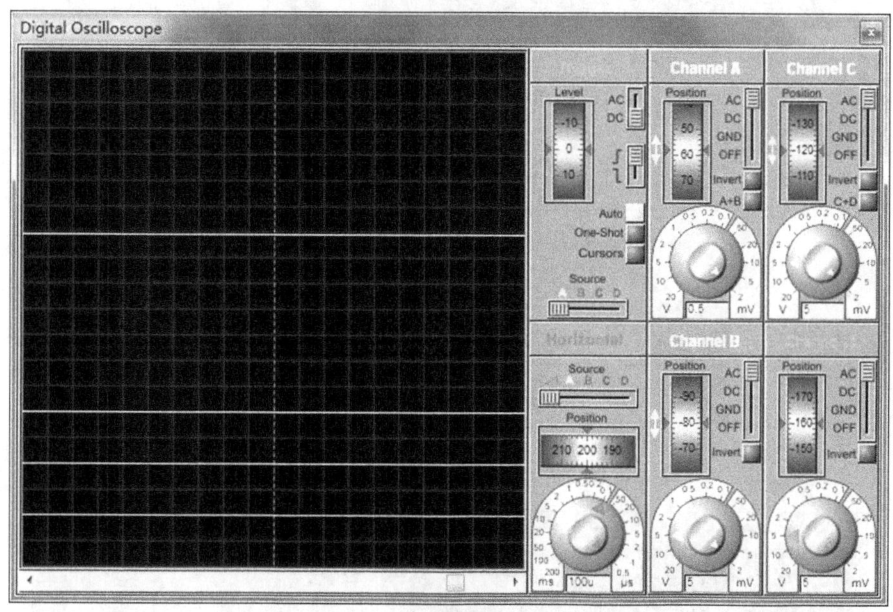

图 4.2.39 $\overline{1E}$=1、BA=00 时，数据选择器输出 $1Y$=0

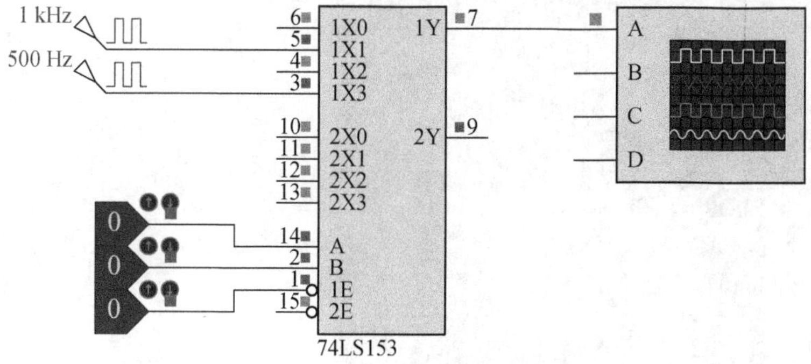

图 4.2.40 $\overline{1E}$=0、BA=00 时数据选择器测试电路

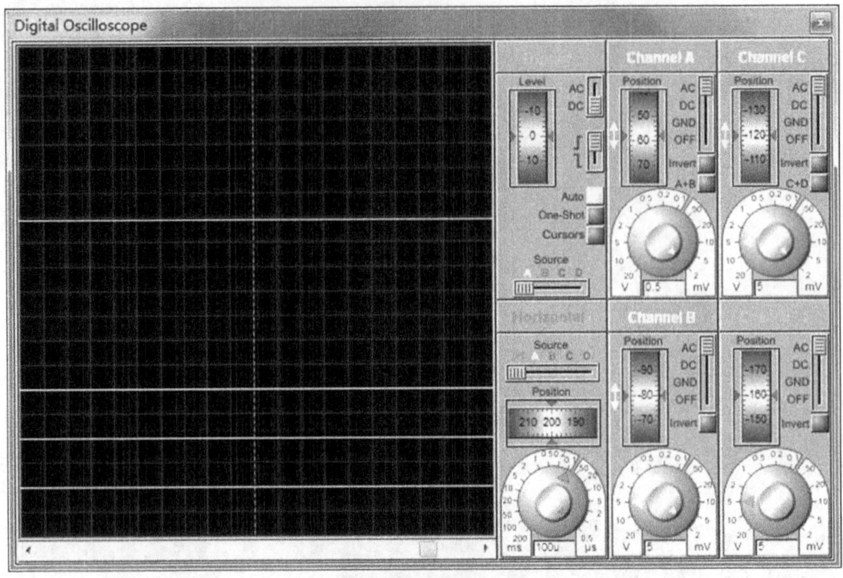

图 4.2.41　$\overline{1E}=0$、$BA=00$ 时，数据选择器输出 $1Y=1X_0=0$

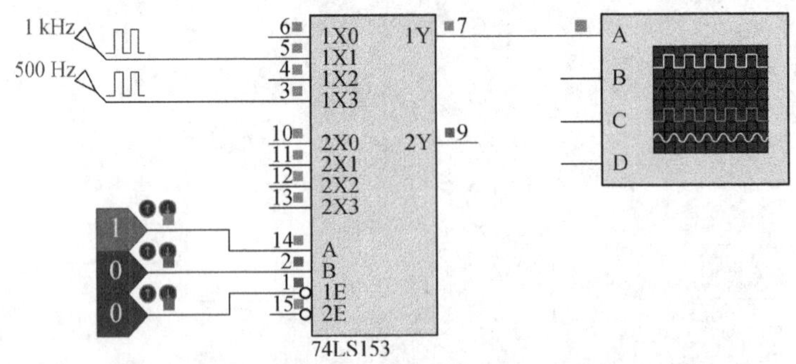

图 4.2.42　$\overline{1E}=0$、$BA=01$ 时数据选择器测试电路

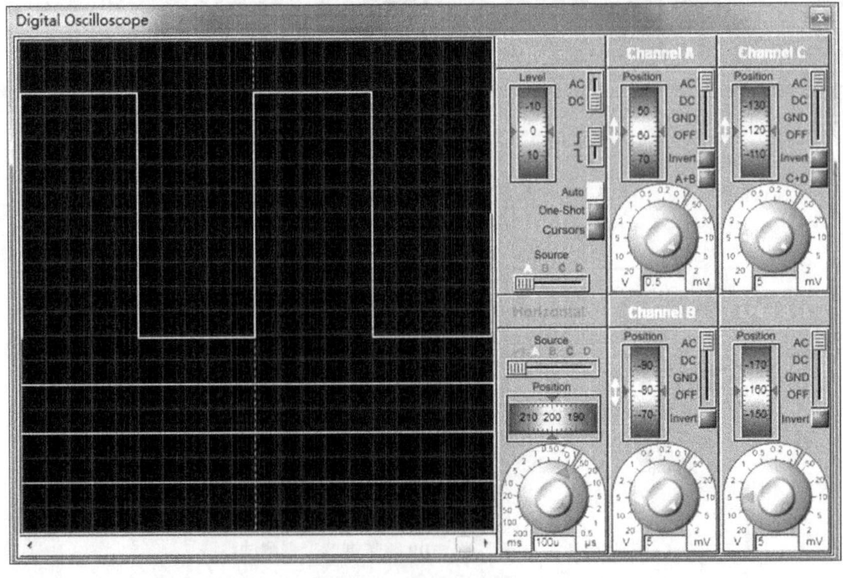

图 4.2.43　$\overline{1E}=0$、$BA=01$ 时，数据选择器输出 $1Y=1X_1$ 为 1 kHz 方波

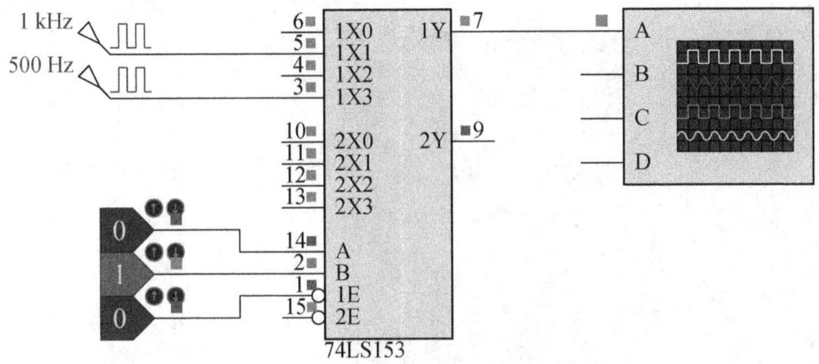

图 4.2.44　$\overline{1E}=0$、$BA=10$ 时数据选择器测试电路

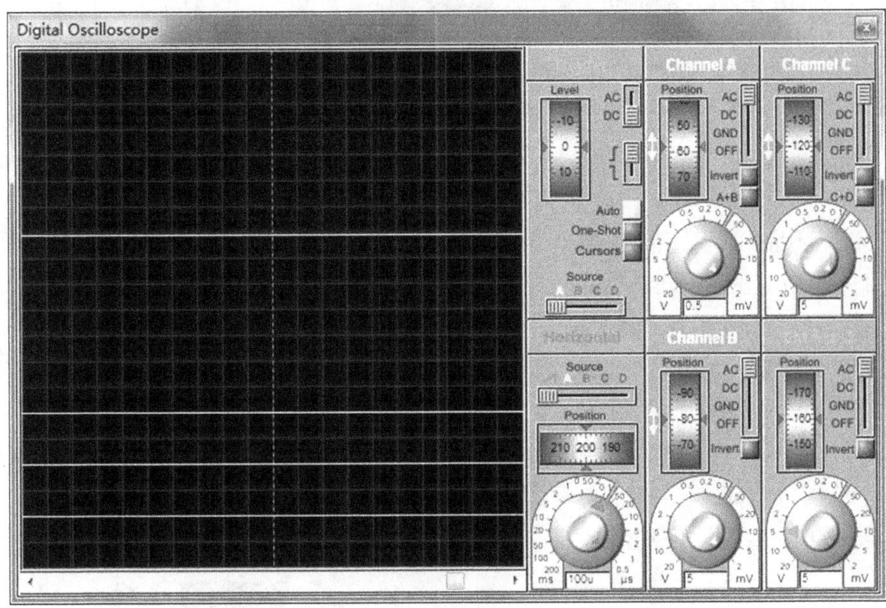

图 4.2.45　$\overline{1E}=0$、$BA=10$ 时，数据选择器输出 $1Y=1X_2=0$

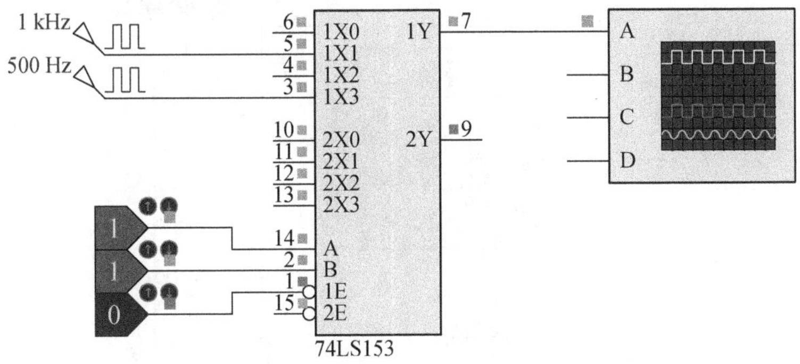

图 4.2.46　$\overline{1E}=0$、$BA=11$ 时数据选择器测试电路

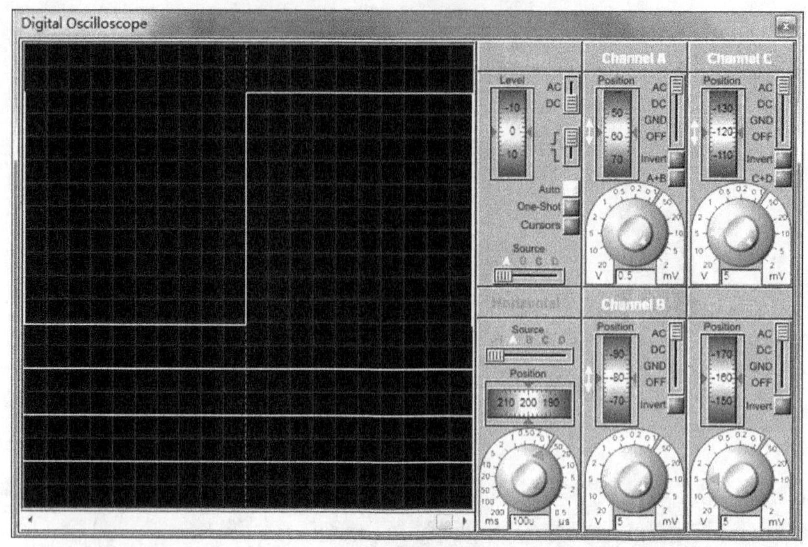

图 4.2.47　$\overline{1E}=0$、$BA=11$ 时，数据选择器输出 $1Y=1X_3$ 为 500 Hz 方波

4.2.4　计数器测试仿真

1）用 74LS90 构成十进制加法计数器

(1) 打开 Proteus 8.0 Professional 软件，在 ISIS 界面新建文件。

(2) 点击左侧小工具箱的“Component Mode”，点击“P”图标，放置 1 个计数器“74LS90”、2 个二输入与非门“74LS00”和 1 个七段数码管“7SEG-BCD”至电路原理图空白编辑区。

(3) 单击左侧小工具箱的“Generator Mode”，放置 1 个连续时钟脉冲信号“DCLOCK”至电路原理图空白编辑区。双击信号源图标将时钟脉冲信号频率设置为 1 Hz。

(4) 将所有这些元器件和信号源连接起来，如图 4.2.48 所示。

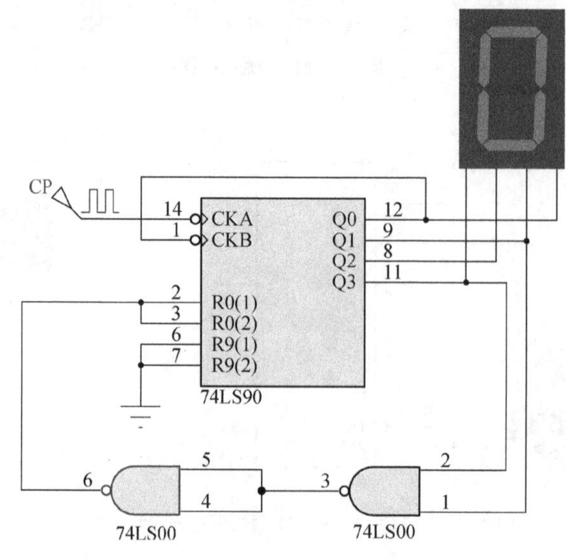

图 4.2.48　计数器测试电路

(5) 点击左下角的电路仿真开关即可进行电路仿真，可以看到数码管从“0”到“9”循环显示，即该电路实现的功能是一个十进制的加法计数器。计数显示“9”，如图 4.2.49 所示。

2) 用 74LS73JK 触发器构成十进制加法计数器

(1) 打开 Proteus 8.0 Professional 软件，在 ISIS 界面新建文件。

(2) 点击左侧小工具箱的“Component Mode”，点击“P”图标，放置 4 个 JK 触发器“74LS73”、1 个二输入与非门“74LS00”和 1 个七段数码管“7SEG-BCD”至电路原理图空白编辑区。

(3) 单击左侧小工具箱的“Terminals Mode”，放置电源“Power”至电路原理图空白编辑区。

(4) 单击左侧小工具箱的“Generator Mode”，放置 1 个连续时钟脉冲信号“DCLOCK”至电路原理图空白编辑区。双击信号源图标将时钟脉冲信号频率设置为 1 Hz。

(5) 将所有这些元器件、电源和信号源连接起来，如图 4.2.50 所示。

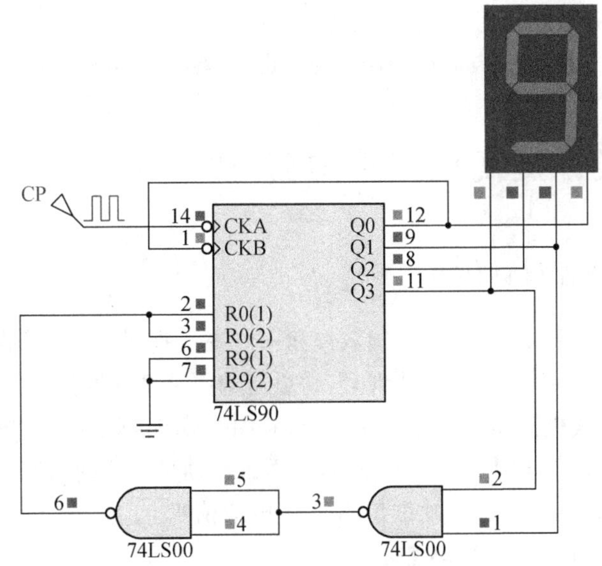

图 4.2.49 计数器测试仿真结果

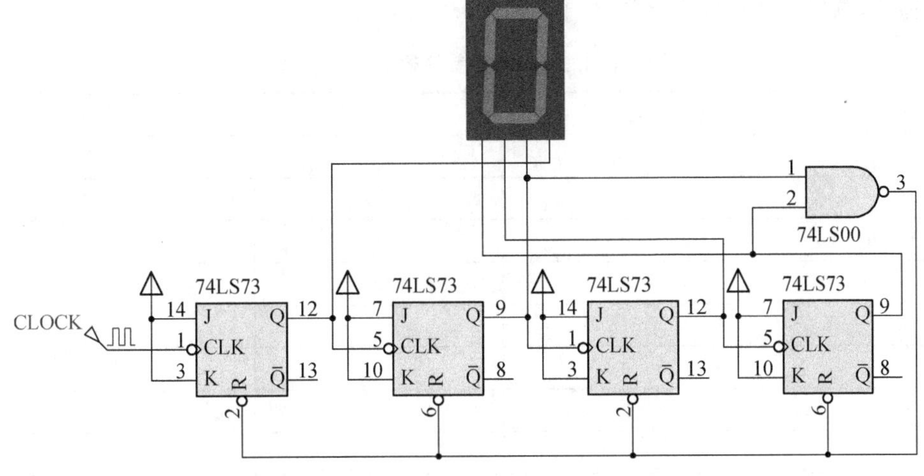

图 4.2.50 用 74LS73JK 触发器构成十进制计数器电路

(6) 点击左下角的电路仿真开关即可进行电路仿真，可以看到数码管从“0”到“9”循环显示。即该电路实现的功能是一个十进制的加法计数器。计数显示“9”，如图 4.2.51 所示。

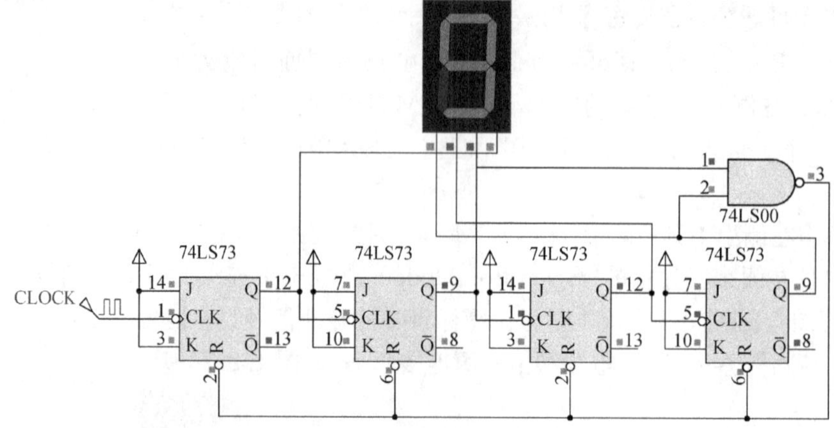

图 4.2.51 用 74LS73JK 触发器构成十进制计数器仿真结果

4.3 综合设计提高型实验仿真

4.3.1 举重裁决器设计仿真

举重比赛有三名裁判，分别为两名副裁判和一名主裁判，裁判规则是只有当两名或者两名以上的裁判同意，且其中一名为主裁判时，举重运动员试举才算成功，否则，举重运动员失败。请设计一款举重裁决器实现以上电路功能，并用 Proteus 软件进行电路仿真。

设 A 为主裁判，B、C 分别为两名副裁判，在举重运动员试举时，裁判员同意取值为 1，否则取值为 0；Y 表示举重的结果，成功取值为 1，失败取值为 0。

1) 用门电路构成举重裁决器

(1) 列真值表

根据题意列出举重裁决器的真值表如表 4.3.1 所示。

表 4.3.1 举重裁决器的真值表

输入			输出
A	B	C	Y
0	0	0	0
0	0	1	0
0	1	0	0
0	1	1	0
1	0	0	0
1	0	1	1
1	1	0	1
1	1	1	1

(2) 写出逻辑函数表达式

根据真值表,写出逻辑函数表达式:

$$Y=A\overline{B}C+AB\overline{C}+ABC$$

(3) 对逻辑函数进行化简

$$Y=A\overline{B}C+AB\overline{C}+ABC=A\overline{B}C+AB=A(\overline{B}C+B)=A(C+B)=AB+AC=\overline{\overline{AB}\cdot\overline{AC}}$$

在工程实际中,若电路中含有两种逻辑门,就需要两种不同类型的集成芯片,增加了电子产品的制造成本。由于一个集成块内通常有多个相同的逻辑门,因此借助摩根定律,将化简后的逻辑函数表达式转换为与非－与非表达式,可用同一种类型的逻辑门来实现相应的逻辑功能,降低成本。

(4) 画电路原理图

根据化简后的逻辑函数表达式,画出逻辑电路图进而在 Proteus 软件的 ISIS 界面中搭建电路如图 4.3.1 所示。

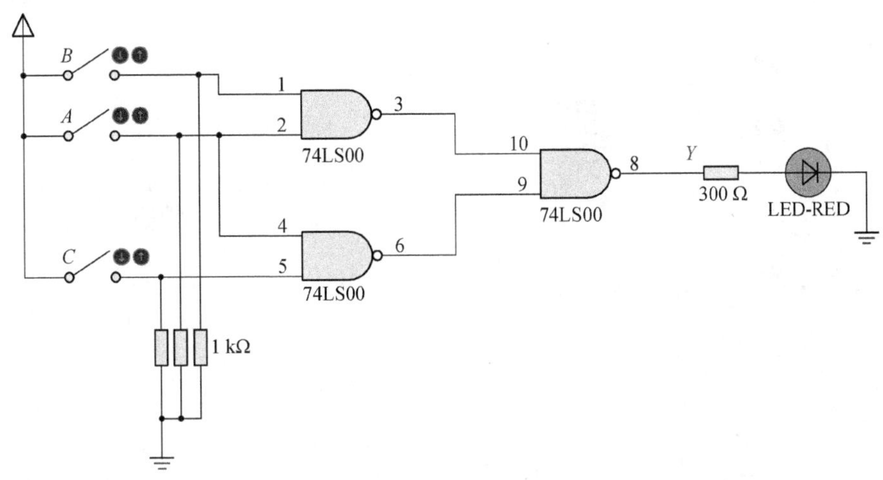

图 4.3.1　举重裁决器电路

(5) 对电路进行仿真测试

点击左下角的电路仿真开关即可进行电路仿真,改变输入变量 A、B、C 的状态,同时观察 LED 灯的亮灭状态。

当三名裁判 A、B、C 都不同意,即 A、B、C 取值均为 0 时,运动员试举失败,即 Y 为 0,LED 灯处于熄灭状态,如图 4.3.2 所示。

当主裁判 A 同意、两名副裁判 B、C 都不同意,即 A 取值为 1,B、C 取值均为 0 时,运动员试举失败,即 Y 为 0,LED 灯处于熄灭状态,如图 4.3.3 所示。

当其中一名副裁判 B 同意、主裁判 A 和另一名副裁判 C 不同意,即 B 取值为 1,A、C 取值均为 0 时,运动员试举失败,即 Y 为 0,LED 灯处于熄灭状态,如图 4.3.4 所示。

当其中一名副裁判 C 同意、主裁判 A 和另一名副裁判 B 不同意,即 C 取值为 1,A、B 取值均为 0 时,运动员试举失败,即 Y 为 0,LED 灯处于熄灭状态,如图 4.3.5 所示。

当主裁判 A 和其中一名副裁判 B 同意、另一名副裁判 C 不同意,即 A、B 取值为 1,C 取值均为 0 时,运动员试举成功,即 Y 为 1,LED 灯处于点亮状态,如图 4.3.6 所示。

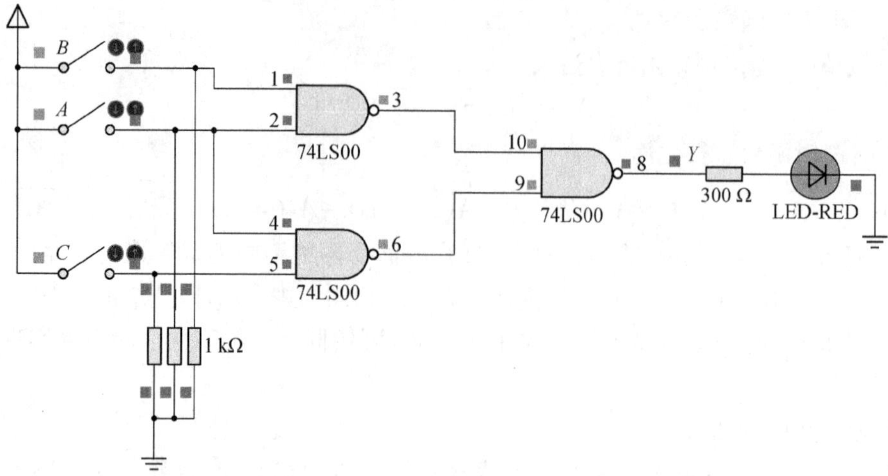

图 4.3.2 *A*、*B*、*C* 取值均为 0 时，*Y* 输出为 0

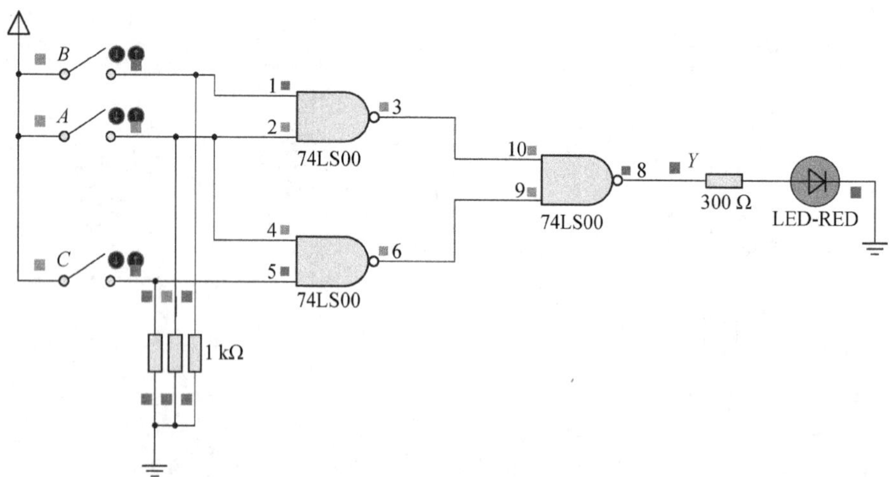

图 4.3.3 *A* 取值为 1，*B*、*C* 取值均为 0 时，*Y* 输出为 0

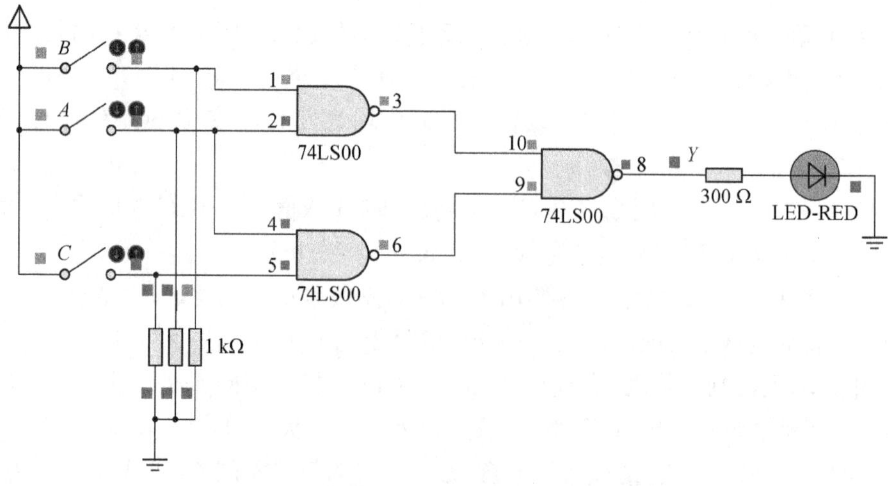

图 4.3.4 *B* 取值为 1，*A*、*C* 取值均为 0 时，*Y* 输出为 0

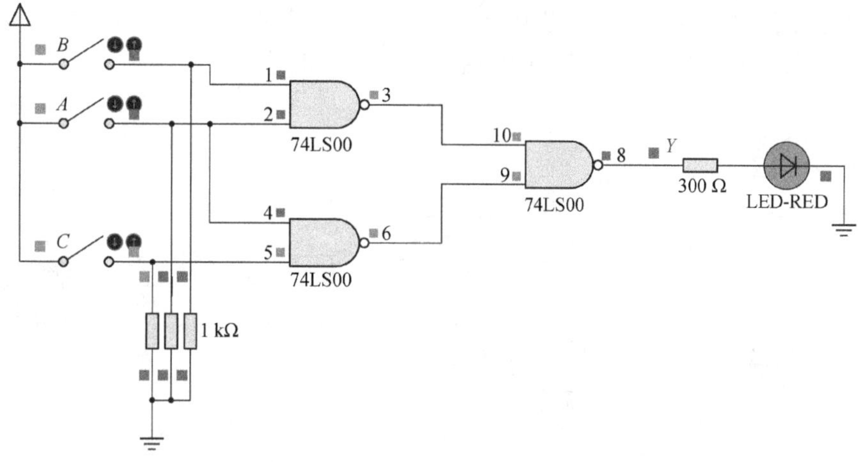

图 4.3.5　*C* 取值为 1,*A*、*B* 取值均为 0 时,*Y* 输出为 0

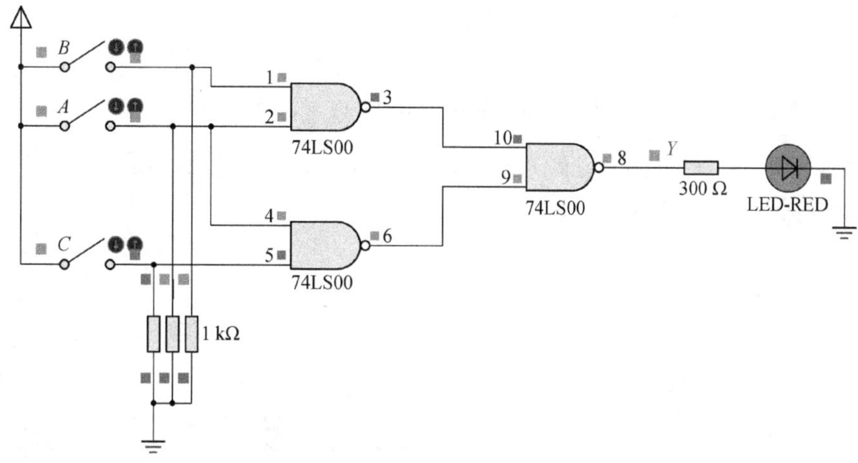

图 4.3.6　*C* 取值为 0,*A*、*B* 取值均为 1 时,*Y* 输出为 1

当主裁判 *A* 和其中一名副裁判 *C* 同意、另一名副裁判 *B* 不同意,即 *A*、*C* 取值为 1,*B* 取值均为 0 时,运动员试举成功,即 *Y* 为 1,LED 灯处于点亮状态,如图 4.3.7 所示。

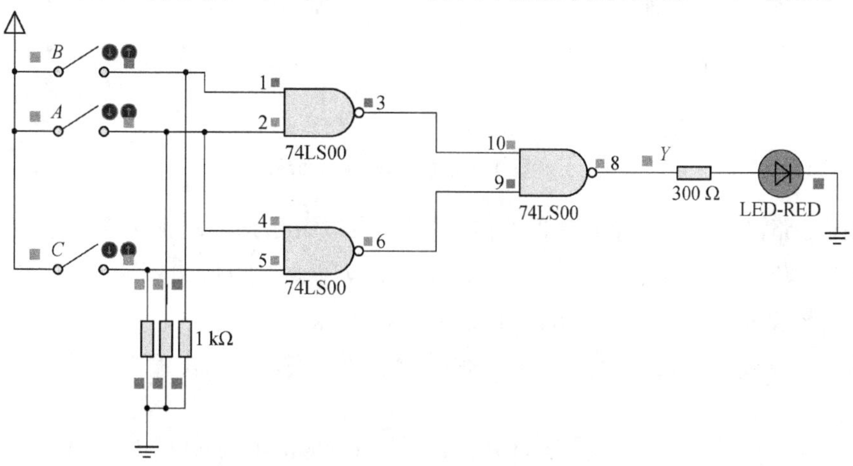

图 4.3.7　*B* 取值为 0,*A*、*C* 取值均为 1 时,*Y* 输出为 1

当两名副裁判 B、C 都同意、主裁判 A 不同意，即 B、C 取值为 1，A 取值均为 0 时，运动员试举失败，即 Y 为 0，LED 灯处于熄灭状态，如图 4.3.8 所示。

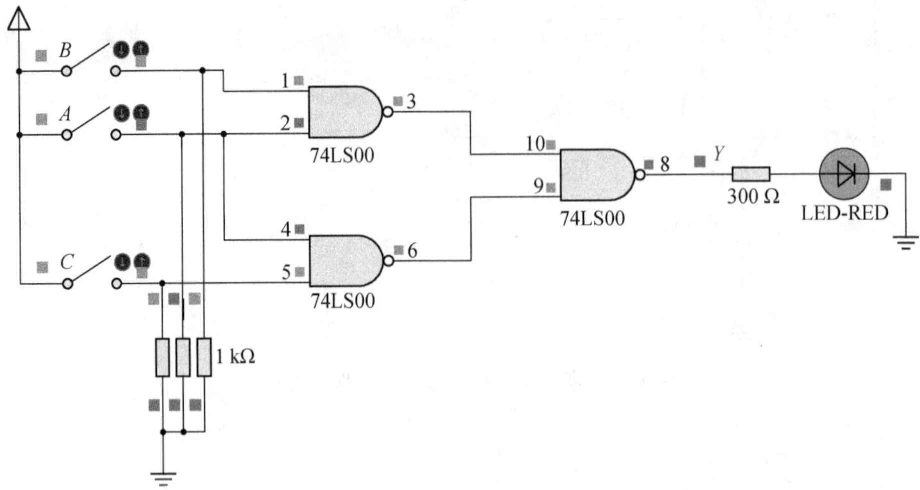

图 4.3.8　A 取值为 0，B、C 取值均为 1 时，Y 输出为 0

当三名裁判 A、B、C 都同意，即 A、B、C 取值均为 1 时，运动员试举成功，即 Y 为 1，LED 灯处于点亮状态，如图 4.3.9 所示。

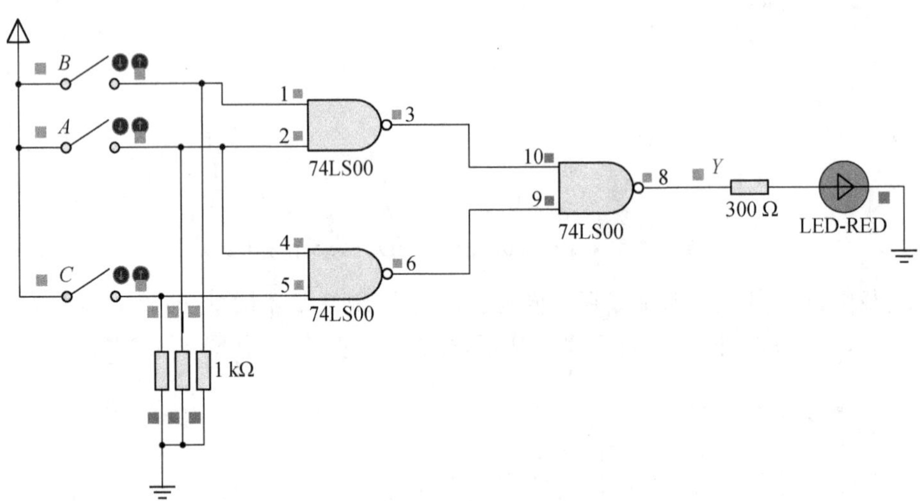

图 4.3.9　A、B、C 取值均为 1 时，Y 输出为 1

从用门电路设计实现举重裁决器的仿真结果，可以看出该电路都实现了电路功能：当 2 名或 2 名以上裁判同意，其中 1 名必须为主裁判时，举重运动员成功。

2）用数据选择器 74HC151 构成举重裁决器

74HC151 是集成 8 选 1 数据选择器，根据它的功能表可以写出输出变量 Y 的逻辑函数表达式为：

$$Y=D_0(\overline{A_2}\cdot\overline{A_1}\cdot\overline{A_0})+D_1(\overline{A_2}\cdot\overline{A_1}\cdot A_0)+\cdots+D_7(A_2\cdot A_1\cdot A_0)$$

令 $A_2=A, A_1=B, A_0=C$，则 $D_0\cdot m_0+D_1\cdot m_1+\cdots+D_7\cdot m_7$，而举重裁决器的逻辑表

达式为:$Y=A\overline{B}C+AB\overline{C}+ABC=m_5+m_6+m_7$,所以,$D_5=D_6=D_7=1$,$D_0=D_1=D_2=D_3=D_4=0$。

在 Proteus 软件的 ISIS 界面中用数据选择器 74HC151 及其外围电路搭建举重裁决器电路如图 4.3.10 所示。

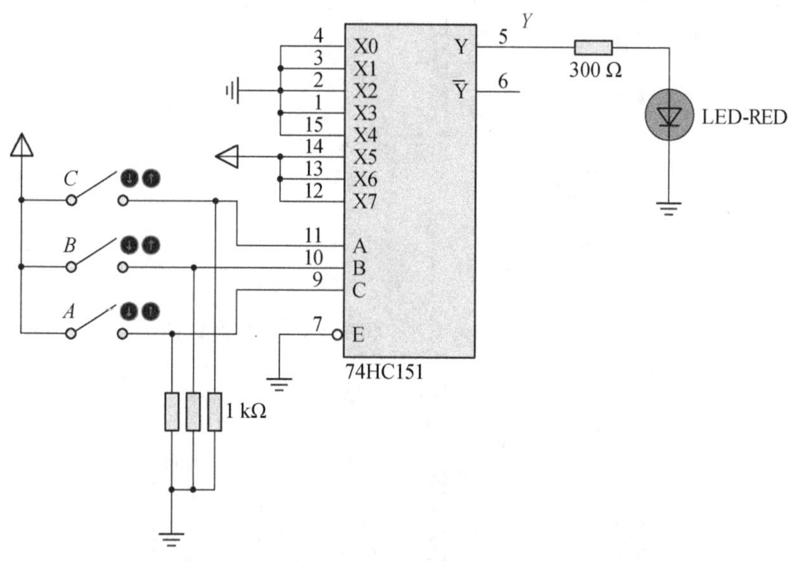

图 4.3.10 用数据选择器 74HC151 构成举重裁决器仿真电路

点击左下角的电路仿真开关即可进行电路仿真,改变输入变量 A、B、C 的状态,同时观察 LED 灯的亮灭状态。用数据选择器 74HC151 构成举重裁决器电路仿真效果如图 4.3.11～图 4.3.18 所示。

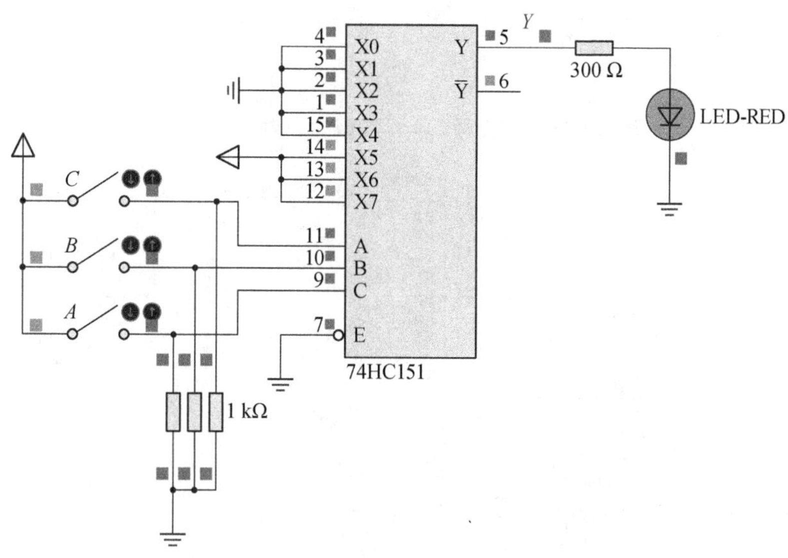

图 4.3.11 A、B、C 取值均为 0 时,Y 输出为 0

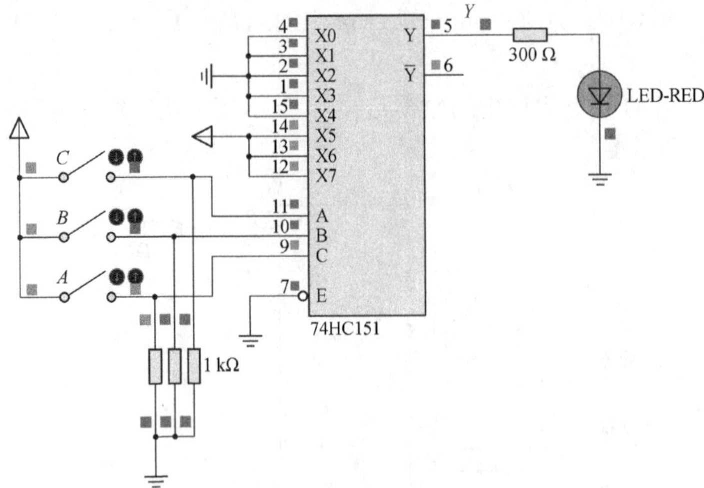

图 4.3.12　*A* 取值为 1,*B*、*C* 取值均为 0 时,*Y* 输出为 0

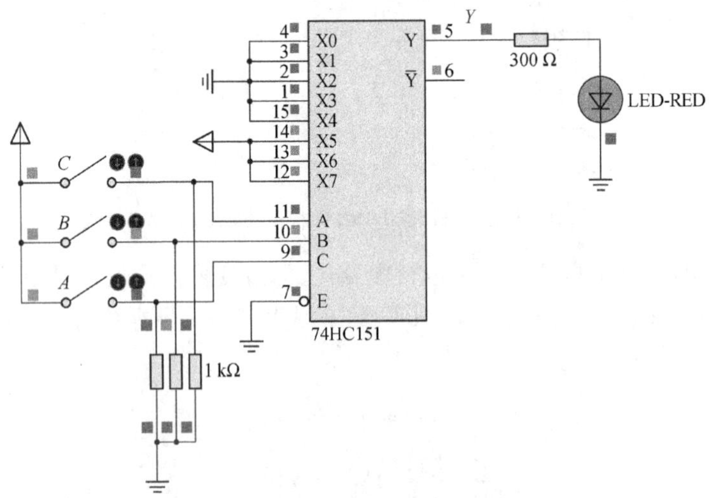

图 4.3.13　*B* 取值为 1,*A*、*C* 取值均为 0 时,*Y* 输出为 0

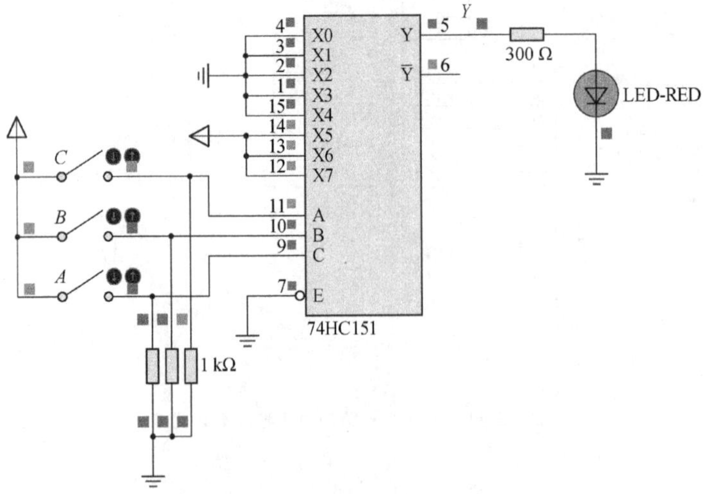

图 4.3.14　*C* 取值为 1,*A*、*B* 取值均为 0 时,*Y* 输出为 0

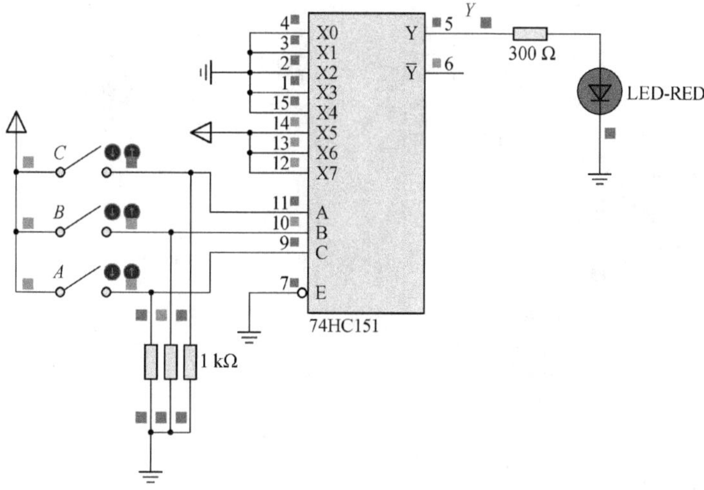

图 4.3.15 *C* 取值为 0,*A*、*B* 取值均为 1 时,*Y* 输出为 1

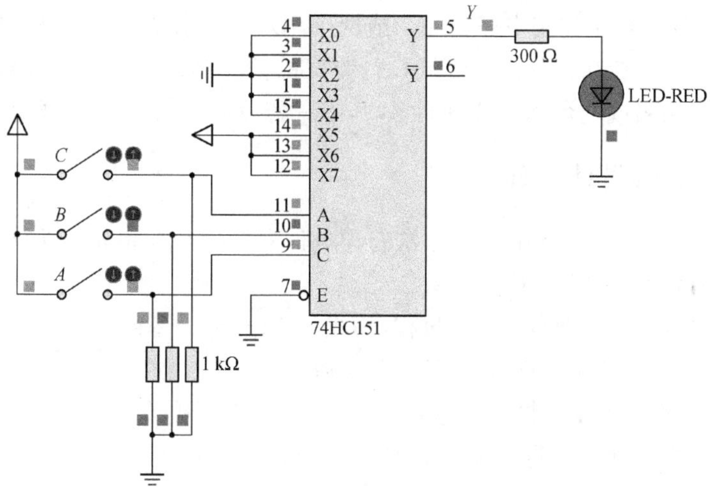

图 4.3.16 *B* 取值为 0,*A*、*C* 取值均为 1 时,*Y* 输出为 1

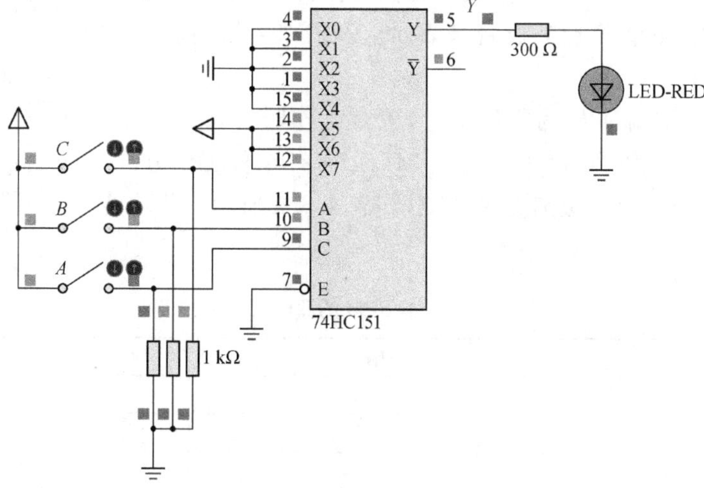

图 4.3.17 *A* 取值为 0,*B*、*C* 取值均为 1 时,*Y* 输出为 0

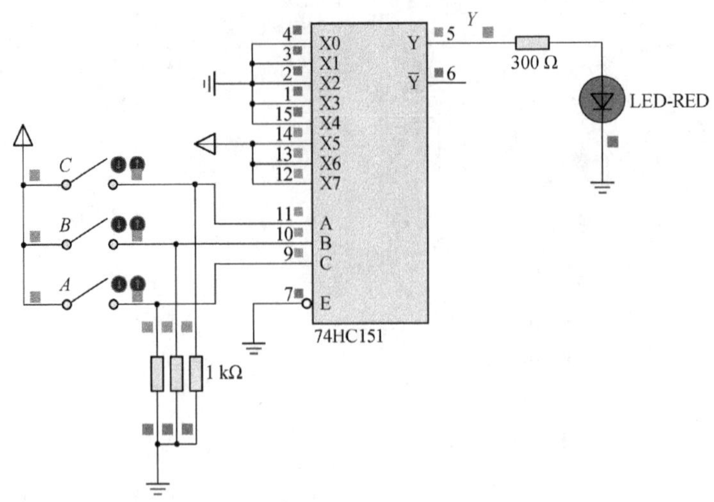

图 4.3.18　A、B、C 取值均为 1 时，Y 输出为 1

当按下主裁判开关 A 和其中任何一个或两个副裁判开关 B、C 时，输出端 Y 接的 LED 灯亮，表示举重运动员成功。从两种不同设计方案的仿真结果可以看出都实现了举重裁决器的电路功能：当两名或两名以上裁判同意，其中一名必须为主裁判时，举重运动员成功。

4.3.2　四路彩灯设计仿真

四路彩灯是数字电路设计中一个非常有趣的课题，结合 Proteus 会使整个设计和分析快捷而轻松。题目设计要求如下：

(1) 共有 4 个彩灯，分别实现三个过程，构成一个循环共 12 s；

(2) 第一个过程要求 4 个灯依次点亮，共 4 s；

(3) 第二个过程要求 4 个灯依次熄灭，共 4 s，先亮者后灭；

(4) 最后 4 s 要求 4 个灯同时亮一下灭一下，共闪 4 下。

1) 核心元器件 74LS194 简介

该题目主要考察的是 4 位双向通用移位寄存器 74LS194 的灵活应用，4 个灯可用 4 个发光二极管来表示。74LS194 的引脚图如图 4.3.19 所示。

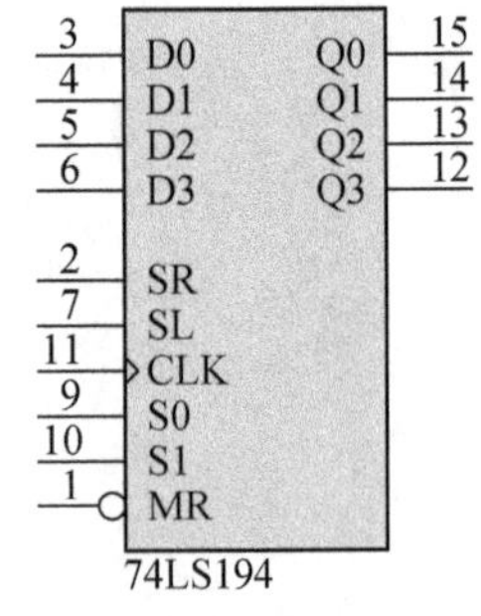

图 4.3.19　74LS194 引脚图

图 4.3.19 中引脚 MR 为复位信号，正常工作时应接高电平；CLK 为时钟信号，上升沿到来时有效。74LS194 有 4 种工作方式，分别由 S_1S_0 组成的 2 位二进制数来控制，如表 4.3.2 所示。其功能如表 4.3.3 所示。

表 4.3.2　74LS194 的四种工作方式

S_1S_0	输出	数据输入
00	保持不变	×
01	右移	S_R
10	左移	S_L
11	并行输出	$D_0 \sim D_3$

表 4.3.3 74LS194 的功能表

输入					输出	功能
时钟	复位	控制	串入	并入	$Q_0Q_1Q_2Q_3$	
CP	C_r	S_1S_0	$D_{SL}D_{SR}$	$D_0D_1D_2D_3$		
×	0	××	××	××××	0000	清零
↑	1	11	××	$D_0D_1D_2D_3$	$D_0D_1D_2D_3$	置数
↑	1	10	D×	××××	$Q_1Q_2Q_3D$	左移
↑	1	01	×D	××××	$DQ_0Q_1Q_2$	右移
↑	1	00	××	××××	$Q_0Q_1Q_2D_3$	保持

2）题目分析与设计

该题应把四路彩灯接在 74LS194 的 Q_0～Q_3 上，S_R稳定接高电平，S_L稳定接低电平，而D_0～D_3接周期为 1 s 的方波信号。关键是时钟和方式控制 S_1S_0的信号如何实现才能满足题目的要求。

三个过程每个 4 s，加起来正好 12 s。如果选择 CLK 为周期 1 s 的方波信号，好像就可以了，但是前面两个过程可以，最后一个过程却不能精确地实现。图 4.3.20 是正确的 CLK 信号与 1 Hz 方波信号的比较。

在此前已经确定 D_0～D_3接 1 Hz 的方波信号，那么 Q_0～Q_3在读 D_0～D_3的信号时是在 CLK 上升沿到来的一瞬间，如图 4.3.20(a)所示，如果二者频率一样，CLK 的每个上升沿到来时读到的都是高电平，灯就会一直亮着，不会出现闪烁的效果。所以，当 74LS194 的工作方式为 11 时，一定要改变 CLK 的信号频率为D_0～D_3信号频率的两倍，才可以在 D_0～D_3的一个周期内出现 CLK 的两个上升沿，Q_0～Q_3分别读到 1 和 0 各一次，如图 4.3.20(b)所示。

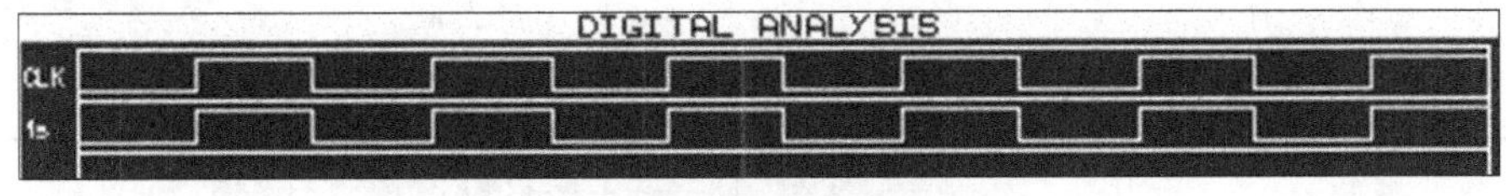

(a) CLK 信号与 1 Hz 方波信号的比较

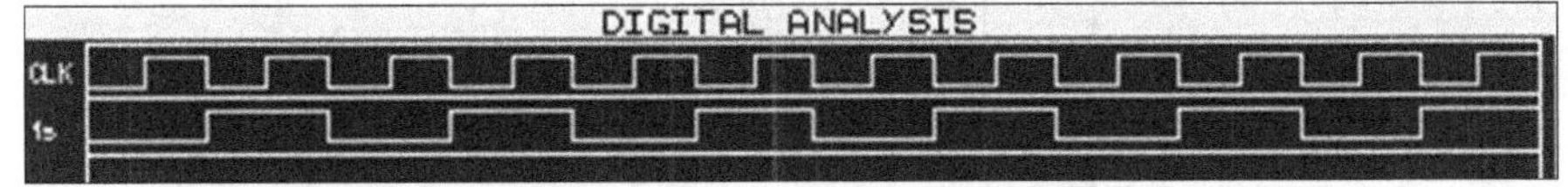

(b) CLK 信号与 1 Hz 方波信号的比较

图 4.3.20 CLK 信号与 1 Hz 方波信号的比较

即正确的时钟信号在整个 12 s 时间应该是前 8 s 为 1 Hz 的频率，后 4 s 变为 2 Hz 的频率，可用 555 定时器产生 2 Hz 的方波，在这里可直接用数字脉冲源进行代替。

下面再来分析 S_1S_0的信号。4 种工作方式中剔除第一种 S_1S_0为 00 的情况。那么 S_1S_0应按 01、10、11 的顺序循环，可设计一个同步计数器，时钟周期为 4 s，共三个状态。这里选用 D 触发器来设计一个同步的三进制计数器。

设计步骤：

(1) 列状态真值表

设 S_1S_0对应的触发器输出端分别为 Q_1Q_0，则状态真值表如表 4.3.4 所示。

表 4.3.4 状态真值表

$Q_1^n Q_0^n$	$Q_1^{n+1} Q_0^{n+1}$
0 0	× ×
0 1	1 0
1 0	1 1
1 1	0 1

(2) 求状态方程

根据列出的状态真值表，分别求出 Q_1 和 Q_0 的状态方程为：

$$Q_1^{n+1}=\overline{Q_1 Q_0}, Q_0^{n+1}=Q_1$$

(3) 求驱动方程

由 D 触发器的特性方程可直接列出驱动方程为：

$$D_1=\overline{Q_1 Q_0}, D_0=Q_1$$

(4) 电路的实现

根据驱动方程，产生 S_1S_0 的三进制同步计数器电路如图 4.3.21 所示。因为我们设计的是一个同步时序逻辑电路，要注意图中两个 D 触发器的时钟连接在一起接周期为 4 s 的时钟信号。

整体的四路彩灯仿真电路如图 4.3.22 所示，其仿真结果如图 4.3.23 所示。

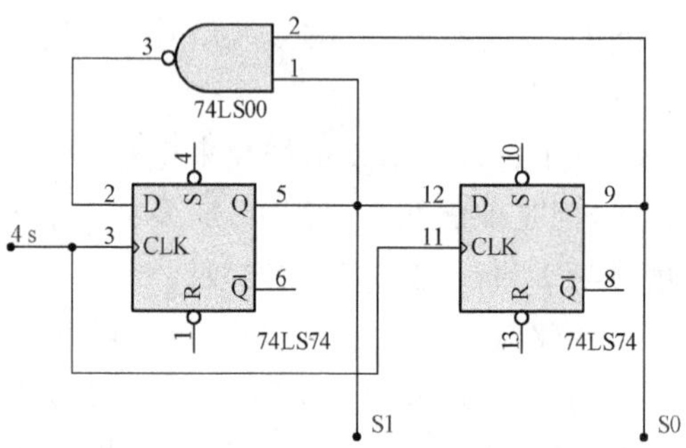

图 4.3.21 产生 S_1S_0 的三进制同步计数器

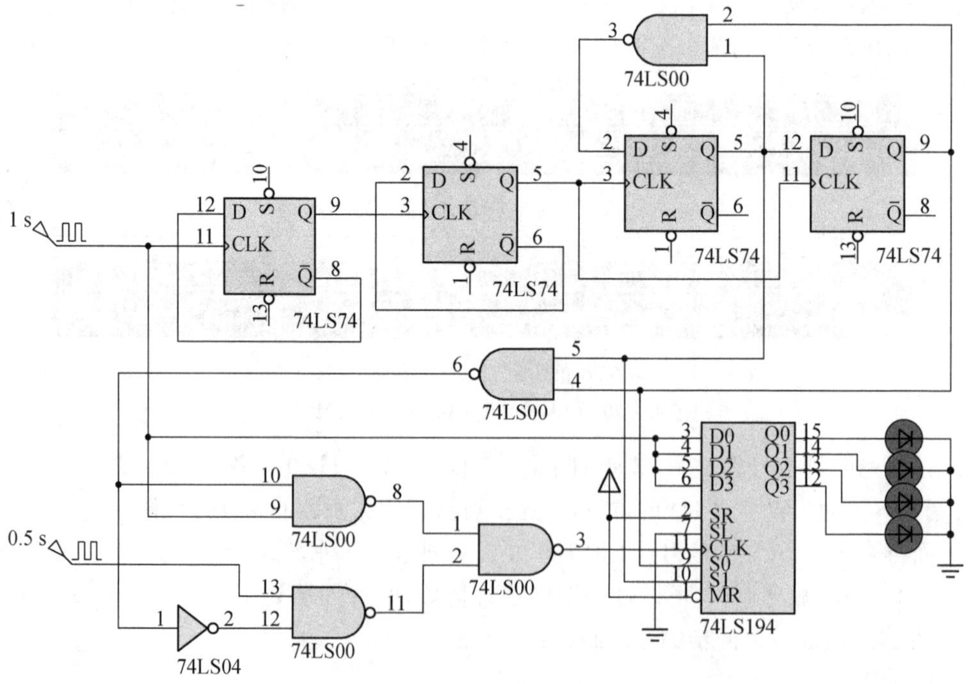

图 4.3.22 四路彩灯仿真电路

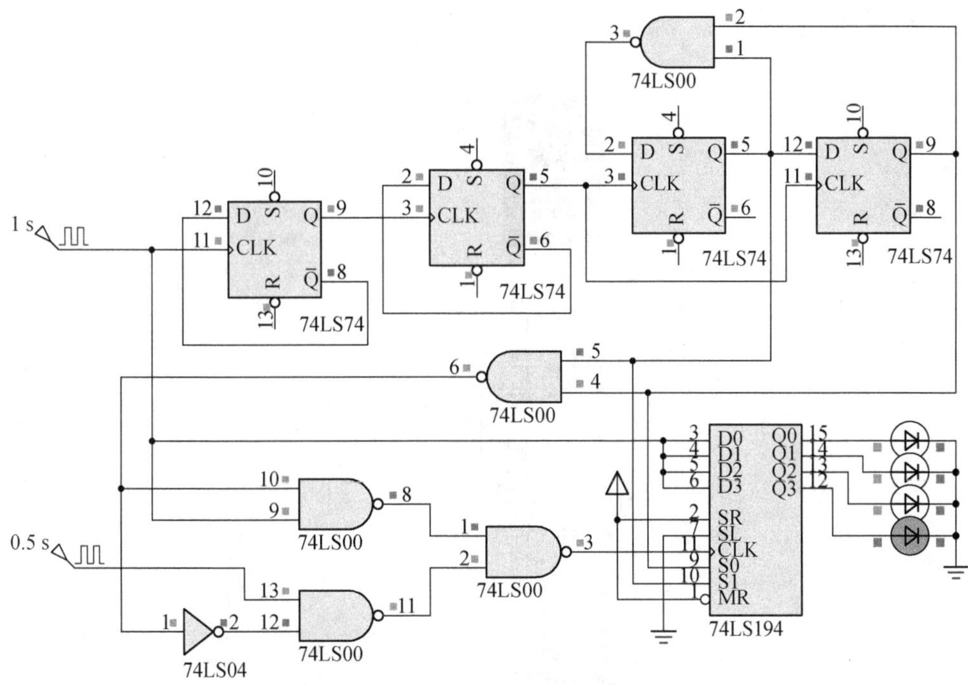

图 4.3.23 四路彩灯仿真结果

4.3.3 八路抢答器设计仿真

八路智力抢答器能实现以下功能：

(1) 8 人参加比赛，从 1 开始编号，各用一个抢答按钮，谁先按下数码显示器则显示相应的按键号码。

(2) 主持人设置一个控制开关用来控制抢答的开始和系统的清零。

(3) 抢答器具有数据锁存和显示的功能。抢答开始后，若有选手按下抢答按钮，编号立即锁定，并在 LED 数码管上显示该选手的编号。此外，还要封锁输入电路，禁止其他选手抢答。优先抢答器选手的编号一直保持到主持人将系统清零为止。

八路智力抢答器电路由 10 线—4 线优先编码器 74LS147、锁存 D 触发器 CD4042、BCD 码 4 线—7 线译码/驱动器 CD4511、二输入与非门 CD4001 以及 LED 数码管等构成。其仿真电路图如图 4.3.24 所示，电路中用到的元器件如图 4.3.25 所示。

运行仿真，会显示电路初始状态及各引脚高低电平。其中，蓝色为低电平，红色为高电平(通过这种直接的观察，有助于学生了解芯片引脚功能。而且在操作过程中，由于改变了输入信号，各引脚状态也会发生变化，通过分析这些变化，使学生能够对芯片的功能有更深刻的理解)。然后，按下复位键。按下复位键后，RS 触发器置 1，D 触发器 CD4042 处于接收状态，如图 4.3.26 所示。

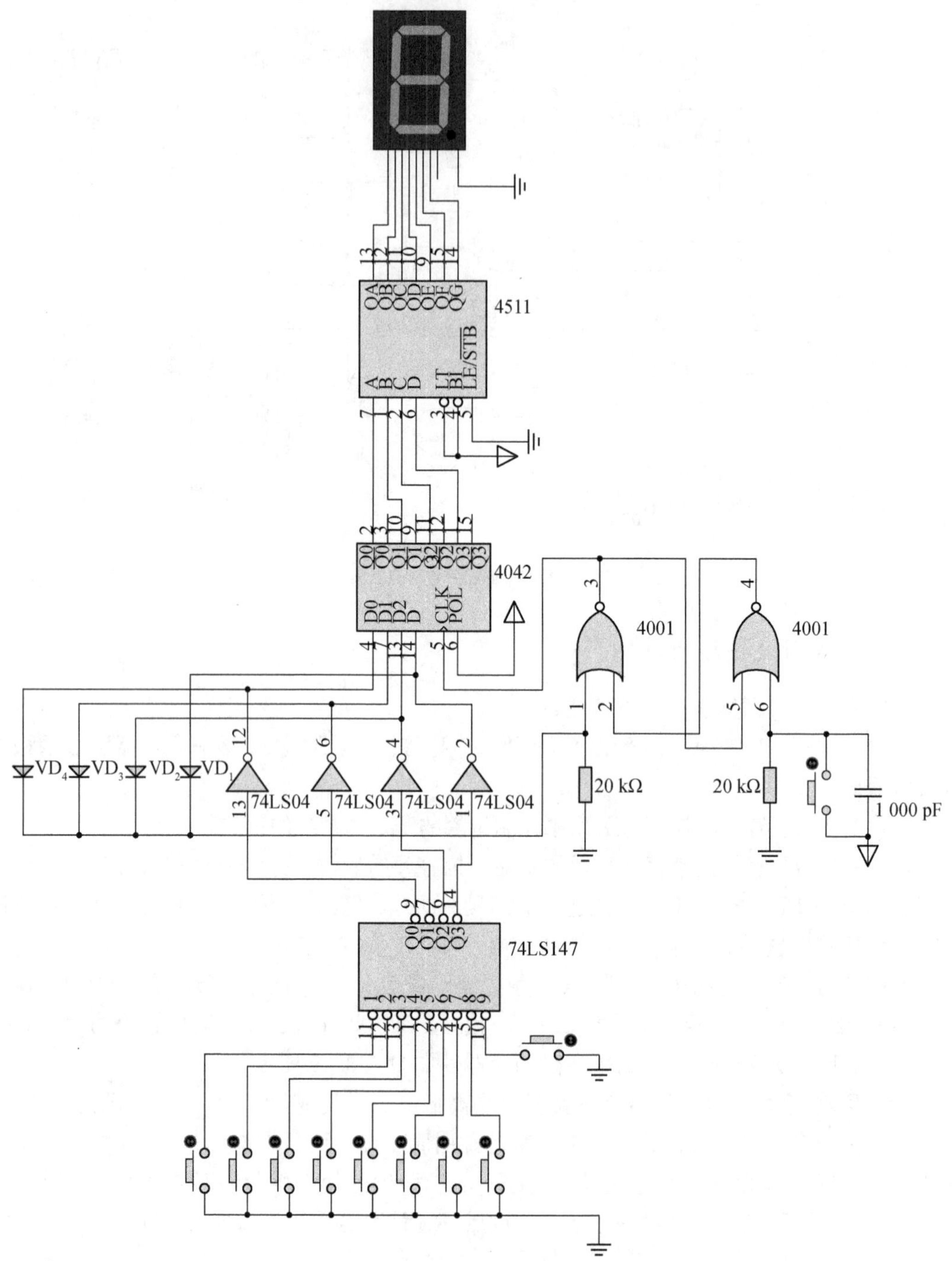

图 4.3.24　八路抢答器电路

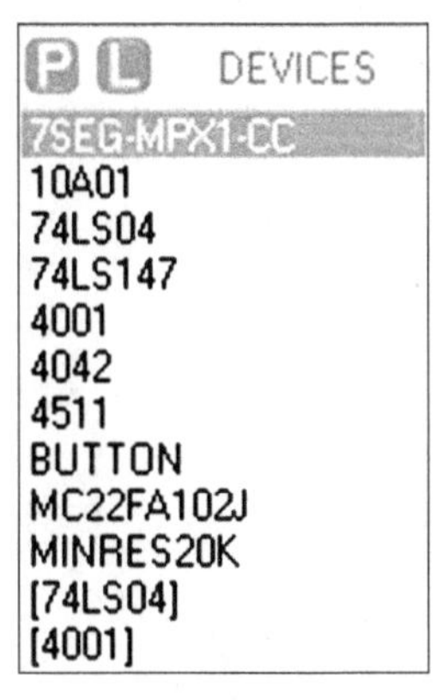

图 4.3.25 八路抢答器电路中用到的元器件

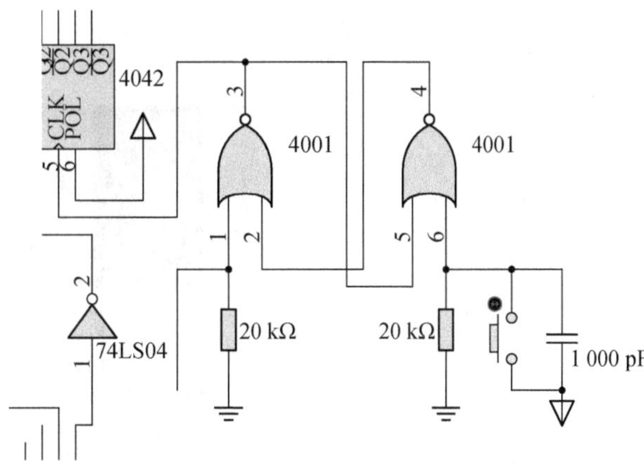

图 4.3.26 启动系统

若此时某一位选手先按下按钮，比如 S_2 按下，编码器输出 0010，D 触发器的输出也为 0010，同时编码器的输出 0010 通过 4 个二极管 D_1～D_4 所组成的或门输出高电平，使 RS 触发器置 0，D 触发器的 *CP* 端为 0，D 触发器的状态被锁存为 0010。经过 CD4511 译码后，LED 数码管显示数字 2，如图 4.3.27 所示。

若此时其他选手也按下按钮，因为 D 触发器已处于锁存状态，不再接收信号，所以数码管所显示的数字不再发生变化，始终显示抢答后第一位选手的编号。

若要进行下一轮抢答，主持人需要再按一下按钮 SB_0，重新启动系统，则 D 触发器的 *CP* 端重新为 1，D 触发器又可以接收数据，可以再次进行抢答。

另外，实现此功能的电路不只这一种。

在此电路图中，编码器用到的是 4511，其输出的是反码，因此在送入 D 触发器之前，要分别经过非门取反。若电路图中给出的编码器输出是原码的话，则可以直接送入 D 触发器。

此外，D 触发器也可以选用 JK 触发器来实现 D 触发器功能，数码显示部分还可以选用共阳极数码管和共阳极数码管驱动电路来实现。

4.3.4 数字钟设计仿真

数字时钟一般由振荡器、分频器、译码器等几部分组成。其中，振荡器和分频器组成标准秒信号发生器，由不同进制的计数器、译码器和显示器组成计时系统。秒信号送入计数器进行计数，把累积的结果以“时”“分”“秒”的数字显示出来。“时”显示由二十四进制计数器、译码器和显示器构成；“分”“秒”显示分别由六十进制计数器、译码器和显示器组成。其原理框图如图 4.3.28 所示。

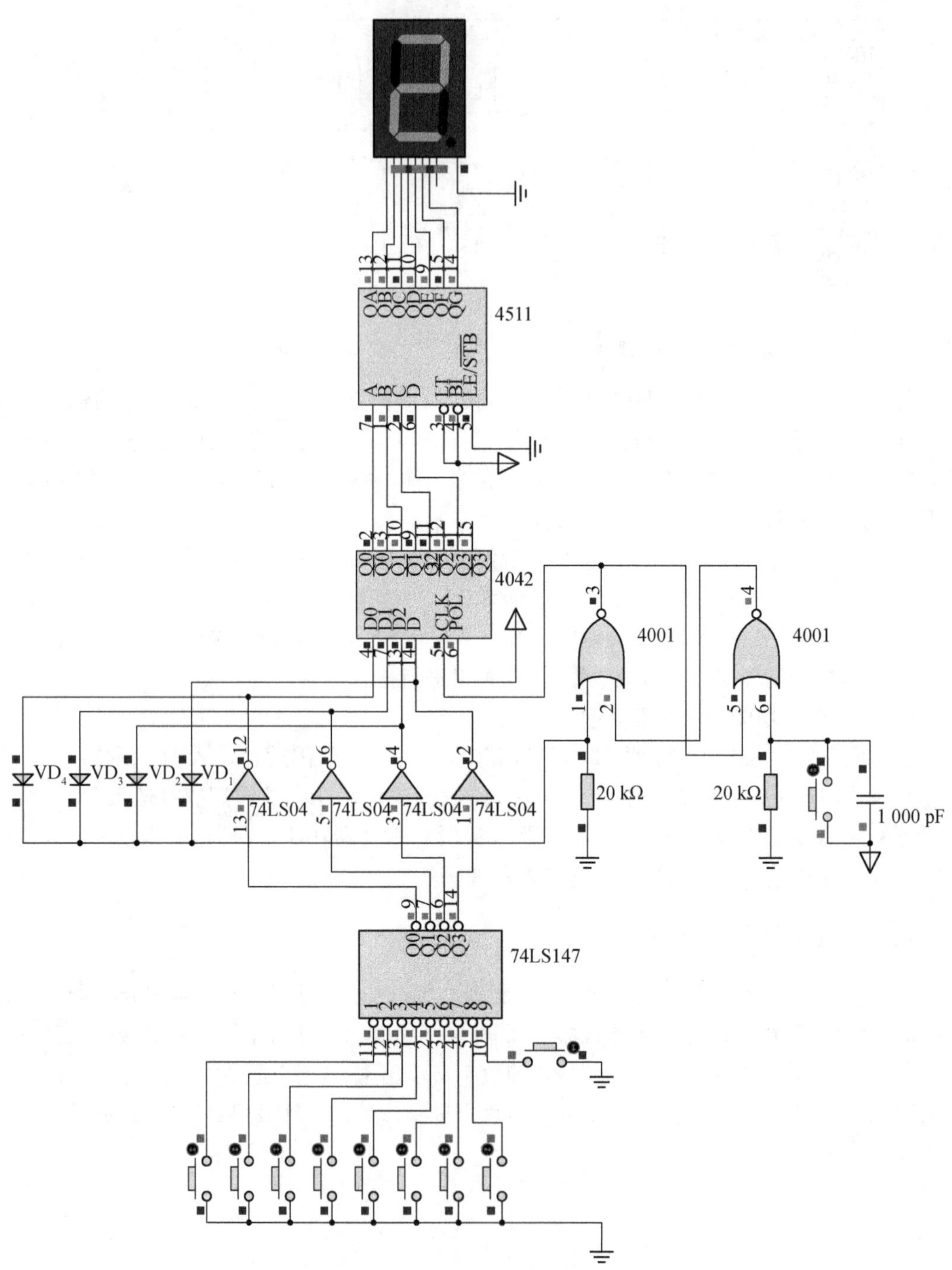

图 4.3.27　2 号选手先抢答仿真效果图

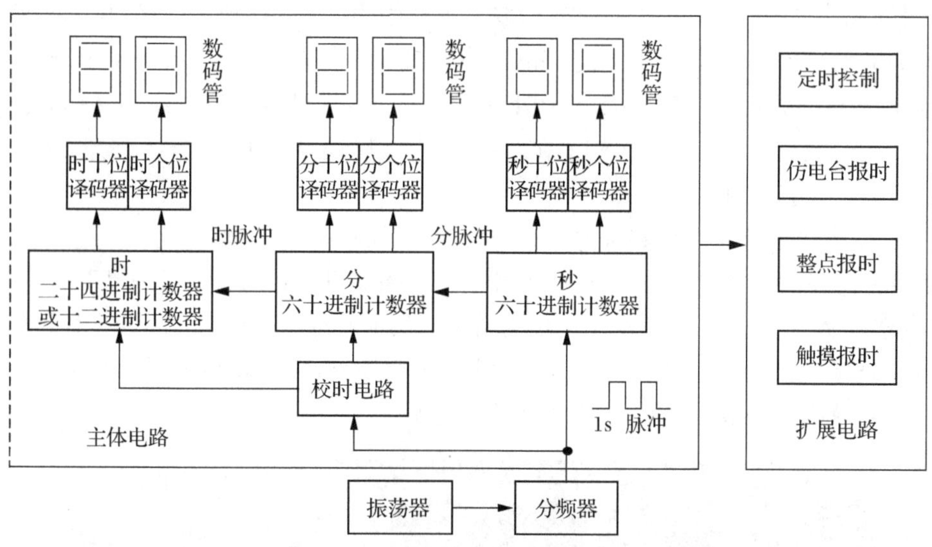

图 4.3.28　多功能数字钟系统组成框图

1）振荡器

（1）电路原理及参数设置

振荡器是计时器的核心，振荡器的稳定性和频率的准确度决定了计时器的准确度。一般来说，振荡器的频率越高，计时的精度就越高，但耗电量也增大，因此从准确度及经济两方面考虑，在此采用集成电路 555 定时器与 RC 组成频率 $f=1$ kHz 的振荡器，理论上只需将 555 定时器的 2、6 脚连接在一起先构成施密特触发器，然后再将输出 U_o 经 RC 积分电路接回输入端即可。但这种接法可能会出现一些实际问题，如电容 C_1 较大时 555 内部逻辑门电路的带负载能力有限，不宜直接提供充、放电电流等。为此将 7 端 R_1 接成一个反相器，由于 7 端与 3 端逻辑关系上完全等价，然后再将 7 端经 RC 积分电路接到施密特触发器输入端，就得到了振荡器。为了使输出频率可调，加入可调电阻 R_{F1}，如图 4.3.29 所示。

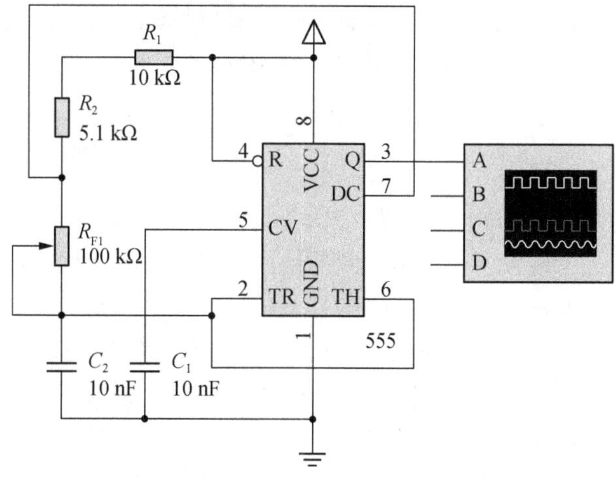

图 4.3.29　振荡器仿真电路

在此电路中电容经 R_1、R_2、R_{F1} 充电，所以充电时间为 $T_1=(R_1+R_2+R_{F1})C_2\ln2$ 经 R_{F1} 放电，放电时间为 $T_2=R_{F1}C_2\ln2$。因此电路的振荡周期为：$T=T_1+T_2=(R_1+R_2+2R_{F1})C_2\ln2$。为了得到 1 kHz 的振荡频率，取 $R_1=10\ \text{k}\Omega$，$R_2=5.1\ \text{k}\Omega$，根据 $T=T_1+T_2=(R_1+R_2+2R_{F1})C_2\ln2=1/1\,000$，取 $R_{F1}=100\ \text{k}\Omega$，$C_2=10\ \text{nF}$。具体参数如图 4.3.29 所示。

(2) 仿真及结果分析

在 Proteus 的界面中摆放好所需元器件 RES、555、CAP 等，按照上述计算结果设定好参数，为了观察仿真波形，在输出端加上示波器。根据需要设置好示波器后按界面左下角图标中的图标就得到了如图 4.3.30 所示的仿真结果。从示波器观察到的波形计算其频率，示波器的 μs/DIV 设置是 500 μs 挡，所以理论上应该为两横格，由仿真结果图知其频率偏大，经适当减小 R_{F1} 的值使振荡周期为 2 格，频率即可达到 1 kHz。

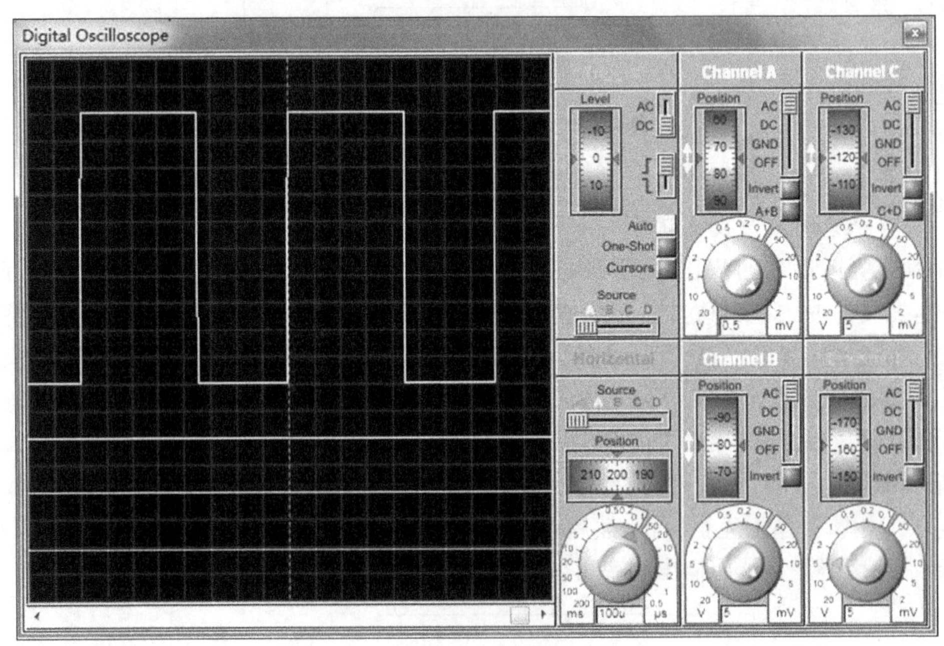

图 4.3.30 振荡器电路仿真结果

2) 分频器

(1) 分频器的构成

由振荡器产生的是 1 kHz 矩形波，为了得到 1 Hz 基准秒计时信号，需用分频器进行分频，74LS90 是二—五—十进制异步加法计数器，用 3 片 74LS90 构成的三级十分频器可将 1 kHz 的矩形脉冲分为 1 Hz 的脉冲。

先将每片 74LS90 的 2、4、6、7 脚接地，1、14 脚相连，接成十进制计数器，然后将 3 片 74LS90 进行级联，就构成了分频器，电路原理图如图 4.3.31 所示。

(2) 仿真结果及分析

在输入端加上 1 kHz 的脉冲信号，为了看到分频效果，分别在每个 74LS90 的输出端 11 脚接上电压探针来观察输出的逻辑关系。在 Proteus 界面的左端点击图标加入电压探针，再在左端的图标中选中 DIGITAL 选项后，在绘图区拖出一个黑框，然后把探针拖到黑框里，在菜单栏中选中图标中的图表选项,最后点击图表仿真就得到了如图 4.3.32 所示的仿真结果。在图中可以明显地看到每级的输出频率是上一级频率的 1/10,所以最后一级的输出频率为 1 Hz。

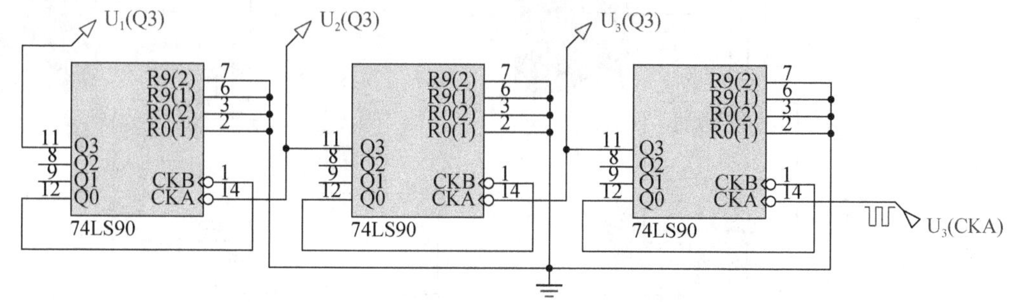

图 4.3.31 分频器仿真电路

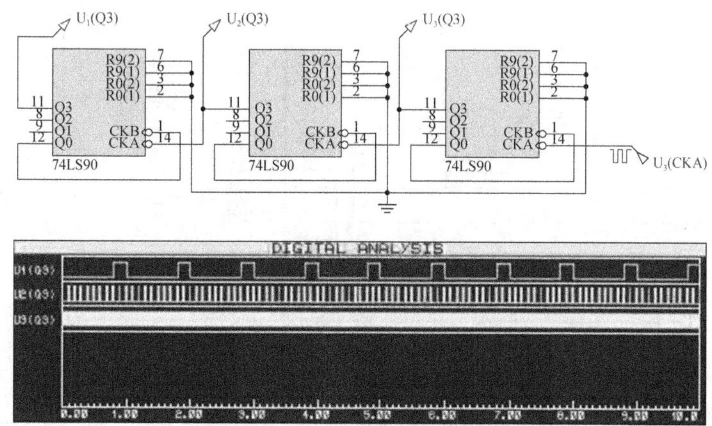

图 4.3.32 分频器电路仿真结果

3) 计数器

由于 74LS90 是二—五—十进制异步串行计数器,分别将个位接成十进制计数器,十位接成六进制计数器,并将个位的输出端(11 脚)接十位的 14 脚(*CKA*)端,就构成了六十进制计数器。用 2 个相同的六十进制计数器,分别作为秒、分计时,并在个位和十位输出端接上数码管显示,其仿真电路如图 4.3.33 所示,仿真结果如图 4.3.34 所示。小时计数器直接采用整体反馈清零法构成二十四进制计数器,其仿真电路如图 4.3.35 所示,仿真结果如图 4.3.36 所示。

4) 译码显示电路

为了直观地显示数字钟时钟电路、分钟电路、秒钟电路的读数,这里采用了 CD4511 译码驱动器和共阴极数码管。通过 74LS90 的 4 个输出连接到 CD4511 的 4 个输入,在测试时要注意几个使能控制端的连接,具体连接可参考每个芯片的真值表。

在 Proteus ISIS 编辑区,按照前面介绍的数字钟电路的各个部分工作原理,绘制出数字钟整体仿真电路如图 4.3.37 所示。数字钟电路原理图绘制好后,单击左下方的仿真按钮进行仿真,其仿真结果如图 4.3.38 所示。

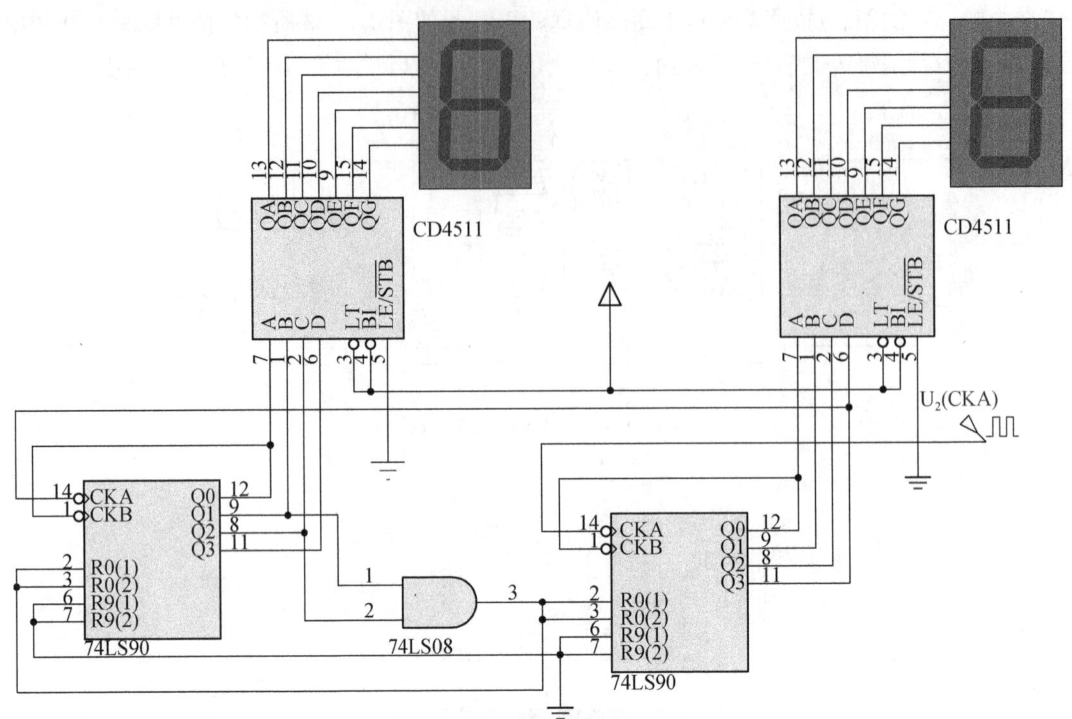

图 4.3.33　六十进制计数器仿真电路

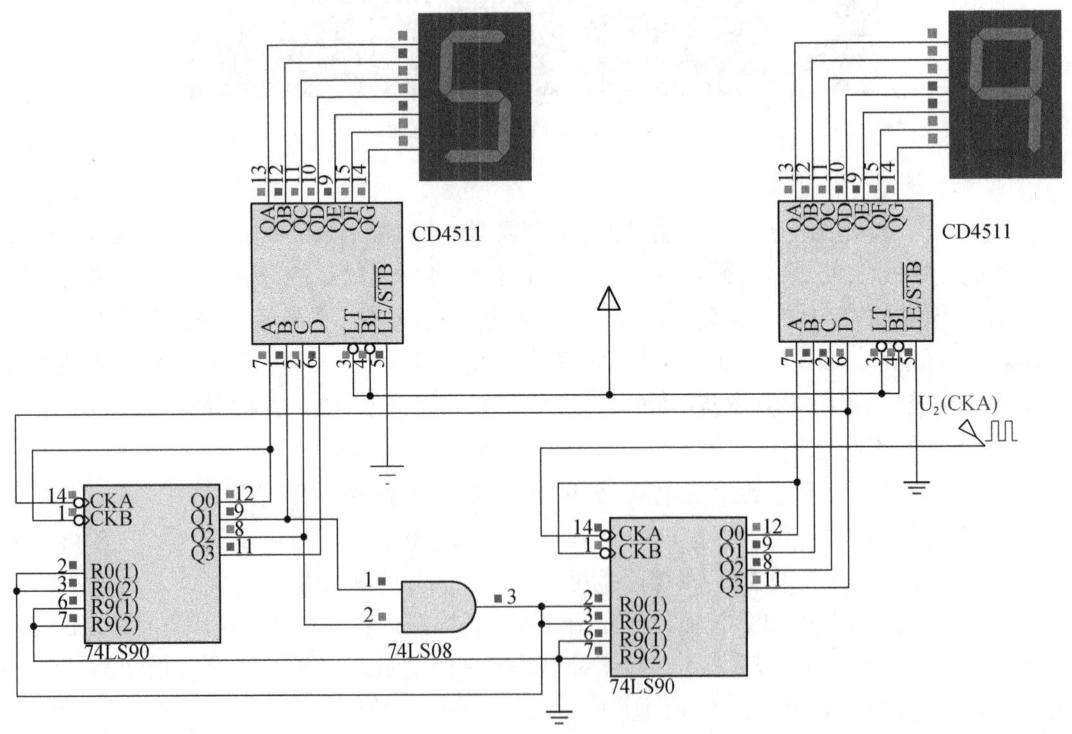

图 4.3.34　六十进制计数器仿真结果

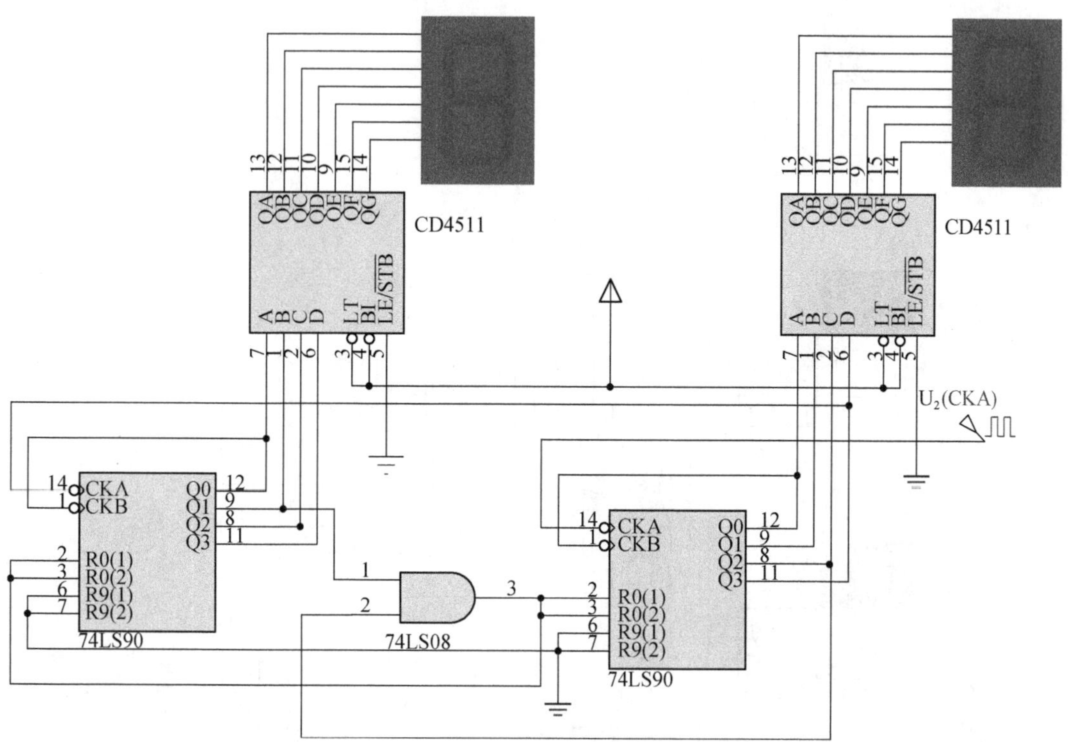

图 4.3.35 二十四进制计数器仿真电路

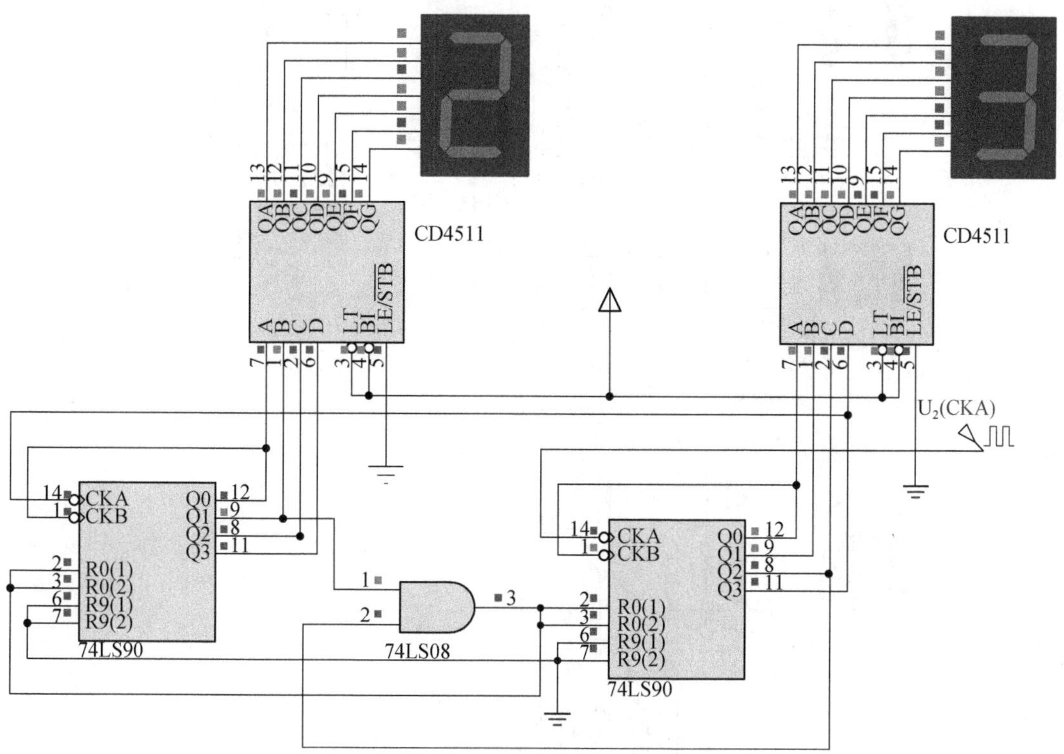

图 4.3.36 二十四进制计数器仿真结果

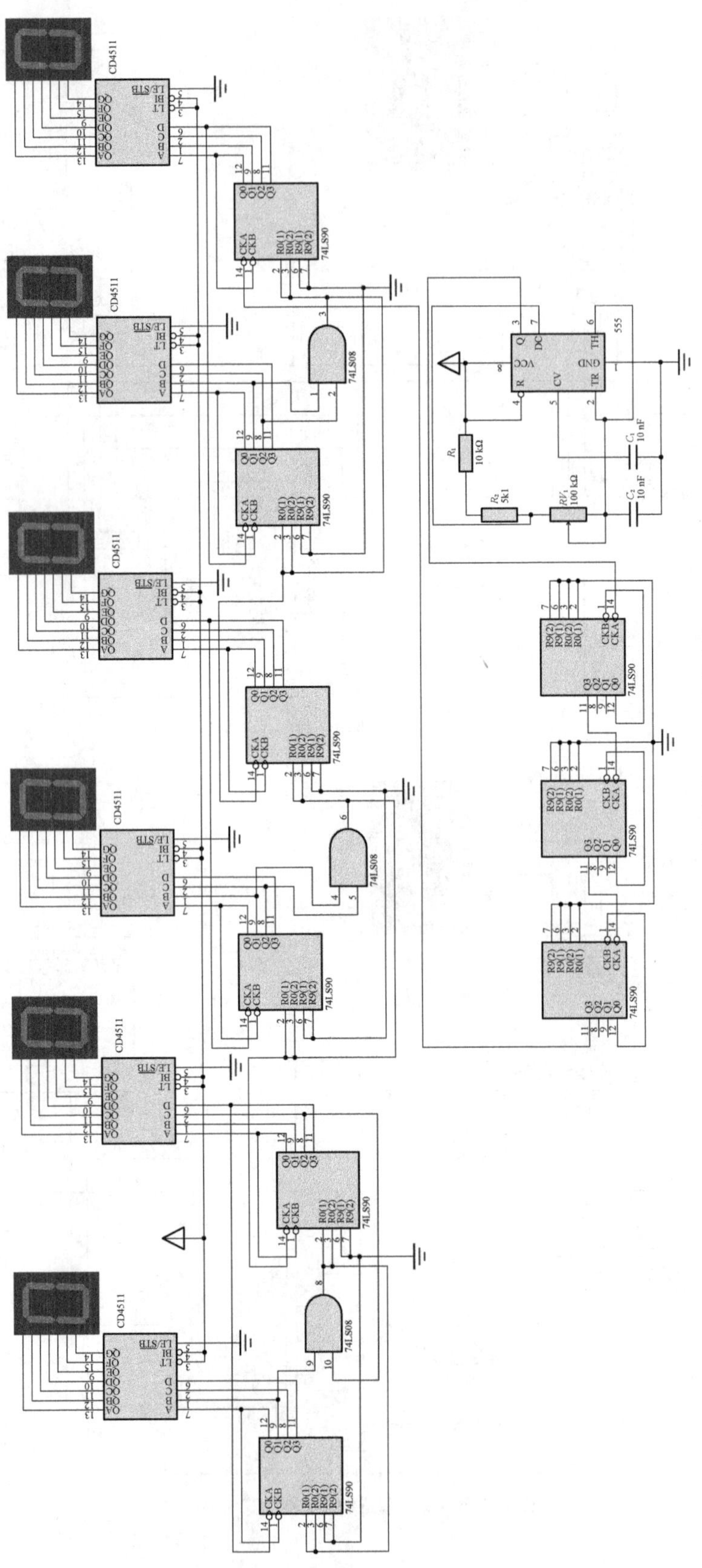

图4.3.37　数字钟的Proteus仿真电路

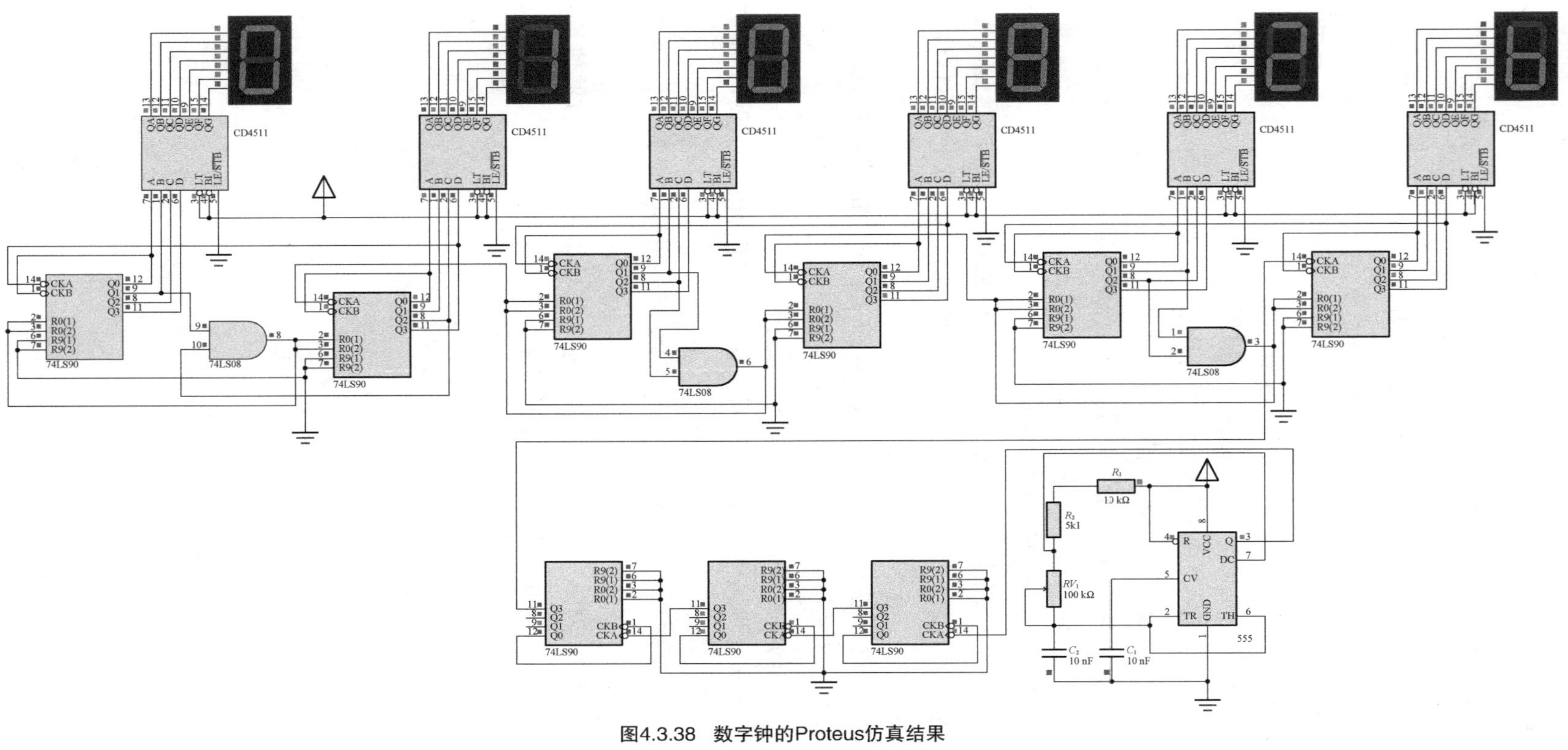

图4.3.38　数字钟的Proteus仿真结果

4.3.5 思考题

（1）如何新建并保存一个 Proteus 文件？

（2）如何在 Proteus ISIS 中设置图纸尺寸并对图纸进行缩放？

（3）Proteus ISIS 的仿真分为几大类？分别是什么？

（4）Proteus ISIS 的电路仿真工具包括哪几种？

（5）简述 Proteus ISIS 交互式仿真的步骤。

（6）简述 Proteus ISIS 基于图表仿真的步骤。

（7）Proteus ISIS 中提供的仿真图表包括哪几种？

（8）Proteus ISIS 提供了多少种激励源？分别是什么？

（9）脉冲信号发生器可以产生何种输入信号？

（10）在交互式仿真中可以利用哪种仿真工具观察电路的当前状态？

（11）在 Proteus ISIS 中提供了多少种虚拟仪器？

（12）简述示波器和逻辑分析仪的功能。

（13）在 Proteus ISIS 中建立一个原理图，在其上放置 DPATTERN 信号发生器，并将其输出连接到虚拟示波器上。修改信号发生器的参数，并在示波器上观察信号发生器输出信号的改变。

（14）设计一个逻辑电路，其包含 3 个输入端和 1 个输出端，当有两个或两个以上输入为 1 时，输出为 1，否则就输出 0。在 Proteus ISIS 中设计此电路并仿真。

（15）参考本章的例子，在 Proteus ISIS 中设计并仿真一个三位数字比较器。

（16）在 Proteus ISIS 中使用 JK 触发器实现一个二位加法计数器，并将结果显示在七段数码管上。

（17）在 Proteus ISIS 中使用基本 D 触发器实现一个检测序列 0101 的序列检测器并仿真。

（18）使用计数器实现一个四分频电路，即输入信号频率为 f 的方波信号，输出频率为 $f/4$ 的方波信号，并在 Proteus ISIS 中仿真验证。

5 STM32 单片机的使用

本章除了介绍基于 ARM Cortex-M3 的 STM32F103ZET6 微控制器单片机的原理和基本应用开发外，还将引导你学习如何使用 STM32 单片机控制 LED 灯、蜂鸣器、按键、定时器、中断，通过这些任务的完成，使大家不知不觉掌握 STM32F103 ZET6 微控制器单片机的基本原理及使用方法。

5.1 单片机概述

目前常用的单片机有 MCS-51 系列单片机、MSP430 系列和 ARM 系列等。其中 MCS-51 系列单片机是使用较为广泛的 8 位单片机；MSP430 系列是 16 位单片机；ARM 系列一般为 32 位单片机，STM32 系列是目前最主流的 ARM 系列单片机。

5.1.1 单片机概述

单片机是一种广泛应用的微处理器。单片机种类繁多，价格低，功能强大，同时扩展性也强，它包含了计算机的三大组成部分：CPU、存储器和 I/O 接口等部件。由于它是在一个芯片上，形成芯片级的微型计算机，称为单片微型计算机(Single Chip Microcomputer)，简称单片机(见图 5.1.1)。

图 5.1.1 常见的单片机

单片机系统结构均采用冯·诺依曼提出的“存储程序”思想，即程序和数据都被存放在内存中的工作方式，用二进制代替十进制进行运算和存储程序。人们将计算机要处理的数据和运算方法、步骤，事先按计算机要执行的操作命令和有关原始数据编制成程序(二进制代码)，存放在计算机内部的存储器中，计算机在运行时能够自动地、连续地从存储器中取出并执行，不需人工加以干预。

1) 单片机的组成

单片机是中央处理器，将运算器和控制器集成在一个芯片上。它主要由以下几个部分组成：运算器(实现算术运算或逻辑运算)，包括算术逻辑单元 ALU、累加器 A、暂存寄存器 TR、标志寄存器 F 或 PSW、通用寄存器 GR；控制器(中枢部件)，控制计算机中的各个部件工作，包括指令寄存器 IR、指令译码器 ID、程序计数器 PC、定时与控制电路；存储器(记忆，由存储单元组成)，包括 ROM、RAM；总线 BUS(在微型计算机各个芯片之间或芯片内部之间传输信息的一组公共通信线)，包括数据总线 DB(双向，宽度决定了微机的位数)；地址总线 AB(单向，决定 CPU 的寻址范围)；控制总线 CB(单向)。I/O 接口(数据输入输出)，包括输入接口、输出接口(见图 5.1.2)。

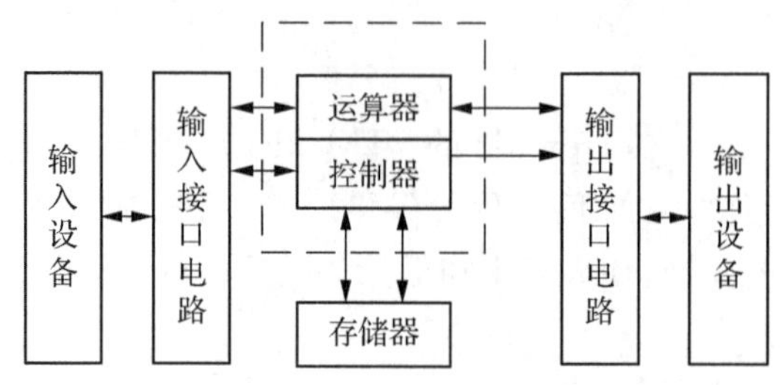

图 5.1.2　单片机的组成

单片机能够一次处理的数据的宽度有：1 位、4 位、8 位、16 位、32 位。典型的 8 位单片机是 MCS-51 系列；16 位单片机是 AVR 系列；32 位单片机是 ARM 系列。

2) 单片机主要技术指标

字长：CPU 能并行处理二进制的数据位数有 8 位、16 位、32 位和 64 位；内存容量：存储单元能容纳的二进制数的位数；容量单位：1 KB、8 KB、64 KB、1 MB、16 MB、64 MB；运算速度：CPU 处理速度；时钟频率、主频、每秒运算次数有 6 MHz、12 MHz、24 MHz、100 MHz、300 MHz；内存存取时间：内存读写速度 50 ns、70 ns、200 ns。

5.1.2　认识 STM32 单片机

STM32 系列单片机是典型的 32 位单片机，其功能在 MCS-51 系列单片机基础上，增加了很多附加功能。它的组成、引脚、基本功能等与其他单片机类似，但是它的系统架构和时钟源比 MCS-51 单片机强大很多，用法也相对复杂很多，具体用法将在下面几节介绍。下面主要仅从以系统架构和时钟源这两个区别于其他单片机的角度讲解 STM32 单片机。

1) 系统架构

STM32 系统架构的知识在《STM32 中文参考手册》有讲解，具体内容可以查看中文手册。如果需要详细深入地了解 STM32 的系统架构，还需要在网上搜索其他资料学习。这里所讲的 STM32 系统架构主要针对 STM32F103 芯片。首先看看 STM32 的系统架构，如图 5.1.3 所示。

STM32 主系统由 4 个驱动单元和 4 个被动单元构成。4 个驱动单元是：内核 DCode 总线、系统总线、通用 DMA1、通用 DMA2；4 个被动单元是：AHB 到 APB 的桥，它连接所有的 APB 设备、内部 FlASH 闪存、内部 SRAM、FSMC。

下面具体讲解一下图中几个总线的知识。ICode 总线：该总线将 M3 内核指令总线和闪存指令接口相连，指令的预取在该总线上面完成；DCode 总线：该总线将 M3 内核的 DCode 总线与闪存存储器的数据接口相连接，常量加载和调试访问在该总线上面完成；系统总线：该总线连接 M3 内核的系统总线到总线矩阵，总线矩阵协调内核和 DMA 间访问；DMA 总线：该总线将 DMA 的 AHB 主控接口与总线矩阵相连，总线矩阵协调 CPU 的 DCode 和

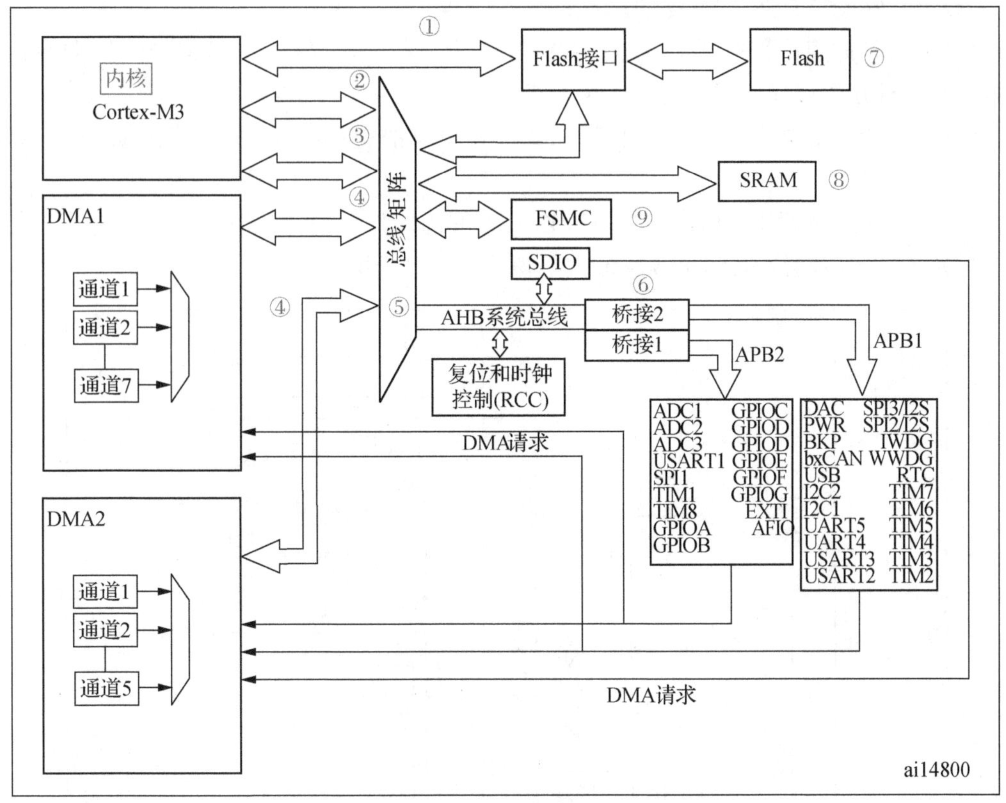

图 5.1.3 系统架构图

DMA 到 SRAM，闪存和外设的访问；总线矩阵：总线矩阵协调内核系统总线和 DMA 主控总线之间的访问仲裁，仲裁利用轮换算法；AHB/APB 桥：这两个桥在 AHB 和 2 个 APB 总线间提供同步连接，APB1 操作速度限于 36 MHz，APB2 操作速度为全速。

2）STM32 时钟系统

众所周知，时钟系统是 CPU 的脉搏，就像人的心跳一样。所以时钟系统的重要性就不言而喻了。STM32 的时钟系统比较复杂，不像简单的 MCS-51 单片机一个系统时钟就可以解决一切。肯定有人会问，采用一个系统时钟不是挺简单吗？为什么 STM32 要有很多个时钟源呢？那是因为首先 STM32 本身非常复杂，外设非常多，但是并不是所有外设都需要有系统时钟那么高的频率，比如看门狗等，通常只需要几十 kHz 的时钟即可。同一个电路，时钟越快功耗越大，同时抗电磁干扰的能力也会越弱，所以对于复杂的 MCU 通常都是采取多个时钟源的方法来解决类似的问题。

在 STM32 中，有 5 个时钟源，分别为 HSI、LSI、HSE、LSE、PLL。时钟树如图 5.1.4 所示。按时钟频率来分可以分为高速时钟源和低速时钟源，在这 5 个中，HIS、HSE 以及 PLL 是高速时钟，LSI 和 LSE 是低速时钟。按来源可分为外部时钟源和内部时钟源，外部时钟源就是从外部通过接晶振的方式获取时钟源，其中 HSE 和 LSE 是外部时钟源，其他的是内部时钟源。下面看看 STM32 的 5 个时钟源：

(1) HSI 是高速内部时钟，RC 振荡器，频率为 8 MHz；

(2) HSE 是高速外部时钟，可接石英/陶瓷谐振器，或者接外部时钟源，频率范围为 4～

16 MHz。开发板接的是 8 MHz 的晶振；

(3) LSI 是低速内部时钟，RC 振荡器，频率为 40 kHz。独立看门狗的时钟源只能是 LSI，同时 LSI 还可以作为 RTC 的时钟源；

(4) LSE 是低速外部时钟，接频率为 32.768 kHz 的石英晶体。这个主要是 RTC 的时钟源；

(5) PLL 为锁相环倍频输出，其时钟输入源可选择为 HSI/2、HSE 或者 HSE/2。倍频可选择为 2～16 倍，但是其输出频率最大不得超过 72 MHz。

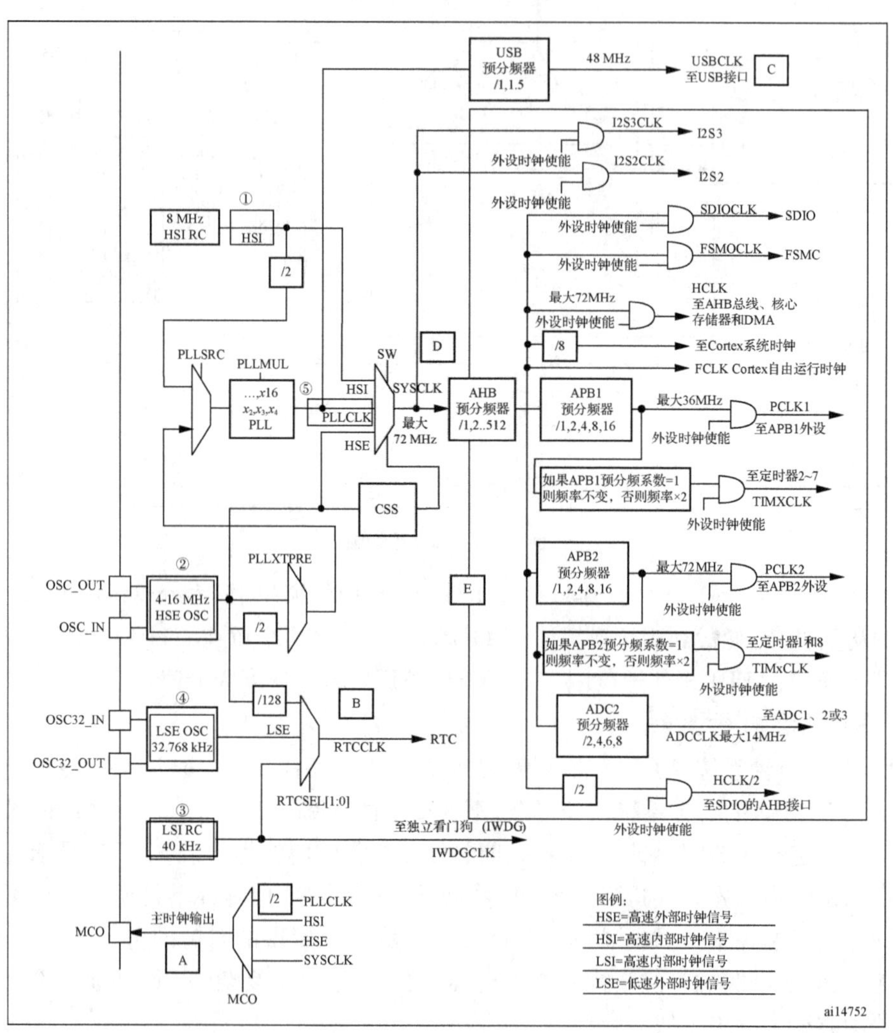

图 5.1.4　STM32 时钟树

图 5.1.5 是基于 ARMCortex-M3 内核的 STM32F103xx 单片机引脚定义图，这是一个标准的 144 引脚 LQFP 封装的芯片。LQFP 也就是薄型 QFP，是指封装本体厚度为 1.4 mm 的 QFP。QFP 封装的中文含义叫方型扁平式封装技术，该技术实现的 CPU 芯片引脚之间距离很小，引脚很细，一般大规模或超大规模集成电路采用这种封装形式，其引脚数一般都在 100 以上。图 5.1.5 为该单片机的引脚定义图。

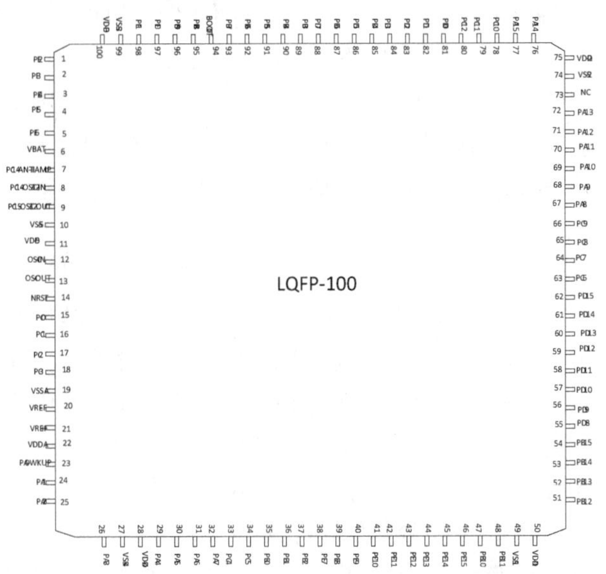

图 5.1.5　基于 ARM Cortex-M3 内核的 STM32F103xx 单片机引脚定义图

3）认识封装

封装就是指把硅片上的电路管脚用导线接引到外部接头处，以便与其他元器件连接。封装形式是指安装半导体集成电路芯片用的外壳。它不仅起着安装、固定、密封、保护芯片及增强电热性能等方面的作用，而且还通过芯片上的接点用导线连接到封装外壳的引脚上，这些引脚又通过印制电路板上的导线与其他元器件相连接，从而实现内部芯片与外部电路的连接。芯片内部必须与外界隔离，以防止空气中的杂质对芯片电路的腐蚀而造成电气性能下降。另外，封装后的芯片也更便于安装和运输。由于封装技术的好坏还直接影响到芯片自身性能的发挥和与之连接的 PCB(Printed Circuit board，印制电路板）的设计和制造，因此它是至关重要的。

封装主要分为 DIP(Dual In-line Package，双列直插式封装）和 SMD(Surface Mounted Devices，表面贴装元器件封装）两种。其中，SMD 是 SMT(Surface Mounted Technology，表面贴片技术）元器件中的一种。当代集成电路的装配方式从通孔插装(Plating Through Hole，PTH)逐渐发展到表面组装(SMT)。从结构方面，封装经历了最早期的晶体管 TO(如 TO89、TO92)封装发展到了双列直插封装，随后由 PHLP 公司开发出了 SOP 小外形封装；从材料介质方面，封装包括金属封装、陶瓷封装、塑料封装等。目前很多高强度工作条件需求的电路(如军工和宇航级别)仍用大量的金属封装。

几种常用封装：

TO：Transistor Out-line，晶体管外形封装。这是早期的封装规格，如 TO92、TO220 等都是插入式封装设计。

SIP：Single In-line Package，单列直插式封装。引脚从封装一个侧面引出，排列成一条直线。当装配到印制基板上时封装呈侧立状。例如单排针座和单排孔座。

DIP：Dual In-line Package，双列直插式封装，引脚从封装两侧引出，封装材料有塑料和陶瓷两种。DIP 是最普及的插装型封装，应用范围包括标准逻辑 IC、存储器等。

PLCC：Plastic Leaded Chip Carrier，带引线的塑料芯片载体。表面贴装型封装之一。

QFP：Quad Flat Package，四侧引脚扁平封装，表面贴装型封装之一，引脚从四个侧面引出呈海鸥翼(L)型。基材有陶瓷、金属和塑料三种。QFP 的缺点是，当引脚中心距小于 0.65 mm 时，引脚容易弯曲。为了防止引脚变形，出现了几种改进的 QFP 品种，如 BQFP(Quad Flat Package with Bumper)，带缓冲垫的四侧引脚扁平封装，在封装本体的四个角设置突起(缓冲垫)以防止在运送过程中引脚发生弯曲变形。

QFN(Quad Flat Non-leaded Package)，四侧无引脚扁平封装，表面贴装型封装之一。现在多称为 LCC。QFN 是日本电子机械工业会规定的名称，封装四侧配置有电极触点，由于无引脚，贴装占有面积比 QFP 小，高度比 QFP 低。但是，当印刷基板与封装之间产生应力时，在电极接触处就不能得到缓解。因此电极触点难于做到 QFP 的引脚那样多，一般为 14～100。材料有陶瓷和塑料两种。当有 LCC 标记时基本上都是陶瓷 QFN。

BGA：Ball Grid Array，球形触点阵列，表面贴装型封装之一。

SOP：Small Out-line Package，小外形封装，是从 SMT 技术衍生出的，表面贴装型封装之一。引脚从封装两侧引出呈海鸥翼状(L 字形)，材料有塑料和陶瓷两种。SOP 封装的应用范围很广，后来逐渐派生出 SOJ(Small Out-line J-lead，J 型引脚小外形封装)、TSOP(ThinSOP，薄小外形封装)、VSOP(Very SOP，甚小外形封装)、SSOP(Shrink SOP，缩小型 SOP)、TSSOP(Thin Shrink SOP，薄的缩小型 SOP)及 SOT(Small Out-line Transistor，小外形晶体管)、SOIC(Small Out-line Integrated Circuit，小外形集成电路)等，在集成电路中都起到了举足轻重的作用。

CSP(Chip Scale Package)，是芯片级封装的意思。CSP 封装是最新一代的内存芯片封装技术，可以让芯片面积与封装面积之比超过 1∶1.14，已经相当接近 1∶1 的理想情况，绝对尺寸也仅有 32 mm^2，约为普通的 BGA 的 1/3，仅仅相当于 TSOP 内存芯片面积的 1/6。CSP 封装线路阻抗显著减小，芯片速度随之大幅度提高，而且芯片的抗干扰、抗噪性能也能得到大幅提升，这也使得 CSP 的存取时间比 BGA 改善 15%～20%。CSP 技术是在电子产品的更新换代时提出来的，它的目的是在使用大芯片替代以前的小芯片时，其封装体占用印刷板的面积保持不变或更小。正是由于 CSP 产品的封装体小、薄，因此它在手持式移动电子设备中迅速获得了应用。

4) STM32F103 命名说明

对于 STM32F103xxyy 系列，第一个 x 代表引脚数：T 代表 36 引脚，C 代表 48 引脚，R 代表 64 引脚，V 代表 100 引脚，Z 代表 144 引脚；第二个 x 代表内嵌的 Flash 容量：6 代表 32 KB，8 代表 64 KB，B 代表 128 KB，C 代表 256 KB，D 代表 384 KB，E 代表 512 KB。第一个 y 代表封装：H 代表封装，T 代表 LQFP 封装，U 代表 QFN 封装；第二个 y 代表工作温度范围：6 代表－40～85 ℃，7 代表－40～105 ℃。现在明白 F103VB、VC、VE 等的含义了，这种组合不是任意的，如没有 STMF32F103TC 等。

STM32F103 系列微控制器随着后缀的不同，引脚数量也不同，有 36、48、64、100、144 引脚。STM32F103Vx 系列共有 100 根引脚，其中 80 根是 I/O 端口引脚，而 STM32F103Rx 系列有 64 根引脚，其中 51 根是 I/O 端口引脚。这些 I/O 引脚中的部分 I/O 口可以复用，将它配置成输入、输出、模数转换口或者串口等。

5.2 STM32 单片机教学开发板的使用

学习 STM32 单片机教学开发板，实际上就是在 KEIL MDK 开发编译环境中对 CPU 进行编程，以此来实现用 STM32 单片机驱动外围设备工作。需要有一点电工基础、数字电路和软件编程的基础知识。其中软件编程是面向硬件的编程，软硬件结合，编写的程序要能够符合硬件的电气逻辑关系，满足电气连接要求。

本书所使用的教学开发板为德飞莱的开发板，如图 5.2.1 所示。本章对 STM32 单片机教学开发板的介绍均基于这款开发板及相关配套软件介绍。

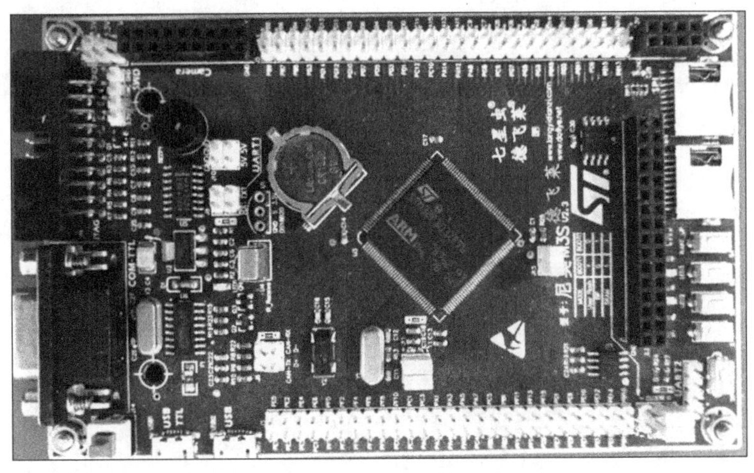

图 5.2.1 单片机开发板

在本课程的学习中，使用上图中 STM32 单片机教学开发板将反复用到几款软件：KEIL MDK 集成开发环境、下载软件、串口调试软件等。集成开发环境允许你在电脑上编写程序，并编译生成可执行文件，然后下载到单片机上；串口调试软件则是让你实现单片机和电脑的通信，让你知道单片机在干什么，观察执行的结果。

1) Keil MDK 集成开发环境

Keil MDK，也称 MDK-ARM。MDK-ARM 软件为基于 Cortex-M3、Cortex-M4、ARM7、ARM9 处理器的设备提供了一个完整的开发环境(见图 5.2.2)。MDK-ARM 专为微控制器应用而设计，不仅易学易用，而且功能非常强大，能够满足大多数要求严格的嵌入式应用。MDK-ARM 有 4 个可用版本，分别是 MDK-Lite、MDK-Basic、MDK-Standard、MDK-Professional。所有版本都提供一个完善的 C/C++开发环境，最终可以在开发环境中编译生成单片机识别的可执行文件。

2) 串口下载软件

STM32 单片机开发板下载程序的方法有串口程序下载和利用 JLINK 进行下载。在硬件上，你的计算机至少要有串口或者 USB 口来实现与单片机教学开发板的串口连接。串口下载软件如图 5.2.3 所示。

图 5.2.2　Keil MDK 集成开发环境

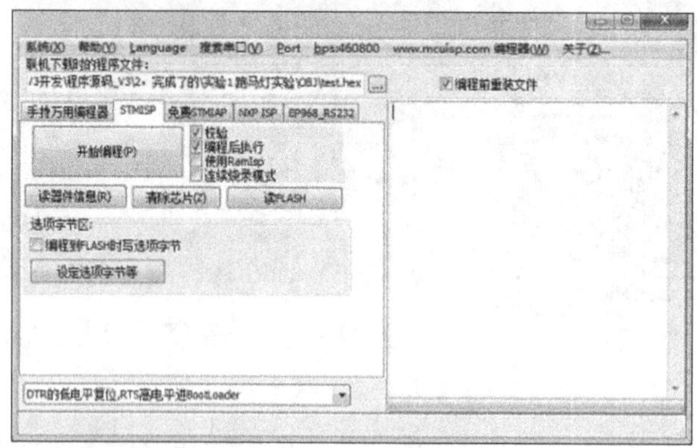

图 5.2.3　串口下载软件

3) 串口调试软件

串口调试助手(见图 5.2.4)是用来显示单片机与计算机的交互信息。此软件是一款通

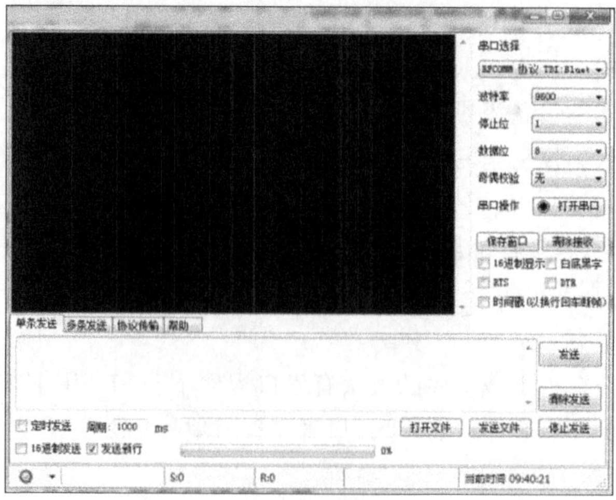

图 5.2.4　串口调试助手

过电脑串口(包括 USB 口)收发数据并且显示的应用软件,一般用于电脑与嵌入式系统的通讯。该软件不仅可以用来调试串口通信或者系统的运行状态,还可以用于采集其他系统的数据,用于观察系统的运行情况。

5.2.1 Keil MDK 开发环境的安装

本部分通过具体步骤讲解如何安装和使用 Keil MDK 编程开发环境,并用 C 语言开发一个简单的点亮二极管的程序。具体任务包括:

(1) 安装开发编译环境;

(2) 运用 C 语言编写程序,编译生成可执行文件;

(3) 将可执行文件下载到单片机上,观察执行结果。

在本书的附件资料中,包含软件安装包,包括某个版本的 MDK 安装包、串口调试助手、STM32 库文件和本书例程的源码,如图 5.2.5 所示。

Keil.STM32F1xx_DFP.1.0.5　keygen　keygen　mdk514　安装过程　破解软件设置界面　注册成功界面

图 5.2.5 安装包

软件具体的安装过程如下:

(1) 安装 MDK_ARM V5.14

① 右键点击以管理员身份安装(见图 5.2.6)。

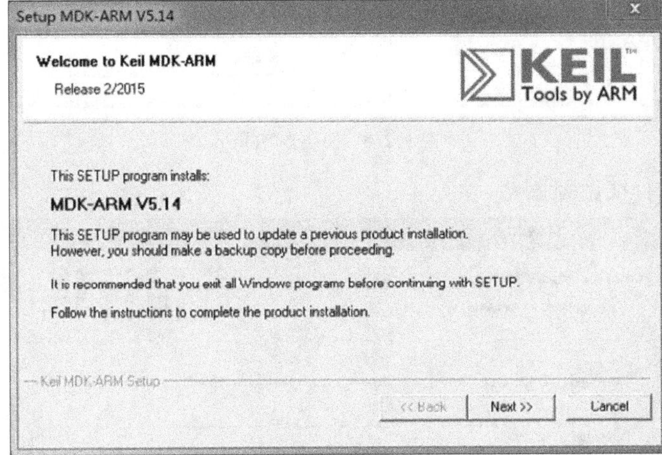

图 5.2.6 安装步骤①

② 点击"Next"(见图 5.2.7)。

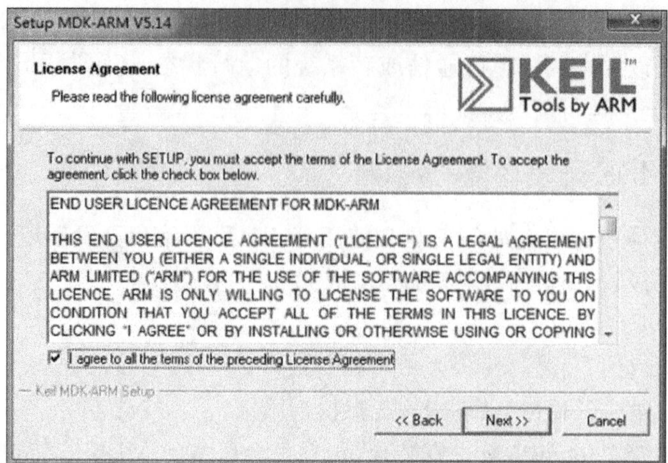

图 5.2.7　安装步骤②

③ 选择安装的地址(见图 5.2.8)。

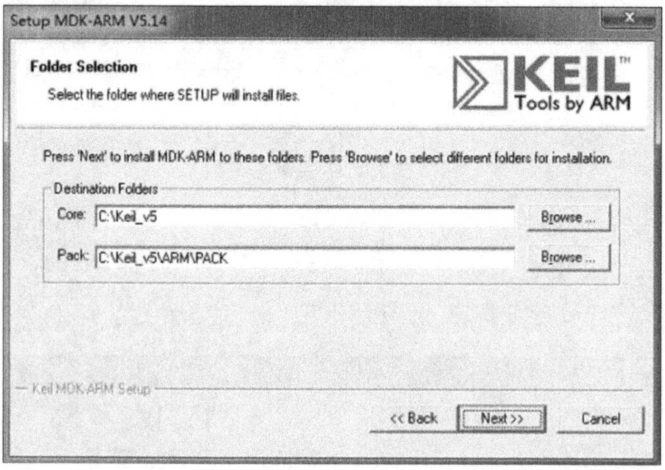

图 5.2.8　安装步骤③

④ 填入个人信息(见图 5.2.9)。

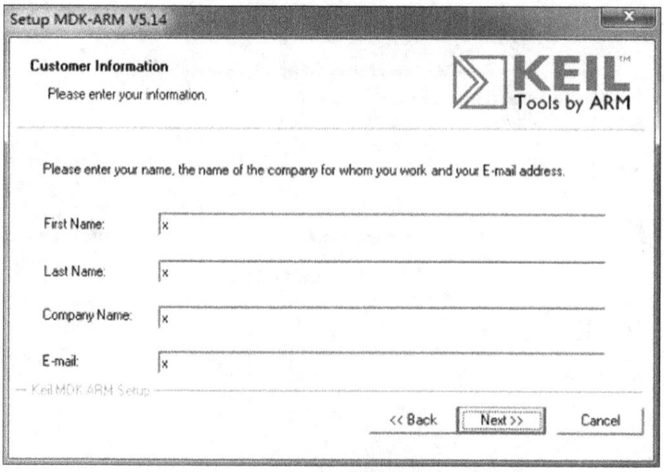

图 5.2.9　安装步骤④

⑤ 点击“Next”(见图 5.2.10)。

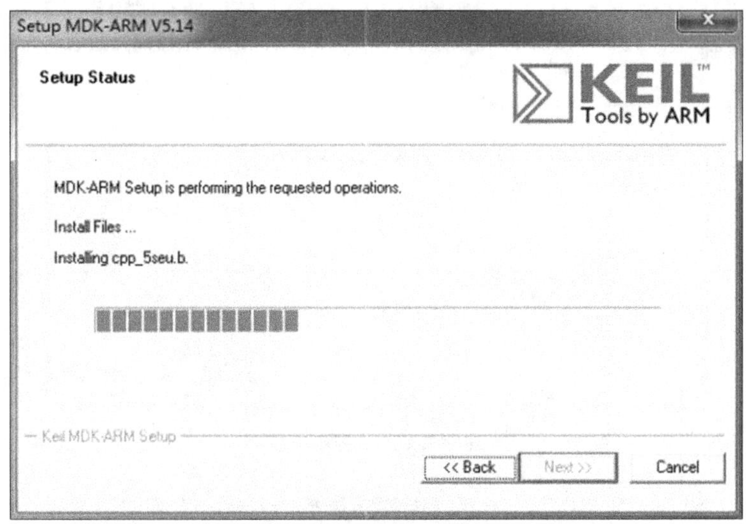

图 5.2.10　安装步骤⑤

⑥ 继续安装直到结束(见图 5.2.11)。

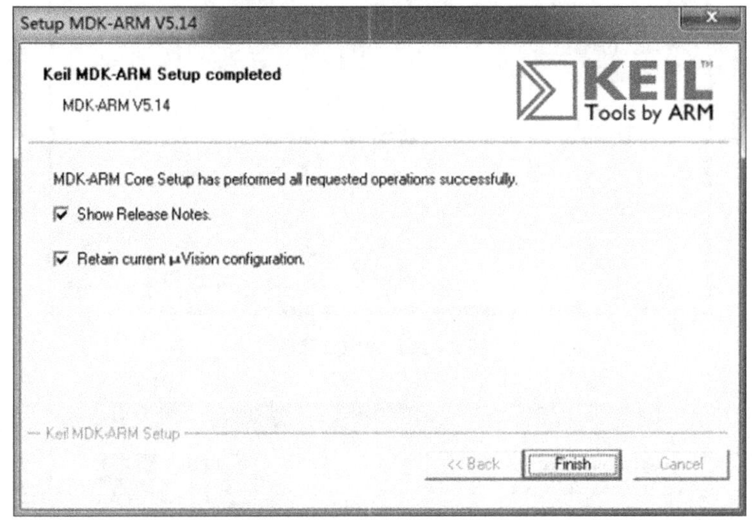

图 5.2.11　安装步骤⑥

(2) 安装 Keil. STM32F1xx_DFP. 1. 0. 5.

① 右键点击开始,出现安装界面(见图 5.2.12)。

② 点击“Next”,出现图 5.2.13 所示界面。

③ 继续安装直到结束(见图 5.2.14)。

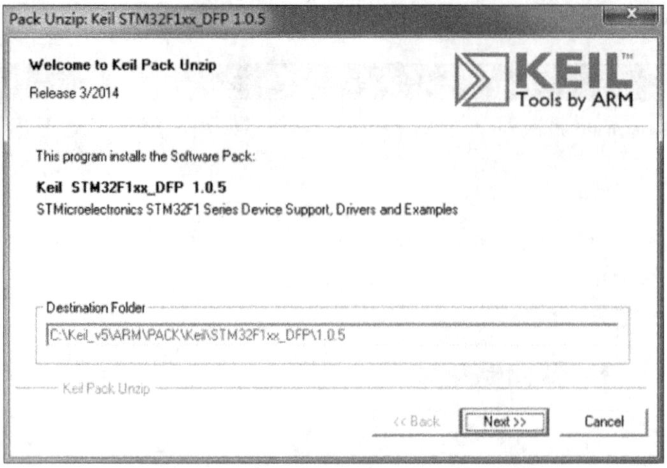

Pack Unzip: Keil STM32F1xx_DFP 1.0.5
Welcome to Keil Pack Unzip
Release 3/2014
KEIL
Tools by ARM
This program installs the Software Pack:
Keil STM32F1xx_DFP 1.0.5
STMicroelectronics STM32F1 Series Device Support, Drivers and Examples
Destination Folder
C:\Keil_v5\ARM\PACK\Keil\STM32F1xx_DFP\1.0.5
Keil Pack Unzip
<< Back
Next >>
Cancel

图 5.2.12　安装步骤①

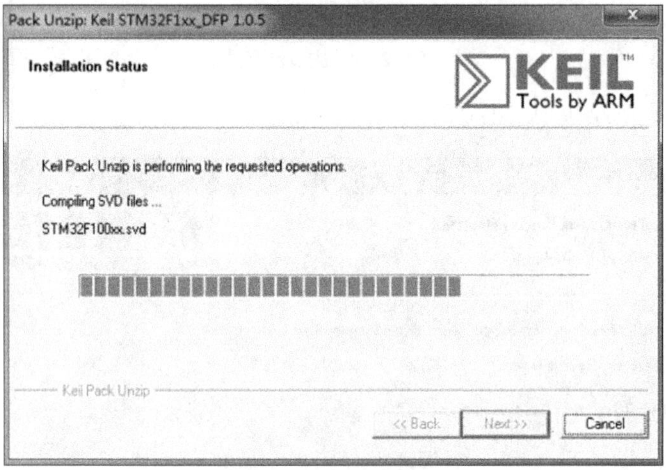

Pack Unzip: Keil STM32F1xx_DFP 1.0.5
Installation Status
KEIL
Tools by ARM
Keil Pack Unzip is performing the requested operations.
Compiling SVD files ...
STM32F100xx.svd
Keil Pack Unzip
<< Back
Next >>
Cancel

图 5.2.13　安装步骤②

Pack Unzip: Keil STM32F1xx_DFP 1.0.5
Keil Pack Unzip completed
Keil STM32F1xx_DFP 1.0.5
KEIL
Tools by ARM
Keil Pack Unzip has performed all requested operations successfully.
Keil Pack Unzip
<< Back
Finish
Cancel

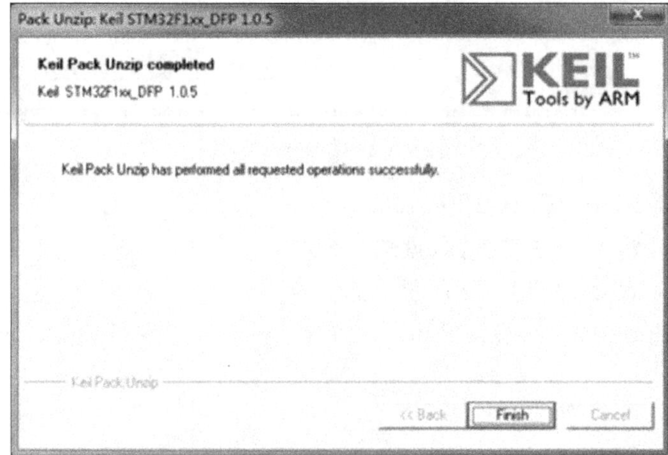

图 5.2.14　安装步骤③

(3) 破解

① 打开KEIL软件(见图5.2.15)。

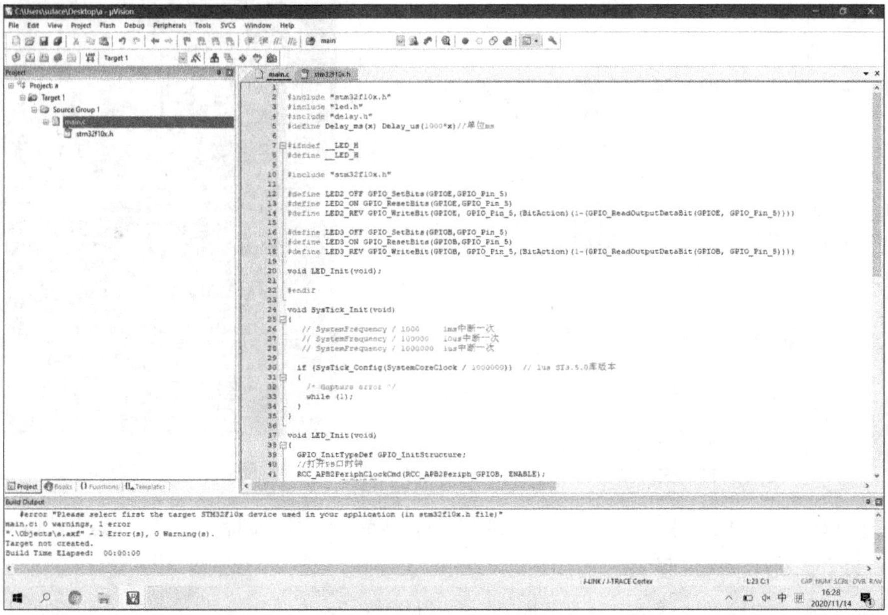

图5.2.15 安装步骤①

② 点击“File”下的“License”(见图5.2.16)。

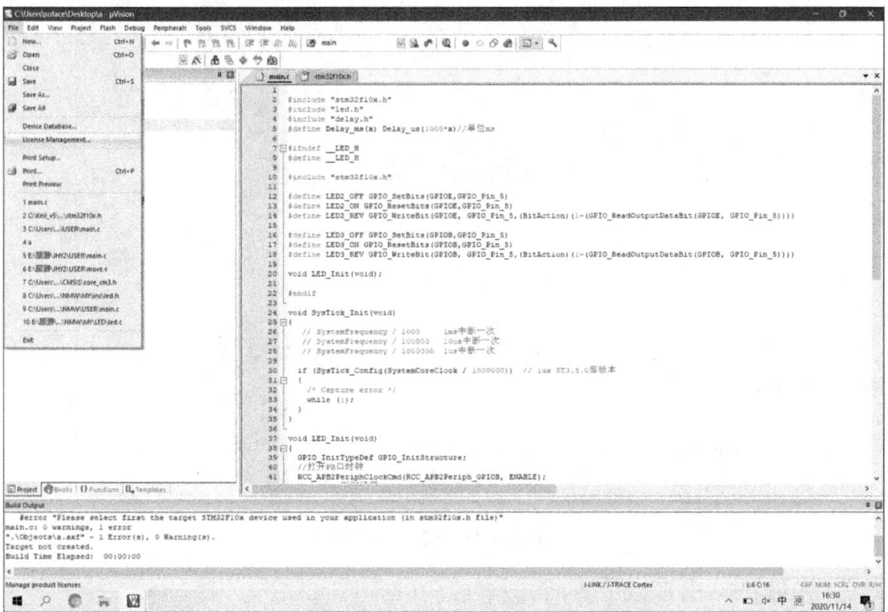

图5.2.16 安装步骤②

③ 复制界面中的 CID 号码(见图 5.2.17)。

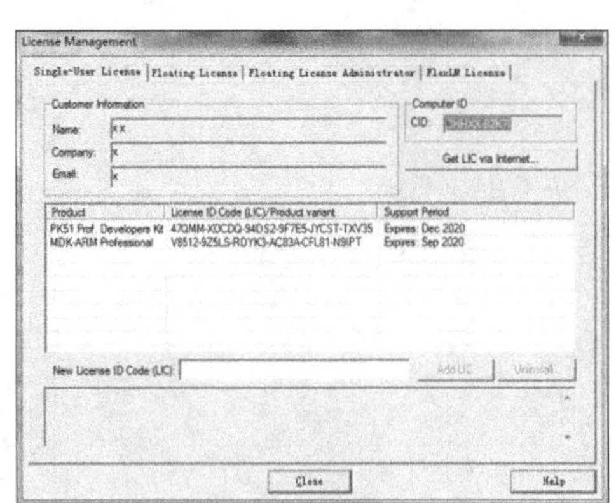

图 5.2.17　安装步骤③

图 5.2.18　安装步骤④

④ 打开破解软件:在界面中输入 CID 号码,“Target”中选择“ARM”,点击“Generate”,产生序列号,复制序列号(见图 5.2.18)。

⑤ 将复制好的序列号粘贴至 KEIL 软件(见图 5.2.19)。

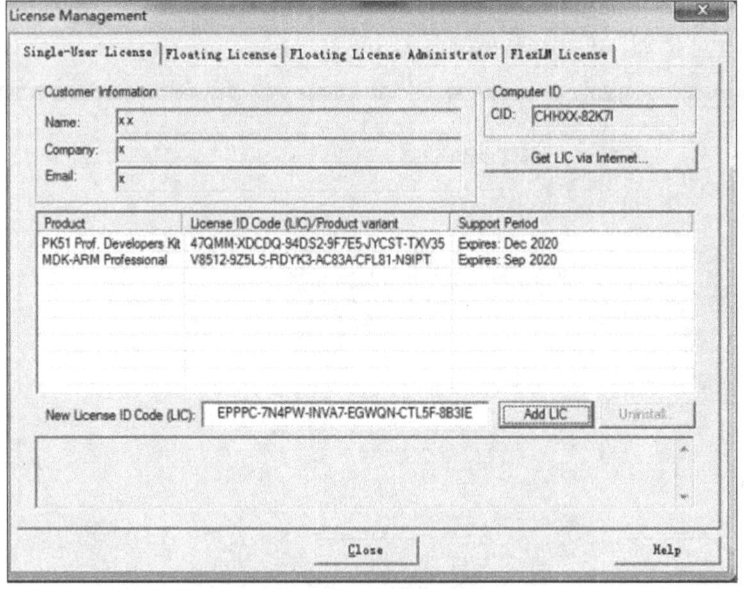

图 5.2.19　安装步骤⑤

⑥ 点击“Add lic”,出现以下界面,破解成功(见图 5.2.20)。

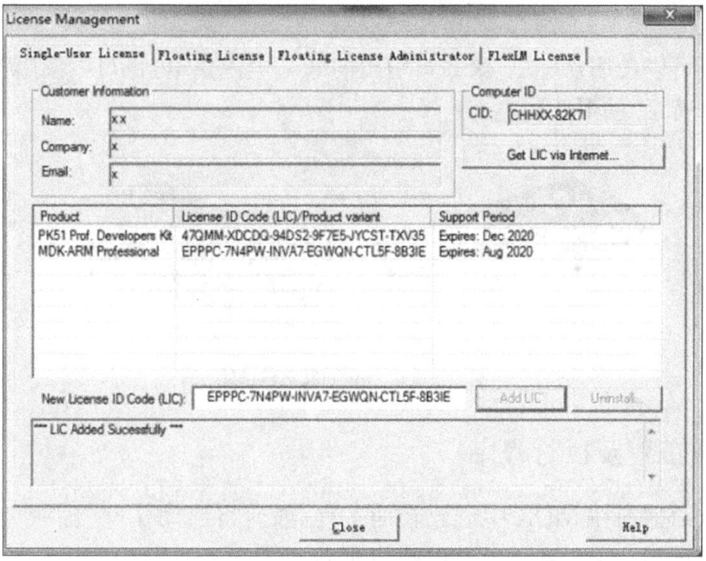

License Management

Single-User License | Floating License | Floating License Administrator | FlexLM License

Customer Information

Name: xx

Company: x

Email: x

Computer ID

CID: CHHXX-82K7I

Get LIC via Internet...

Product	License ID Code (LIC)/Product variant	Support Period
PK51 Prof. Developers Kit	47QMM-XDCDQ-94DS2-9F7E5-JYCST-TXV35	Expires: Dec 2020
MDK-ARM Professional	EPPPC-7N4PW-INVA7-EGWQN-CTL5F-8B3IE	Expires: Aug 2020

New License ID Code (LIC): EPPPC-7N4PW-INVA7-EGWQN-CTL5F-8B3IE Add LIC Uninstall...

*** LIC Added Sucessfully ***

Close Help

图 5.2.20 安装步骤⑥

5.2.2 硬件连接

基于 ARM Cortex-M3 的 STM32F103 ZET6 微控制器单片机教学开发板(或者说机器人大脑)需要连接电源以便运行,同时也需要连接到 PC 机或笔记本电脑以便编程和交互。以上接线完成后,就可以用编辑器软件来对系统进行开发与测试。下面将介绍如何完成上述硬件连接任务。

1) 基于 JLink 的 JTAG 下载线连接线套件

程序是通过连接到 PC 机或者笔记本电脑 USB 口的 JLink 来下载到教学开发板上的单片机内。图 5.2.21 所示为 JLink 下载工具。下载线一端通过 USB 线连接到 PC 机或者笔记本电脑的 USB 口上,而另一端连接到 JTAG 口,这里用的 USB 线一端是扁形(A 型),一端是方形(B 型)。扁形口接电脑,方形口接 JLink。

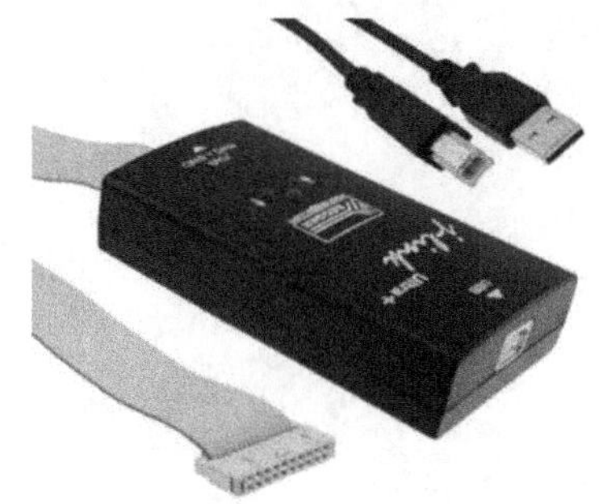

图 5.2.21 JLink 下载工具

图 5.2.22 USB 转串口模块

2) 串口线连接

STM32F103 微控制器单片机教学开发板通过 USB 转串口模块连接到 PC 机或笔记本电脑上以便与用户交互,如图 5.2.22 所示。将一端的串口连接到教学开发板上,而另一端连接到计算的 USB 口上,并安装对应的 USB 驱动程序。

3）电源的安装

教学开发板可以使用从电脑USB口引出的5 V电源供电，也可以使用锂电池加稳压模块（如图5.2.23所示）的形式供电。

图5.2.23　锂电池和稳压模块

5.2.3　创建工程及执行程序

本节简易介绍如何在MDK中创建新的工程，如何将启动文件、各种库函数、各种功能函数等添加到工程里，如何编译生成单片机可执行文件等，详细内容可参考《原子教你玩STM32》。

1）新建基于固件库的工程模板

新建工程的方法如下，详见（见图5.2.24～图5.2.51）。

(1) 点击“Project”，选择“New μVision Project...”

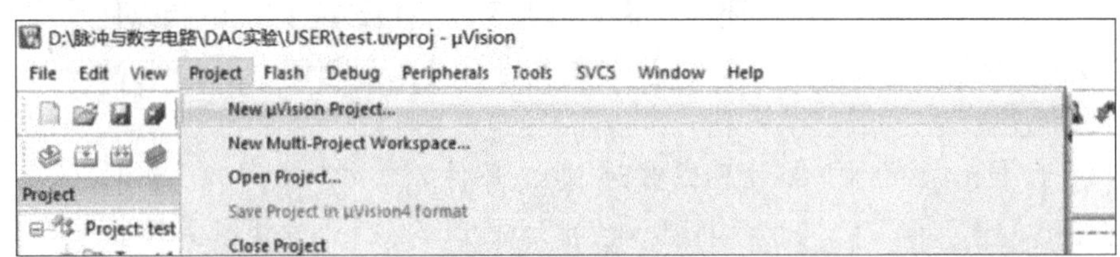

图5.2.24　新建工程1—新建项目

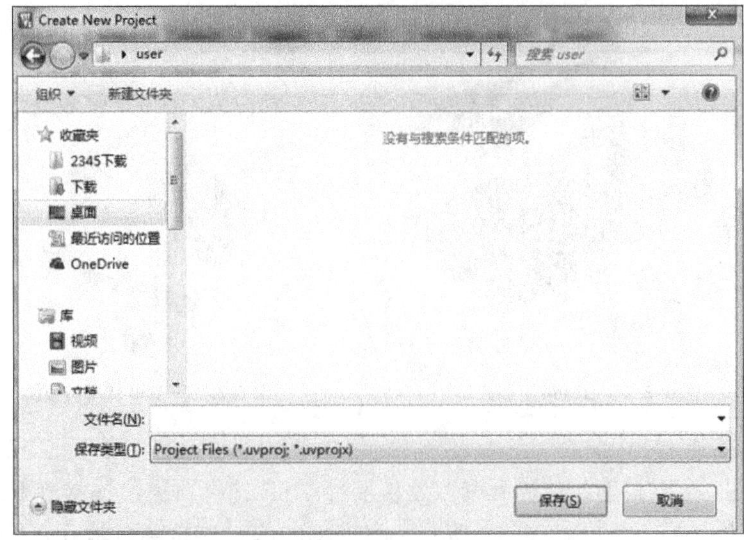

图5.2.25　新建工程2—定义文件名

(2) 接下来会出现一个选择 CPU 的界面，就是选择芯片的型号。因为所使用的 STM32 型号为 STM32F103ZET6，所以在这里选择相应的型号就可以了。特别注意：一定要安装对应的器件 pack 才会显示这些内容哦！点击“OK”，完成即可。到这里，还只是建了一个框架，还需要添加启动代码，以及 .c 文件等。现在看看 USER 目录下面包含 2 个文件夹和 2 个文件，如图 5.2.26 所示。

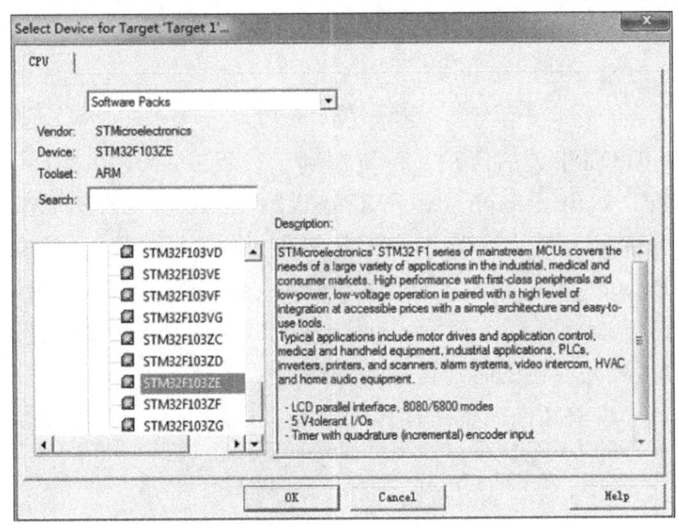

图 5.2.26　新建工程 3—选择芯片

这里说明一下，jqr.uvprojx 是工程文件，非常关键，不能轻易删除。Listings 和 Objects 文件夹是 MDK 自动生成的文件夹，用于存放编译过程产生的中间文件。这里，把两个文件夹删除，会在下一步骤中新建一个 OBJ 文件夹，用来存放编译中间文件。

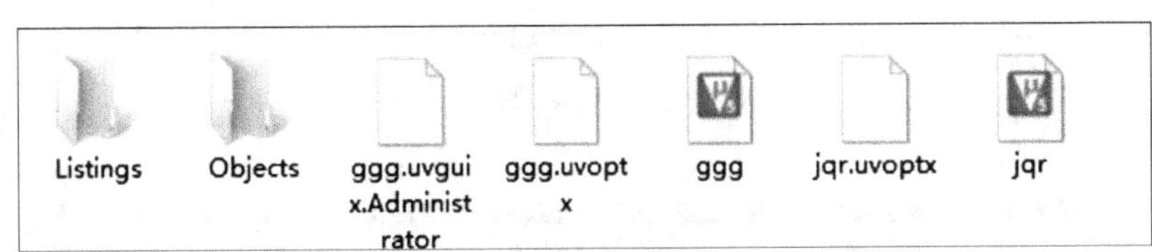

图 5.2.27　新建工程 4—工程文件夹界面

(3) 在“Template”工程目录下面，新建 3 个文件夹 CORE、OBJ 以及 STM32F10x_FWLib，如图 5.2.28 所示。CORE 用来存放核心文件和启动文件，OBJ 是用来存放编译过程文件以及 hex 文件，STM32F10x_FWLib 文件夹顾名思义用来存放 ST 官方提供的库函数源码文件。已有的 user 目录除了用来放工程文件外，还用来存放主函数文件 main.c，以及其他包括 system_stm32f10x.c 等等。

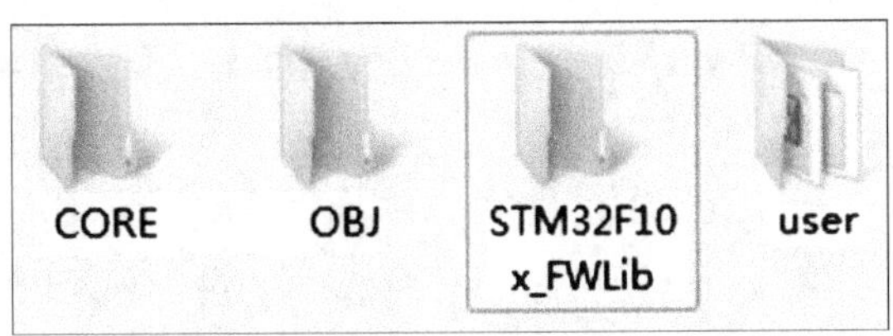

图 5.2.28　新建工程 5—新建核心文件夹

(4) 将官方的固件库包里的源码文件复制到工程目录文件夹下面。src 存放的是固件库的. c 文件,inc 存放的是对应的. h 文件,接下来打开这两个文件目录检查一下里面的文件,每个外设对应一个. c 文件和一个. h 头文件,如图 5. 2. 29 所示。

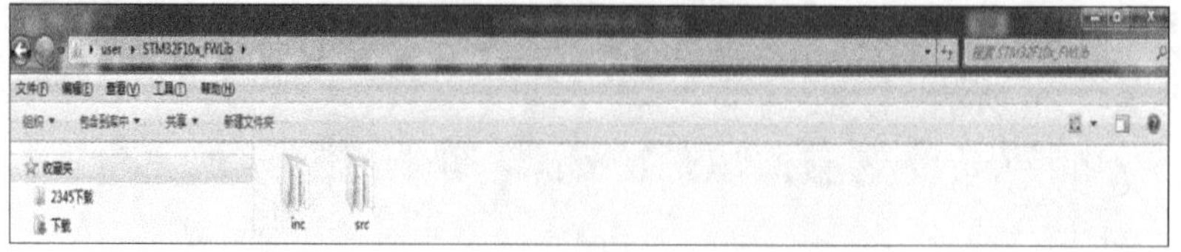

图 5. 2. 29 新建工程 6—官方库源码文件夹

(5) 将固件库包里面相关的启动文件复制到工程目录 CORE 之下。打开官方固件库包,定位到 STM32F10x_StdPeriph_Lib_V3. 5. 0\Libraries\CMSIS\CM3\CoreSupport 下面,将文件 core_cm3. c 和文件 core_cm3. h 复制到 CORE 下面去。然后定位到目录 STM32F10x_StdPeriph_Lib_V3. 5. 0\Libraries\CMSIS\CM3\DeviceSupport\ST\STM32F10x\startup\arm 下面,将里面 startup_stm32f10x_hd. s 文件复制到 CORE 下面。这里之前已经解释了不同容量的芯片使用不同的启动文件,芯片 STM32F103ZET6 是大容量芯片,所以选择这个启动文件。现在看看 CORE 文件夹下面的文件(图 5. 2. 30):

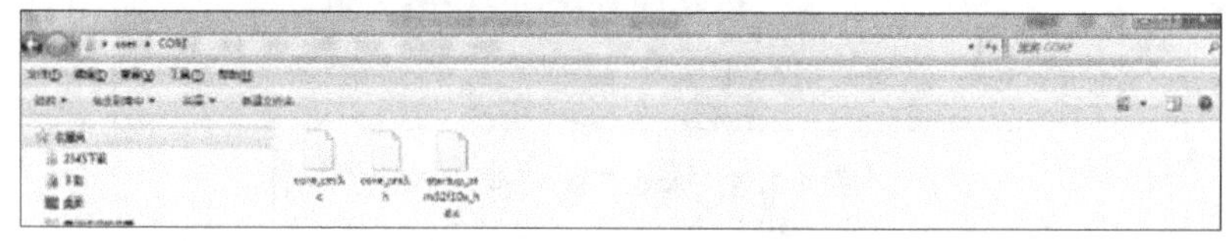

图 5. 2. 30 新建工程 7—启动文件夹

(6) 定位到目录 STM32F10x_StdPeriph_Lib_V3. 5. 0\Libraries\CMSIS\CM3\DeviceSupport\ST\STM32F10x 下面将路径内的 stm32f10x. h, system_stm32f10x. c, system_stm32f10x. h,复制到 USER 目录下。然后将 STM32F10x_StdPeriph_Lib_V3. 5. 0\Project\STM32F10x_StdPeriph_Template 下面的 4 个路径下 main. c, stm32f10x_conf. h, stm32f10x_it. c, stm32f10x_it. h 复制到 USER 目录下面,如图 5. 2. 31 所示。

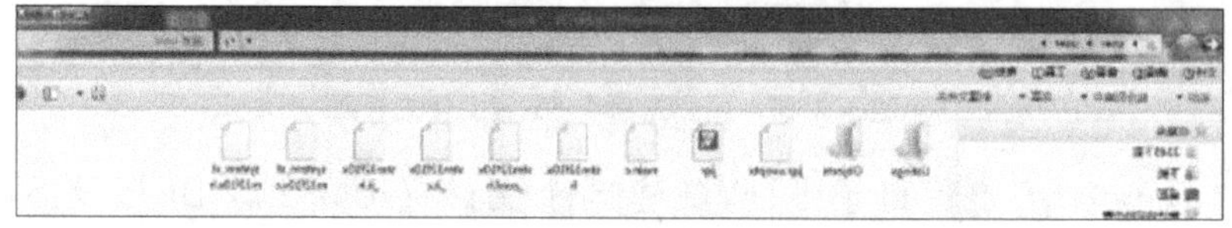

图 5. 2. 31 新建工程 8—USER 目录文件浏览

(7) 前面几个步骤,将需要的固件库相关文件复制到了的工程目录下面,下面将这些文件加入工程中去。右键点击"Target1",选择"Manage Components",如图 5. 2. 32 所示。

图 5. 2. 32 新建工程 9—Management Project Items

(8) 在“Project Targets”一栏，将“Target”名字修改为“jqr”，然后在“Groups”一栏删掉一个“SourceGroup1”，建立三个 Groups：USER、CORE、FWLIB。然后点击“OK”，可以看到 Target 名字以及 Groups 情况，如图 5. 2. 33、图 5. 2. 34 所示。

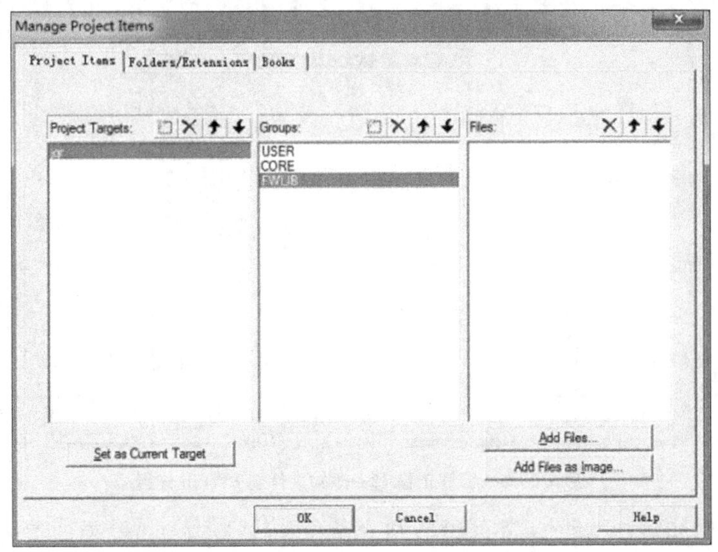

图 5. 2. 33　新建工程 10—新建分组

图 5. 2. 34　新建工程 11—工程主界面

(9) 往 Group 里面添加需要的文件。按照步骤 10 的方法，右键点击“Template”，选择“Manage Components”。然后选择需要添加文件的 Group，这里第一步选择 FWLIB，然后点击右边的“Add Files”(图 5. 2. 35)，定位到刚才建立的目录 STM32F10x_FWLib/src 下面，将里面所有的文件选中(Ctrl+A)，然后点击“Add”，然后点击“Close”。可以看到“Files”列表下面包含添加的文件。这里需要说明一下，对于写代码，如果只用到了其中的某个外设，就可以不用添加没有用到的外设的库文件。例如只用 GPIO，可以只用添加 stm32f10x_gpio. c，而其他的可以不用添加。这里全部添加进来是为了后面方便，不用每次添加，当然这样的坏处是工程太大，编译起来速度慢，用户可以自行选择。

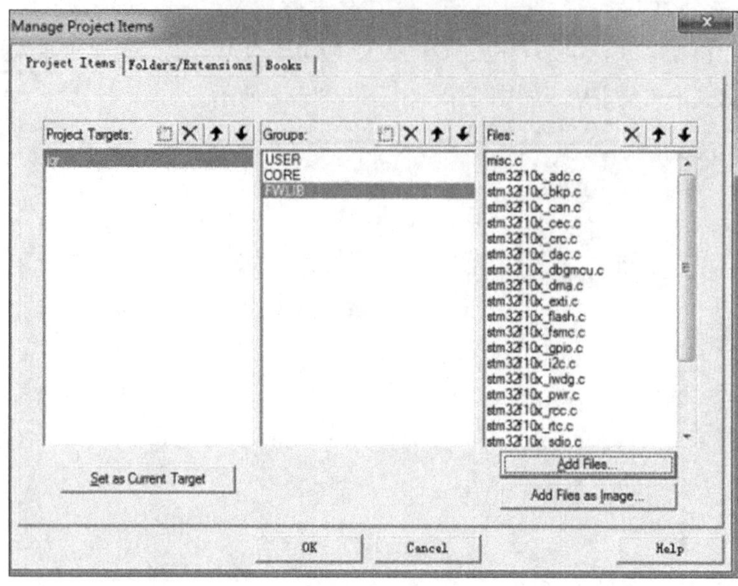

图 5.2.35　新建工程 12—添加文件到 FWLib 分组

(10) 用同样的方法,将 Groups 定位到 CORE 和 USER 下面,添加需要的文件。这里 CORE 下面需要添加的文件为 core_cm3.c,startup_stm32f10x_hd.s(注意,默认添加的时候文件类型为.c,也就是添加 startup_stm32f10x_hd.s 启动文件的时候,需要选择文件类型为 All files 才能看得到这个文件),USER 目录下面需要添加的文件为 main.c,stm32f10x_it.c,system_stm32f10x.c.这样需要添加的文件已经添加到工程中了,最后点击“OK”,回到工程主界面,如图 5.2.36、图 5.2.37、图 5.2.38 所示。

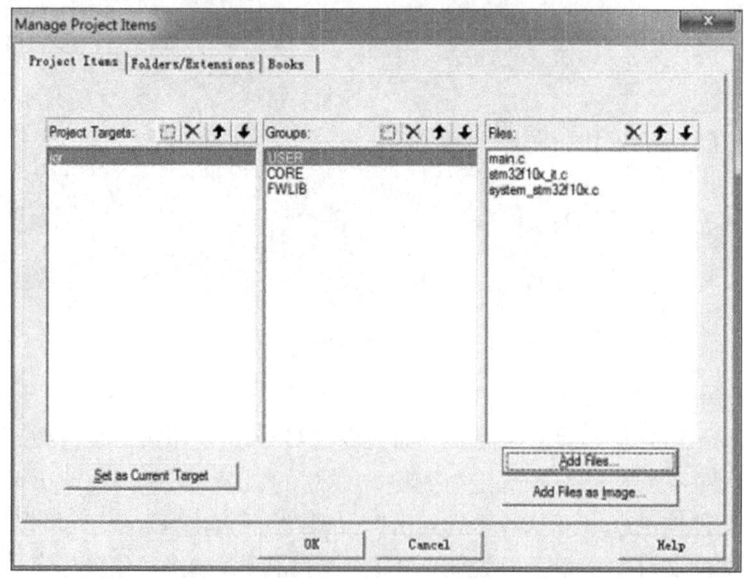

图 5.2.36　新建工程 13—添加文件到 USER 分组

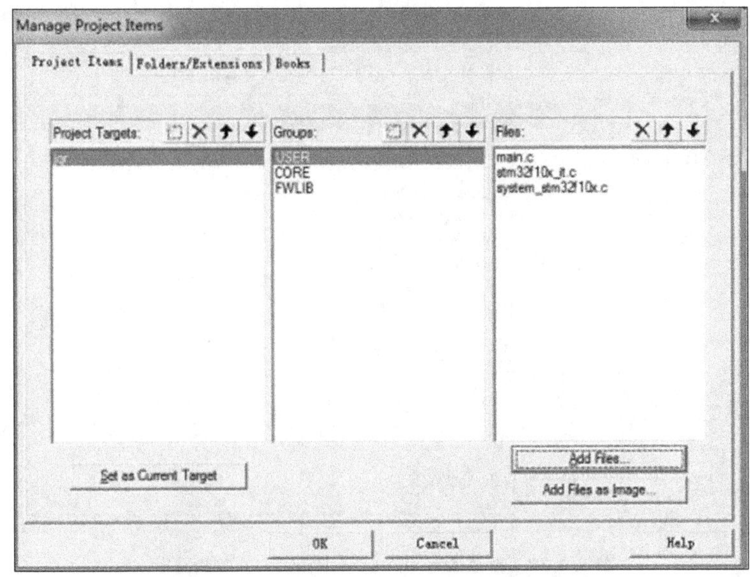

图 5.2.37 新建工程 14—添加文件到 CORE 分组

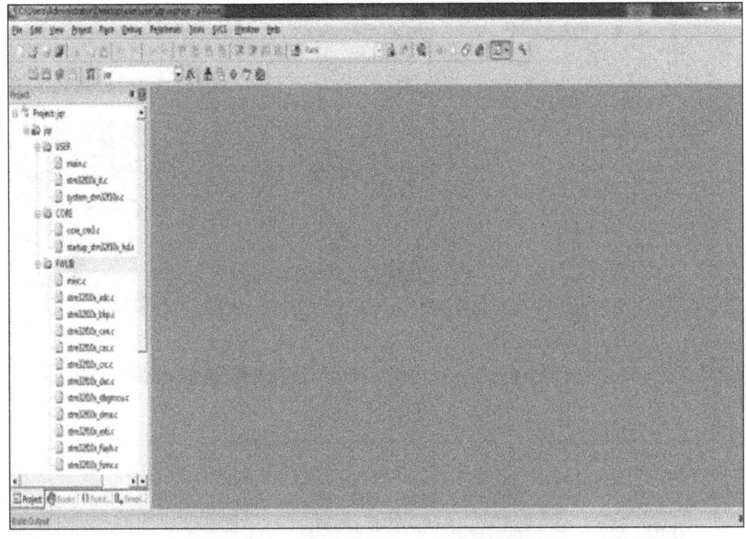

图 5.2.38 新建工程 15—工程结构

(11) 接下来要编译工程,在编译之前首先要选择编译中间文件编译后存放目录。方法是点击锤子按钮,然后选择“Output”选项下面的“Select folder for objects…”,再选择目录为上面新建的 OBJ 目录,如图 5.2.39 所示。这里注意,如果不设置 Output 路径,那么默认的编译中间文件存放目录就是 MDK 自动生成的 Objects 目录和 Listings 目录。

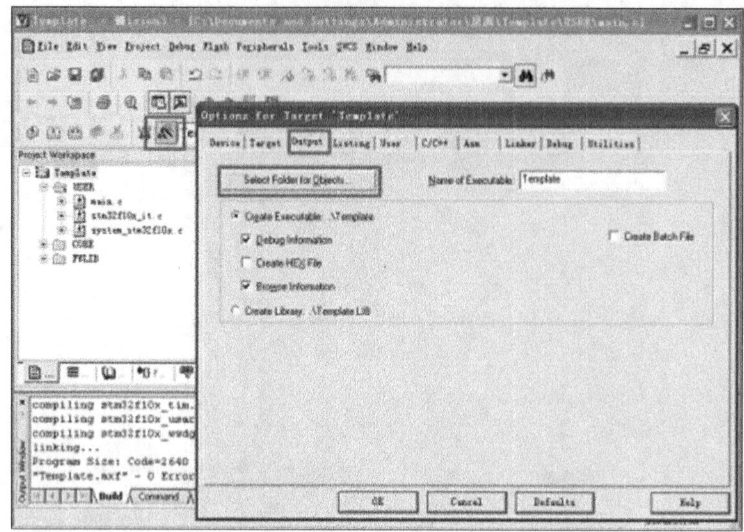

图 5.2.39　新建工程 16—选择编译后文件存放路径

(2) 点击编译按钮编译工程，可以看到很多报错(图 5.2.40)，因为找不到头文件。

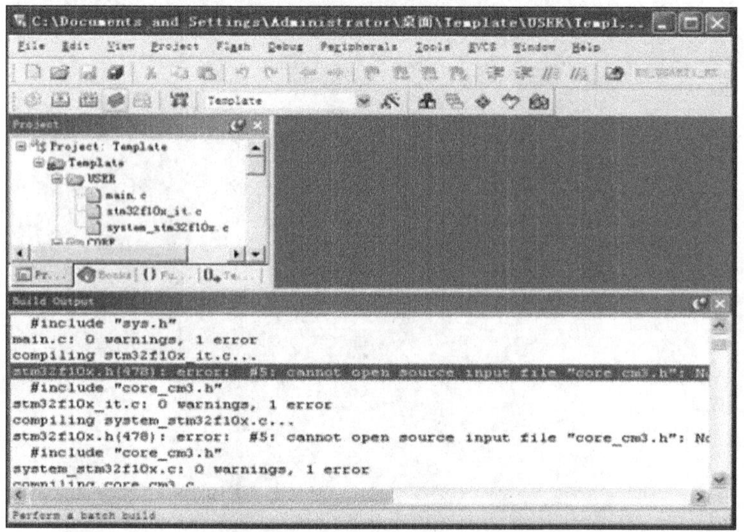

图 5.2.40　新建工程 17—编译工程

(3) 下面要告诉 MDK 编译环境，在哪些路径之下搜索需要的头文件，也就是头文件目录。这里要注意：对于任何一个工程，都需要把工程中引用到的所有头文件的路径都包含到进来。回到工程主菜单，点击锤子按钮，出来一个菜单，然后点击“C/C++”选项，再点击“Include Paths”右边的按钮。弹出一个“添加 Path”的对话框，将图上面的 3 个目录添加进去。记住，Keil 只会在一级目录查找，所以如果目录下面还有子目录，记得 path 一定要定位到最后一级子目录。最后点击“OK”。如图 5.2.41、图 5.2.42、图 5.2.43 所示。

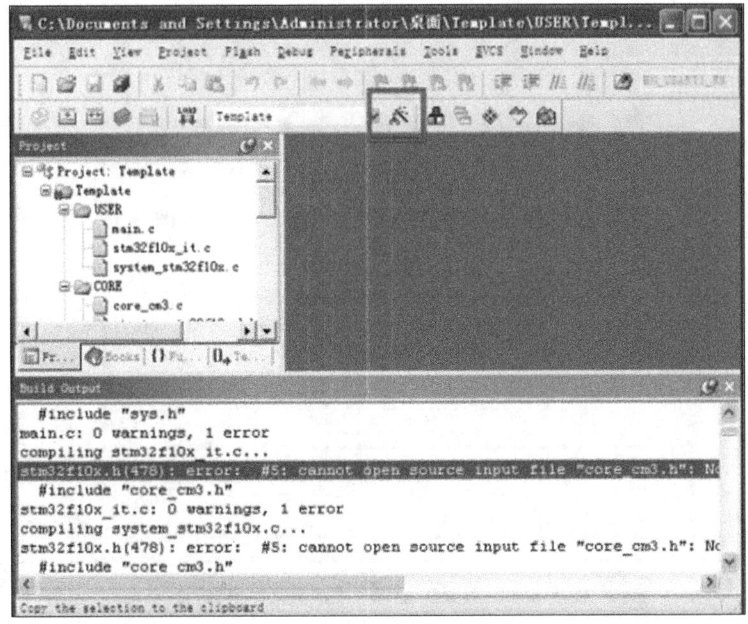

图 5.2.41　新建工程 18—目标选项

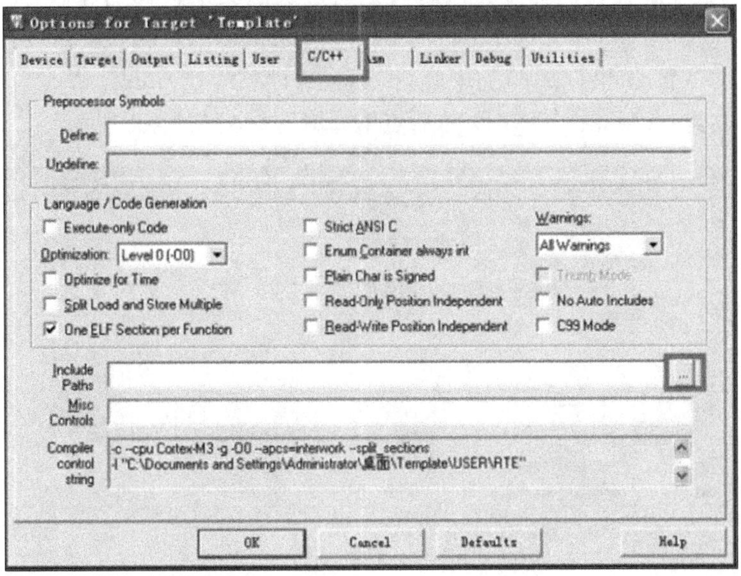

图 5.2.42　新建工程 19—C/C++选项卡

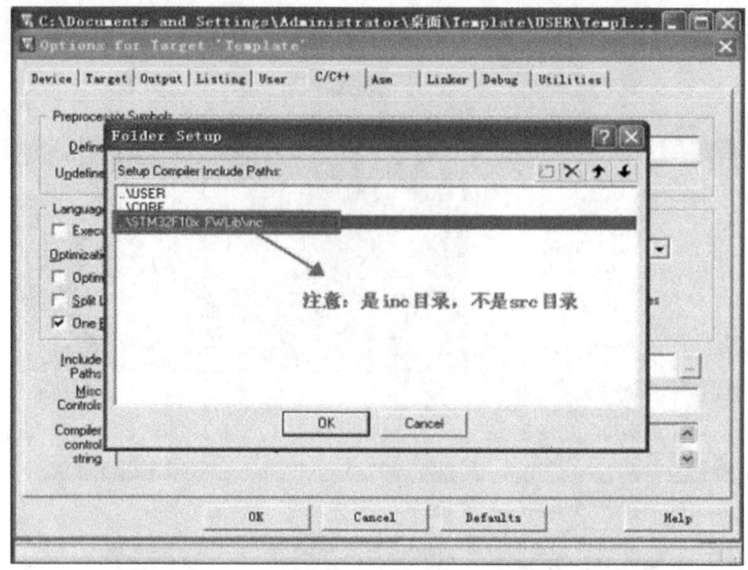

图 5.2.43　新建工程 20—添加头文件到 PATH

(14) 接下来，再来编译工程，可以看到又报了很多同样的错误。为什么呢？这是因为 3.5 版本的库函数在配置和选择外设的时候是通过宏定义来选择的，所以需要配置一个全局的宏定义变量，填写"STM32F10X_HD，USE_STDPERIPH_DRIVER"到 Define 输入框里面。这里解释一下，如果你用的是中容量，那么 STM32F10X_HD 修改为 STM32F10X_MD，小容量修改为 STM32F10X_LD. 然后点击"OK"，如图 5.2.44 所示。

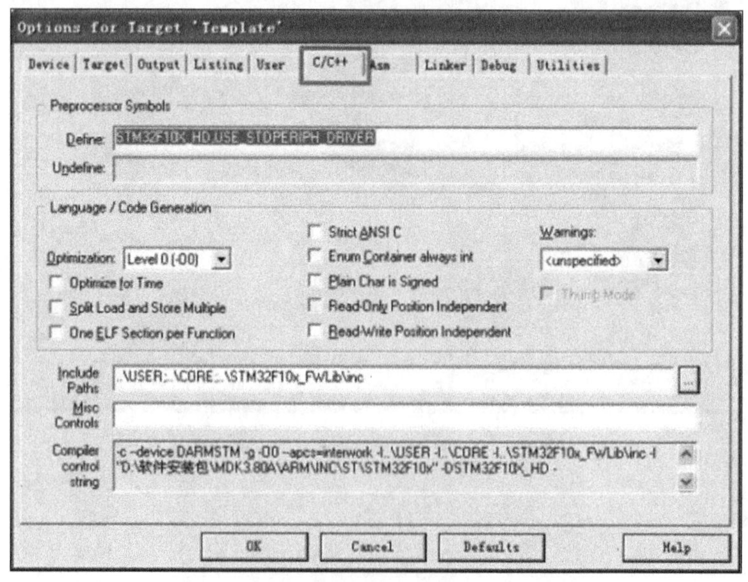

图 5.2.44　新建工程 21—添加全局宏定义标识符

(15) 在编译之前，记得打开工程"USER"下面的"main.c"，复制下面代码到 main.c 覆盖已有代码，然后进行编译。(记得在代码的最后面加上一个回车，否则会有警告)，可以看到，这次编译已经成功了。如图 5.2.45 所示。

```
#include "stm32f10x.h"
void Delay(u32 count)
{
  u32 i=0;
  for(;i<count;i++);
}
int main(void)
{
 GPIO_InitTypeDef  GPIO_InitStructure;
 RCC_APB2PeriphClockCmd(RCC_APB2Periph_GPIOB|
             RCC_APB2Periph_GPIOE, ENABLE);          //使能 PB,PE 端口时钟
 GPIO_InitStructure.GPIO_Pin = GPIO_Pin_5;             //LED0-->PB.5 端口配置
 GPIO_InitStructure.GPIO_Mode = GPIO_Mode_Out_PP;      //推挽输出
 GPIO_InitStructure.GPIO_Speed = GPIO_Speed_50MHz;     //IO 口速度为 50MHz
 GPIO_Init(GPIOB, &GPIO_InitStructure);                //初始化 GPIOB.5
 GPIO_SetBits(GPIOB,GPIO_Pin_5);                       //PB.5 输出高
 GPIO_InitStructure.GPIO_Pin = GPIO_Pin_5;             //LED1-->PE.5 推挽输出
 GPIO_Init(GPIOE, &GPIO_InitStructure);               //初始化 GPIO
 GPIO_SetBits(GPIOE,GPIO_Pin_5);                   //PE.5 输出高
 while(1)
   {
       GPIO_ResetBits(GPIOB,GPIO_Pin_5);
       GPIO_SetBits(GPIOE,GPIO_Pin_5);
       Delay(3000000);
       GPIO_SetBits(GPIOB,GPIO_Pin_5);
       GPIO_ResetBits(GPIOE,GPIO_Pin_5);
       Delay(3000000);
   }
 }
```

图 5.2.45　新建工程 22—输入工程代码

这里注意，上面 main.c 文件的代码，可以打开光盘目录的工程模板，从工程的 main.c 文件中复制过来即可。如图 5.2.46 所示。

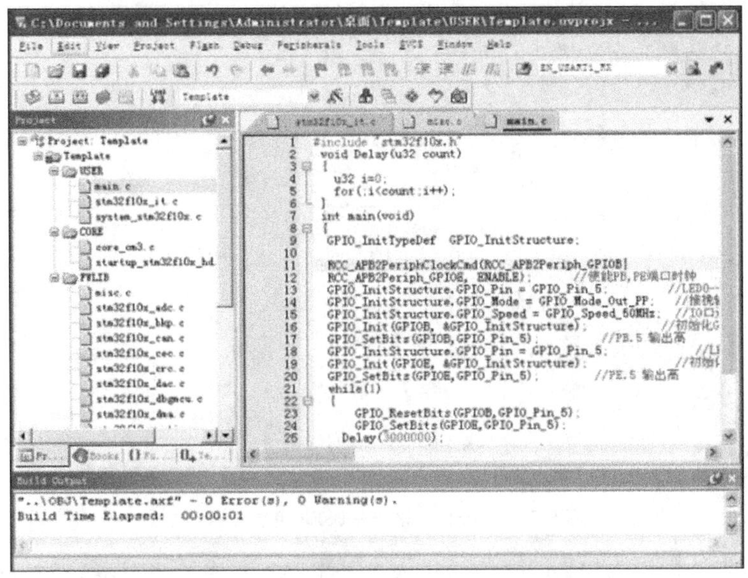

图 5.2.46　新建工程 23—工程编译结果

（16）工程模版建立完毕。下面还需要配置，让编译之后能够生成 hex 文件。同样点击锤子按钮，进入配置菜单，选择“Output”，勾上下面 3 个选项。其中 Create HEX file 是编译生成 hex 文件，Browser Information 是可以查看变量和函数定义。如图 5.2.47 所示。

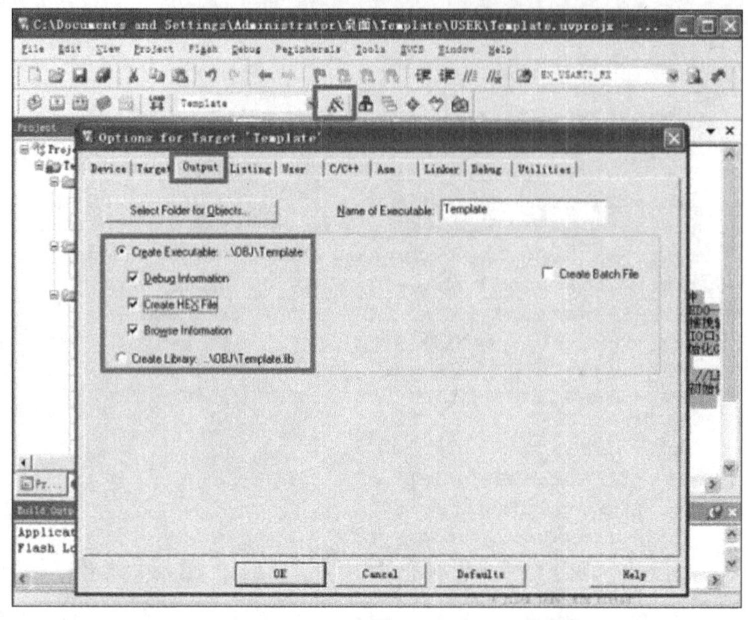

图 5.2.47　新建工程 24—Output 选项卡设置

（17）重新编译代码，可以看到生成了 hex 文件在 OBJ 目录下面，将这个文件下载到 mcu 即可。到这里，一个基于固件库 V3.5 的工程模板就建立了。

首先，找到源程序文件夹，打开任何一个固件库的实验，可以看到下面有一个 SYSTEM 文件夹，比如打开实验 1 的工程目录如图 5.2.48 所示。

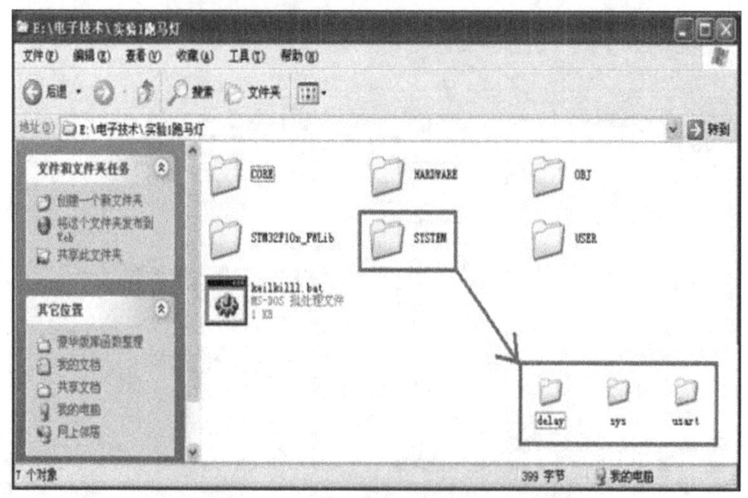

图 5.2.48　新建工程 25—USER 目录文件结构

可以看到有一个 SYSTEM 文件夹，进入 SYSTEM 文件夹，里面有 3 个子文件夹，分别为 delay，sys，usart，每个子文件夹下面都有相应的. c 文件和. h 文件。接下来要将这 3 个目录下面的代码加入到工程中去。用之前讲解的办法，在工程中新建一个组，命名为SYSTEM，然后加入这 3 个文件夹下面的. c 文件，分别为 sys. c、delay. c、usart. c，如图 5. 2. 49 所示。

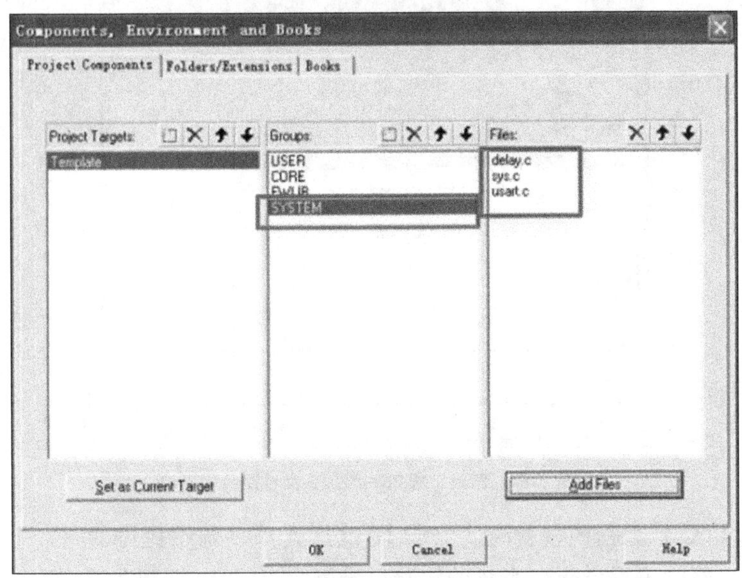

图 5. 2. 49 新建工程 26—添加文件到 SYSTEM 分组

然后点击“OK”之后可以看到工程中多了一个 SYSTEM 组，下面有 3 个. c 文件。

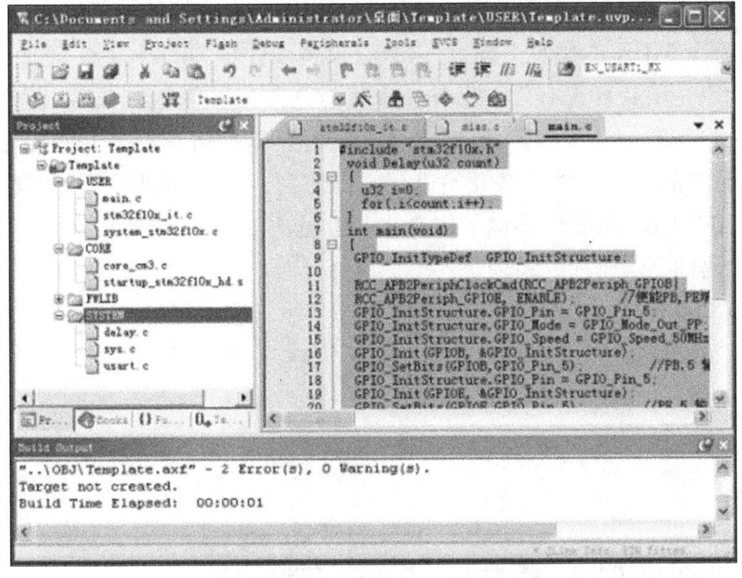

图 5. 2. 50 新建工程 27—添加到 SYSTEM 分组后的工程界面

接下来将对应的 3 个目录(sys、usart、delay)加入到 PATH 中去，因为每个目录下面都有相应的. h 头文件，参考前面步骤即可，加入后的截图如图 5. 2. 51 所示。

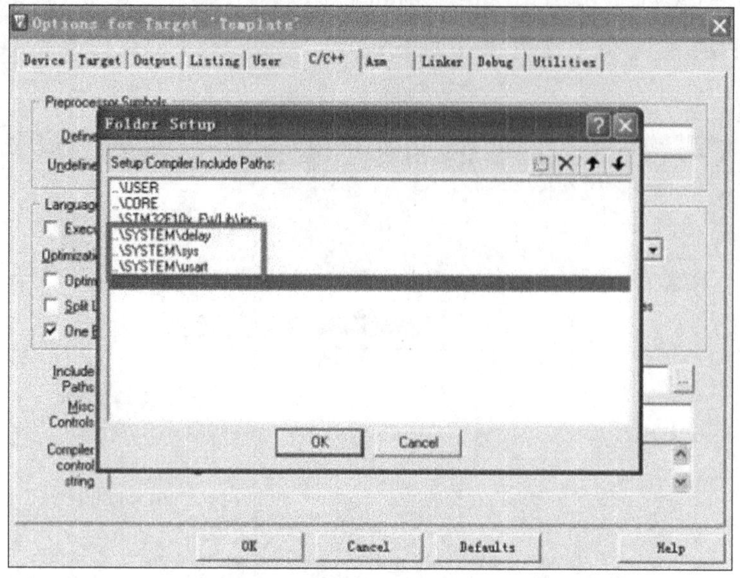

图 5.2.51　新建工程 28—添加头文件路径到 Path

最后点击“OK”。工程模板就彻底完成了,这样就可以调用提供的 SYSTEM 文件夹里面的函数。建立好的工程模板在光盘的实验目录里面有,可以打开对照一下。

2) STM32 软件仿真

MDK 的一个强大的功能就是提供软件仿真,通过软件仿真,可以发现很多将要出现的问题,避免了下载到 STM32 里面来查这些错误。这样最大的好处是能很方便地检查程序存在的问题。因为在 MDK 的仿真下面,可以查看很多硬件相关的寄存器,通过观察这些寄存器,可以知道代码是不是真正有效。另外一个优点是不必频繁地刷机,从而延长了 STM32 的 Flash 寿命(STM32 的 Flash 寿命≥1 万次)。当然,软件仿真不是万能的,很多问题还是要到在线调试时才能发现。接下来开始进行软件仿真。上面创建了一个工程模板,接下来将教大家如何在 MDK5 的软件环境下仿真这个工程,以验证代码的正确性。首先工程模板中 main.c 中代码如下:

```
#include "delay.h"
#include "usart.h"
int main(void)
{
u8 t=0;
delay_init();
NVIC_PriorityGroupConfig(NVIC_PriorityGroup_2);
uart_init(115200);
while(1)
{
printf("t:%d\n",t);
delay_ms(500);
```

```
t++;
}
}
```

(1) 在开始软件仿真之前，先检查一下配置是不是正确，在 IDE 里面点击[icon]，确定"Target"选项卡内容如图 5.2.52 所示(主要检查芯片型号和晶振频率，其他的一般默认就可以)。

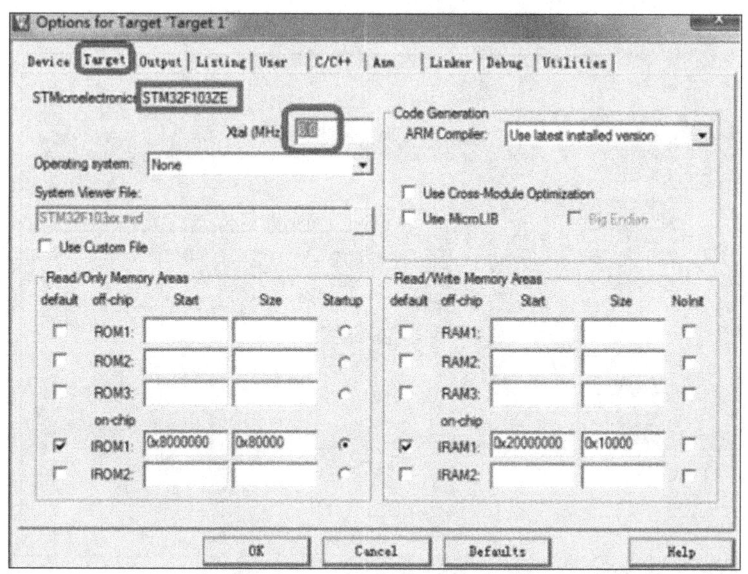

图 5.2.52 "Target"选项卡

(2) 确认了芯片以及外部晶振频率(8.0 MHz)之后，基本上就确定了 MDK5.14 软件仿真的硬件环境了，接下来，再点击"Debug"选项卡，设置为如图 5.2.53 所示。

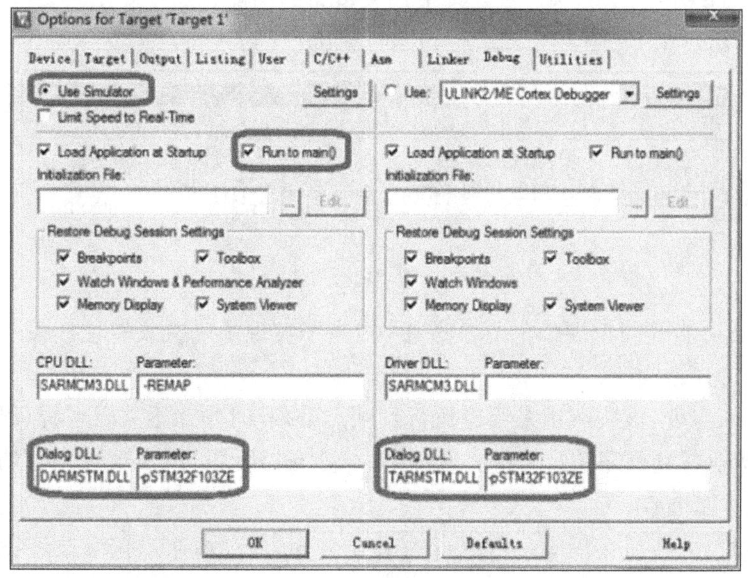

图 5.2.53 "Debug"选项卡

(3) 在图 5.2.53 中，选择“Use Simulator”，即使用软件仿真。选择“Run to main()”，即跳过汇编代码，直接跳转到 main 函数开始仿真。设置下方的 Dialog DLL 分别为：DARMSTM. DLL 和 TARMSTM. DLL，Parameter 均为：STM32F103ZE，用于设置支持 STM32F103ZE 的软硬件仿真(即可以通过 Peripherals 选择对应外设的对话框观察仿真结果)。最后点击“OK”，完成设置。

(4) 点击“Start/Stop Debug Session”，开始仿真，出现如图 5.2.54 所示界面。

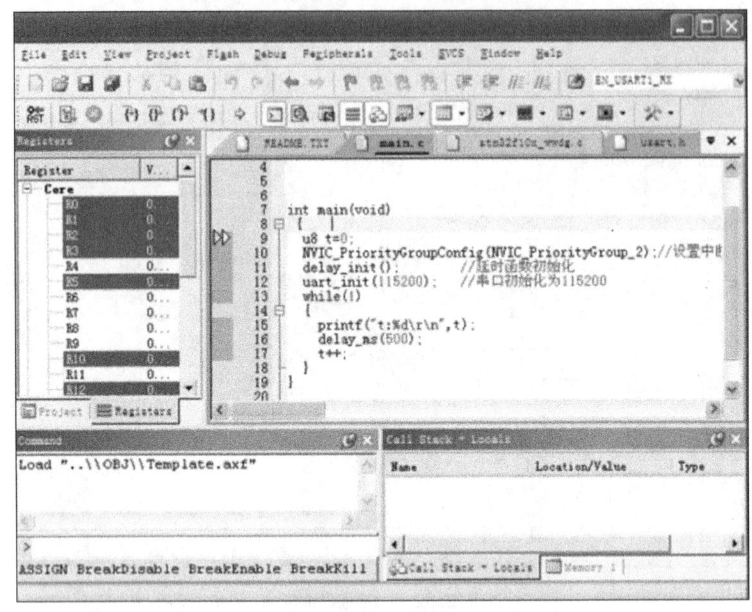

图 5.2.54　开始仿真

可以发现，多出了一个工具条，这就是 Debug 工具条，这个工具条在仿真的时候是非常有用的。下面简单介绍一下 Debug 工具条相关按钮的功能。Debug 工具条部分按钮的功能如图 5.2.55 所示。

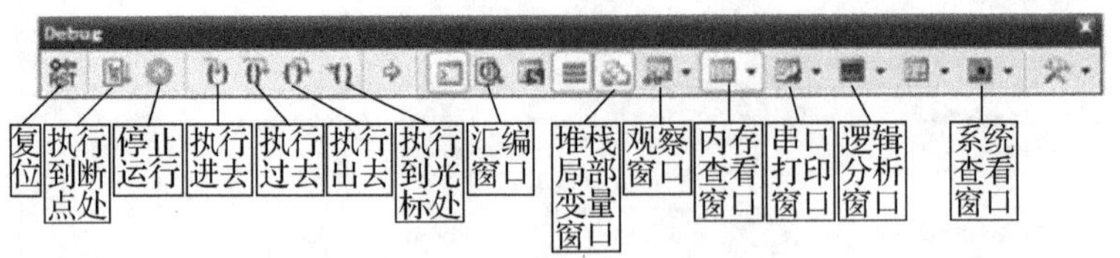

图 5.2.55　Debug 工具条

● 复位：其功能等同于硬件上复位按钮，相当于实现了一次硬复位。按下该按钮之后，代码会重新从头开始执行。

● 执行到断点处：该按钮用来快速执行到断点处，有时候并不需要观看每步是怎么执行的，而是想快速执行到程序的某个地方看结果。这个按钮就可以实现这样的功能，前提是在查看的地方设置了断点。

● 停止运行：此按钮在程序一直执行的时候会变为有效，通过按该按钮，就可以使程序停止下来，进入到单步调试状态。

● 执行进去：该按钮用来实现执行到某个函数里面去的功能，在没有函数的情况下，是等同于执行过去按钮的。

● 执行过去：在碰到有函数的地方，通过该按钮就可以单步执行过这个函数，而不进入这个函数单步执行。

● 执行出去：该按钮是在进入了函数单步调试的时候，有时候可能不必再执行该函数的剩余部分了，通过该按钮就直接一步执行完函数余下的部分，并跳出函数，回到函数被调用的位置。

● 执行到光标处：该按钮可以迅速使程序运行到光标处，其实是挺像执行到断点处按钮功能，但是两者是有区别的，断点可以有多个，但是光标所在处只有一个。

● 汇编窗口：通过该按钮，就可以查看汇编代码，这对分析程序很有用。

● 堆栈局部变量窗口：该按钮按下，会弹出一个显示变量的窗口，在里面可以查看各种想要看的变量值，也是很常用的一个调试窗口。

● 串口打印窗口：该按钮按下，会弹出一个类似串口调试助手界面的窗口，用来显示从串口打印出来的内容。

● 内存查看窗口：该按钮按下，会弹出一个内存查看窗口，可以在里面输入要查看的内存地址，然后观察这一片内存的变化情况。这是很常用的一个调试窗口。

● 逻辑分析窗口：按下该按钮会弹出一个逻辑分析窗口，通过SETUP按钮新建一些I/O口，就可以观察这些I/O口的电平变化情况，以多种形式显示出来，比较直观。

Debug工具条上的其他几个按钮用得比较少，这里就不介绍了。以上介绍的是比较常用的，当然也不是每次都用得着这么多，具体看程序调试的时候有没有必要观看这些东西，来决定要不要看。

(5) 在上面的仿真界面里面选内存查看窗口、串口打印窗口，然后调节一下这两个窗口的位置，如图5.2.56所示。

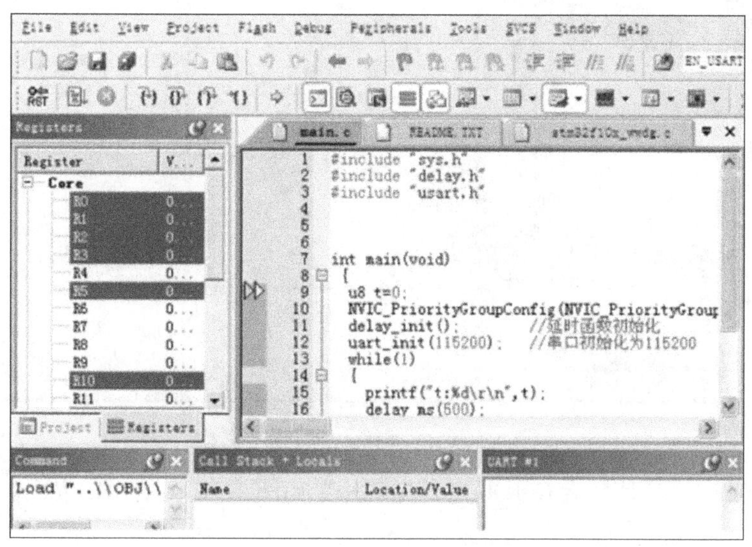

图5.2.56 调出仿真串口打印窗口

(6) 把光标放到 main. c 的 12 行的空白处，然后双击鼠标左键，可以看到在 12 行的左边出现了一个红框，即表示设置了一个断点(也可以通过鼠标右键弹出菜单来加入)，再次双击则取消。然后点击“执行到该断点”处，如图 5. 2. 57 所示。

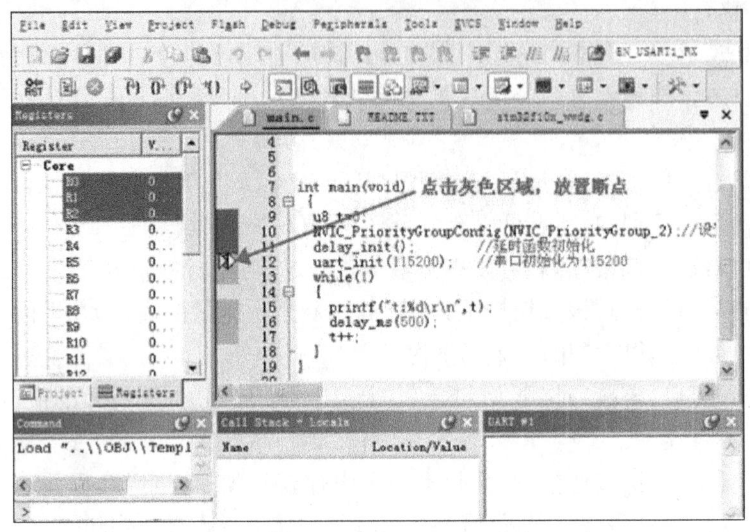

图 5. 2. 57　执行到该断点处

(7) 暂时先不忙着往下执行，点击菜单栏的“Peripherals”→“USARTs”→“USART 1”。可以看到，有很多外设可以查看，这里查看的是串口 1 的情况。如图 5. 2. 58 所示。

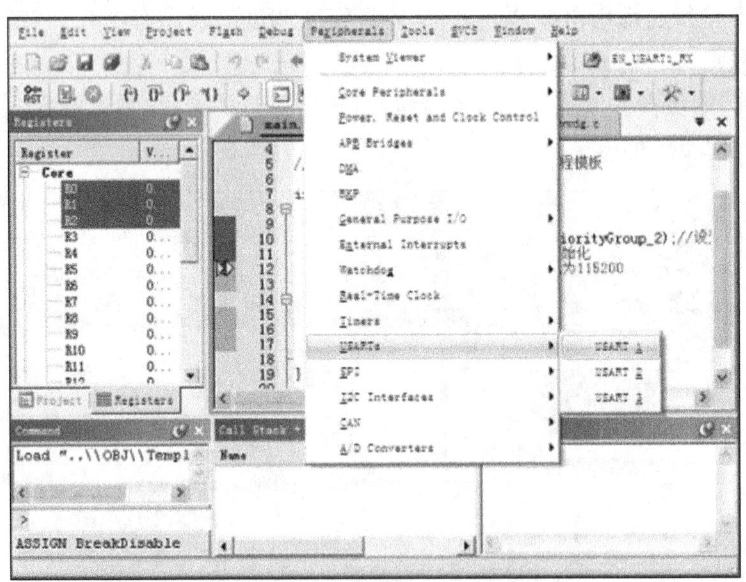

图 5. 2. 58　查看串口 1 相关寄存器

(8) 单击“USART1”后会在 IDE 之外出现一个如图 5. 2. 59 所示的界面。

(a)

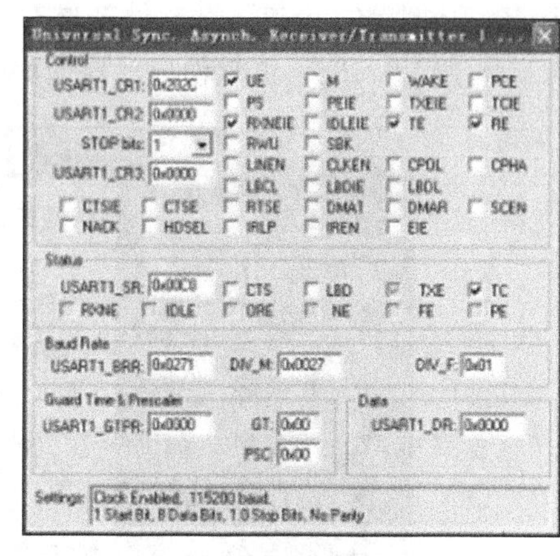

(b)

图 5.2.59 串口 1 各寄存器初始化前后对比

3) 程序下载

前面学会了如何在 MDK 下创建 STM32 工程。下面将向读者介绍 STM32 的代码下载以及调试。这里的调试包括了软件仿真和硬件调试(在线调试)。通过学习,将了解到:① STM32 的串口程序下载;② STM32 在 MDK 下的软件仿真;③ 利用 Jlink 对 STM32 进行下载和在线调试。

(1) STM32 串口程序下载

STM32 的程序下载有多种方法:USB、串口、JTAG、SWD 等几种方式,都可以用来给 STM32 下载代码。不过,最常用、最经济的就是通过串口给 STM32 下载代码。接下来,将向大家介绍如何利用串口给 STM32 下载代码。STM32 的串口下载一般是通过串口 1 下载的,本指南的实验平台通过自带的 USB 串口来下载。看起来像是 USB 下载(只需一根 USB 线,并不需要串口线)的,实际上是通过 USB 转成串口,然后再下载。下面,就一步步教大家如何在实验平台上利用 USB 串口来下载代码。

① 在 USB_232 处插入 USB 线,并接上电脑,如果之前没有安装 CH340G 的驱动(如果已经安装过了驱动,则应该能在设备管理器里面看到 USB 串口,如果不能则要先卸载之前的驱动,卸载完后重启电脑,再重新安装提供的驱动),则电脑会提示找到新硬件,如图 5.2.60 所示。

② 不理会这个提示,直接找到光盘—软件资料—软件—文件夹下的 CH340 驱动,安装该驱动,如图 5.2.61 所示。

③ 在驱动安装成功之后,拔掉 USB 线,然后重新插入电脑,此时电脑就会自动给其安装驱动了。在安装完成之后,可以在电脑的设备管理器里面找到 USB 串口(如果找不到,则重启下电脑),如图 5.2.62 所示。

④ 在图 5.2.62 中可以看到,USB 串口被识别为 COM3。这里需要注意的是:不同电脑可能不一样,你的可能是 COM4、COM5 等,但是 USB-SERIAL CH340,这个一定是一样的。

如果没找到 USB 串口,则有可能是安装有误,或者系统不兼容。在安装了 USB 串口驱动之后,就可以开始串口下载代码了。这里的下载软件选择的是串口下载软件。该软件是

mcuisp 的升级版本(串口下载软件新增对 STM32F4 的支持),本手册的光盘也附带了这个软件,版本为 V0.188。该软件启动界面如图 5.2.63 所示。

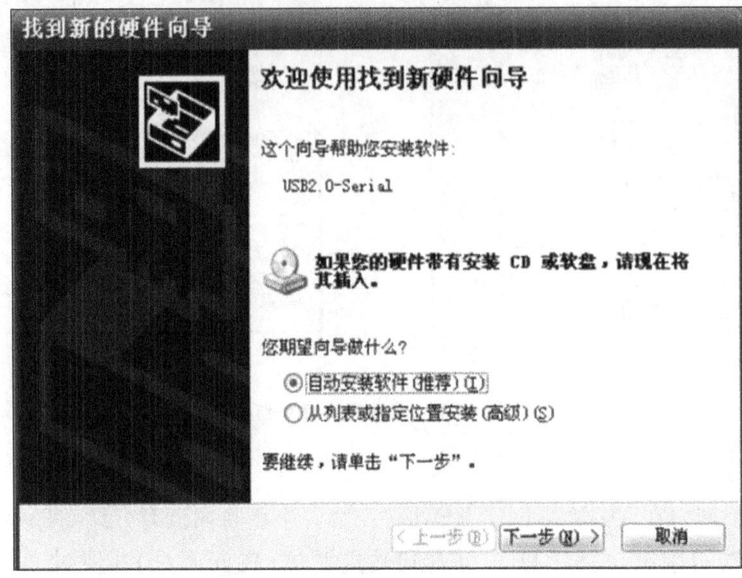

图 5.2.60　安装驱动

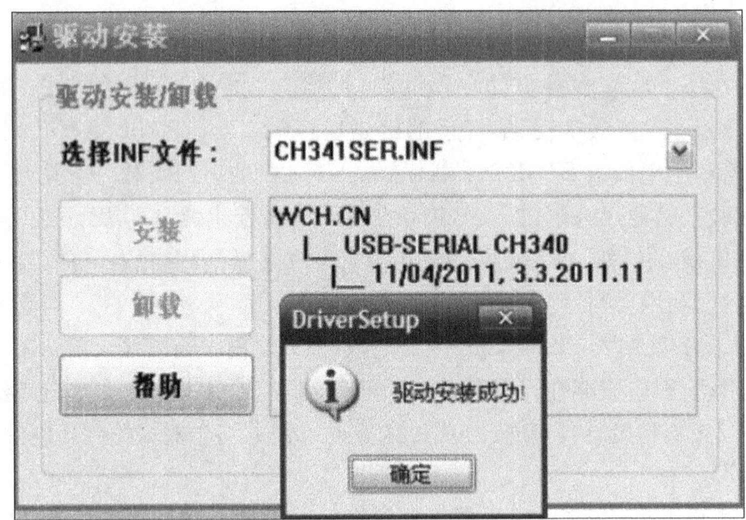

图 5.2.61　驱动安装完成

图 5.2.62　串口显示正常

串口调试助手

⑤ 选择要下载的 hex 文件，以前面新建的工程为例，因为前面在工程建立的时候，就已经设置生成 hex 文件，所以编译的时候已经生成了 hex 文件，只需要找到这个 hex 文件下载即可。用串口下载软件打开 OBJ 文件夹，找到 Template. hex，打开并进行相应设置后，如图 5. 2. 64 所示。

图 5. 2. 64 中圈中的设置，是建议的设置。编程后执行，这个选项在无一键下载功能的条件下是很有用的，当选中该选项之后，可以在下载完程序之后自动运行代码。否则，还需要按复位键，才能开始运行刚刚下载的代码。编程前重装文件，该选项也比较有用，当选中该选项之后，串口下载软件会在每次编程之前，将 hex 文件重新装载一遍，这对于代码调试的时候是比较有用的。特别提醒：不要选择使用 RamIsp，否则可能没法正常下载。

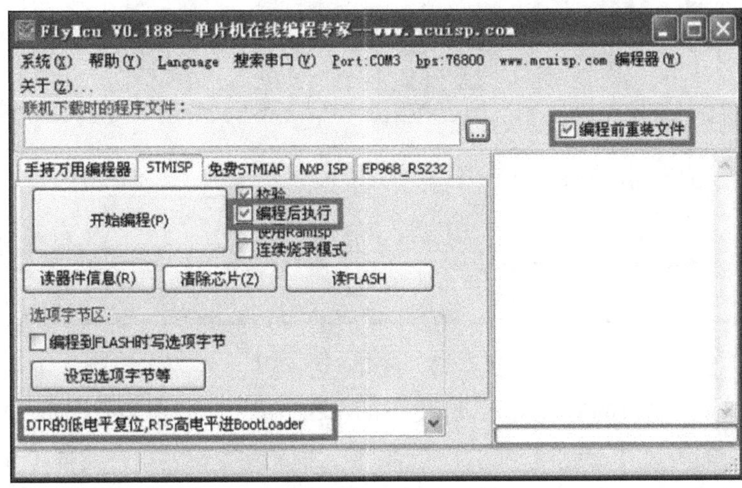

图 5. 2. 64　下载软件设置

⑥ 选择DTR的低电平复位,RTS高电平进BootLoader。这个选择项选中,串口下载软件就会通过DTR和RTS信号来控制板载的一键下载功能电路,以实现一键下载功能。如果不选择,则无法实现一键下载功能。这个是必要的选项(在BOOT0接GND的条件下)。

⑦ 在装载了hex文件之后,要下载代码还需要选择串口,这里串口下载软件有智能串口搜索功能。每次打开串口下载软件,软件会自动去搜索当前电脑上可用的串口,然后选中一个作为默认的串口(一般是最后一次关闭时所选择的串口)。也可以通过点击菜单栏的搜索串口,来实现自动搜索当前可用串口。串口波特率则可以通过bps那里设置,对于STM32,该波特率最大为460800。然后找到CH340虚拟的串口,如图5.2.65所示。

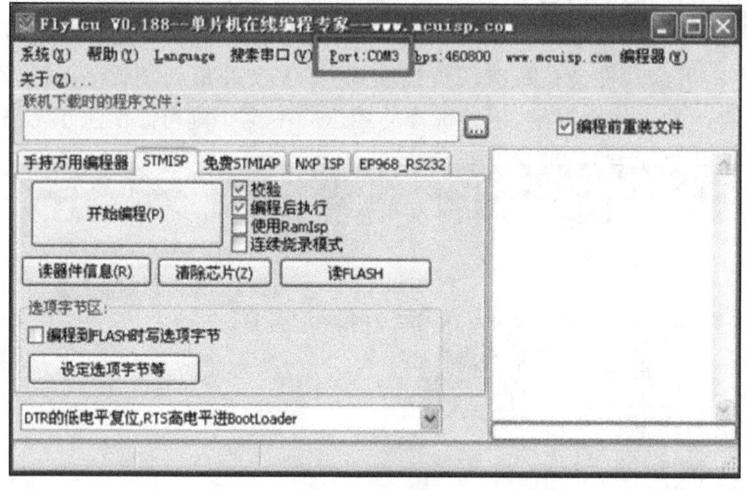

图5.2.65　选择下载的文件

⑧ 从之前USB串口的安装可知,开发板的USB串口被识别为COM3了(如果你的电脑被识别为其他的串口,则选择相应的串口即可),所以选择COM3。选择了相应串口之后,就可以通过按"开始编程(P)"这个按钮,一键下载代码到STM32上,下载成功后如图5.2.66所示。

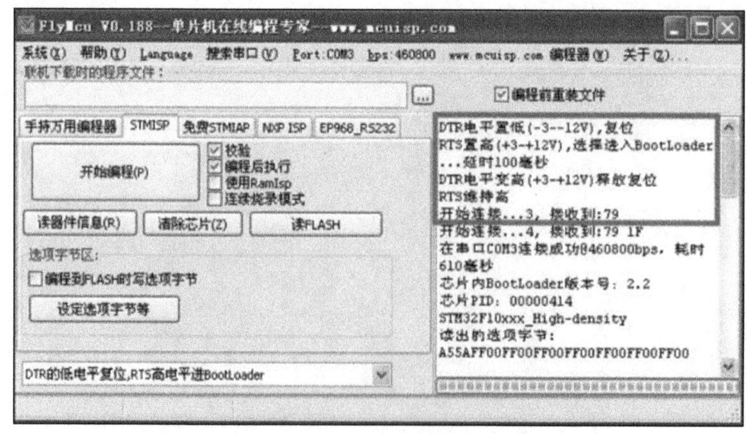

图5.2.66　下载成功界面

⑨ 在图 5.2.66 中圈出了串口下载软件对一键下载电路的控制过程，其实就是控制 DTR 和 RTR 电平的变化，控制 BOOT0 和 RESET，从而实现自动下载。另外下载成功后，会有“共写入×××× KB，耗时××××毫秒”的提示，并且从 0X80000000 处开始运行，打开串口调试助手（XCOM V2.0，在光盘 à6，软件资料→软件→串口调试助手里面）选择 COM3（得根据实际情况选择），设置波特率为：115200，会发现从 ALIENTEK 战舰 STM32F103 发回来的信息，如图 5.2.67 所示。

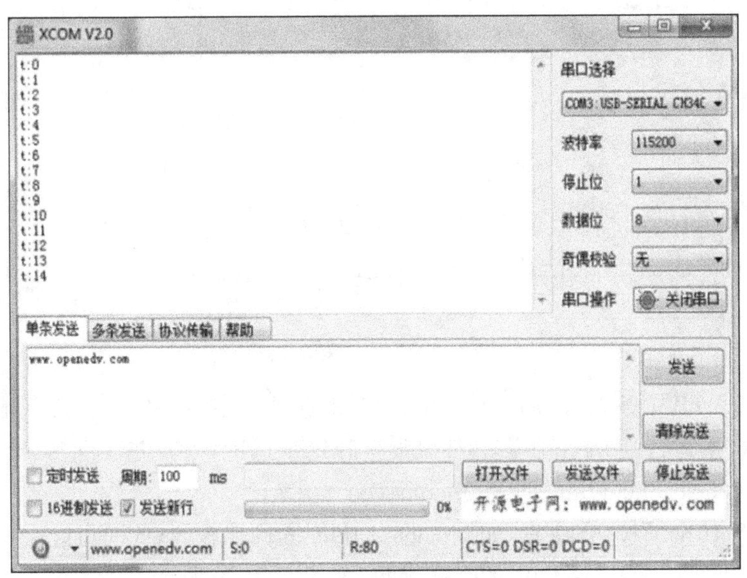

图 5.2.67　串口调试界面

接收到的数据和仿真的是一样的，证明程序没有问题。至此，说明下载代码成功了，并且也从硬件上验证了代码的正确性。

(2) JTAG/SWD 程序下载

前面介绍了如何通过利用串口给 STM32 下载代码，并验证了程序的正确性。这个代码比较简单，所以不需要硬件调试，直接就一次成功了。可是，如果代码工程比较大，难免存在一些 bug，这时，就有必要通过硬件调试来解决问题了。串口只能下载代码，并不能实时跟踪调试，而利用调试工具，比如 JLINK、ULINK、STLINK 等就可以实时跟踪程序，从而找到程序中的 bug，使你的开发事半功倍。这里以 JLINK V8 为例，说说如何在线调试 STM32。JLINK V8 支持 JTAG 和 SWD，同时 STM32 也支持 JTAG 和 SWD。所以，有 2 种方式可以用来调试，JTAG 调试的时候，占用的 I/O 线比较多，而 SWD 调试的时候占用的 I/O 线很少，只需要两根即可。JLINK V8 的驱动安装比较简单，在这里就不介绍了。

具体下载过程如下：

① 在安装 JLINK V8 的驱动之后，接上 JLINK V8，并把 JTAG 口插到 STM32 开发板上，打开“Options for Target”选项卡，在“Debug”栏选择仿真工具为“J-LINK/J-TRACE Cortex”，如图 5.2.68 所示。

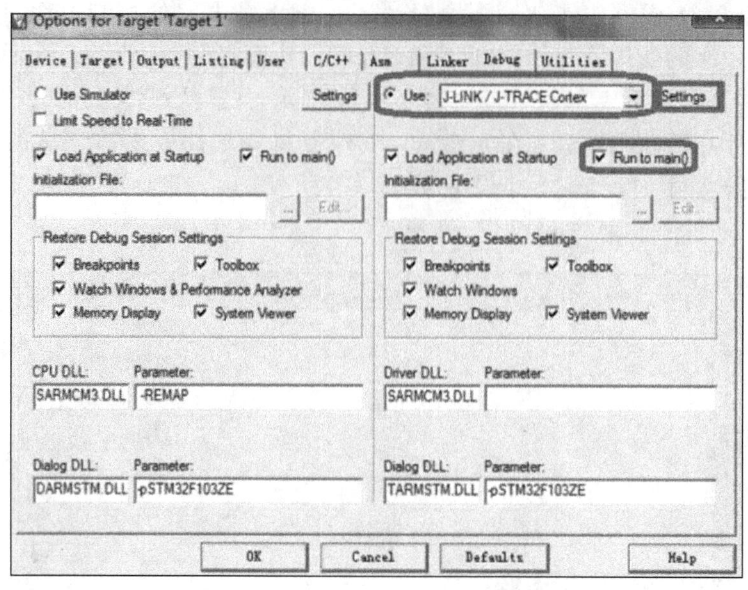

图 5.2.68　仿真设置界面

② 在图 5.2.68 中还勾选“Run to main()”，该选项选中后，只要点击“Start/Stop Debug Session”就会直接运行到 main 函数。如果没选择这个选项，则会先执行“startup_stm32f10x_hd.s”文件的“Reset_Handler”，再跳 main 函数。

③ 点击“Settings”按钮(注意，如果你的 JLINK 固件比较老，此时可能会提示升级固件，点击确认升级即可)，设置 J-LINK 的一些参数，如图 5.2.69 所示。

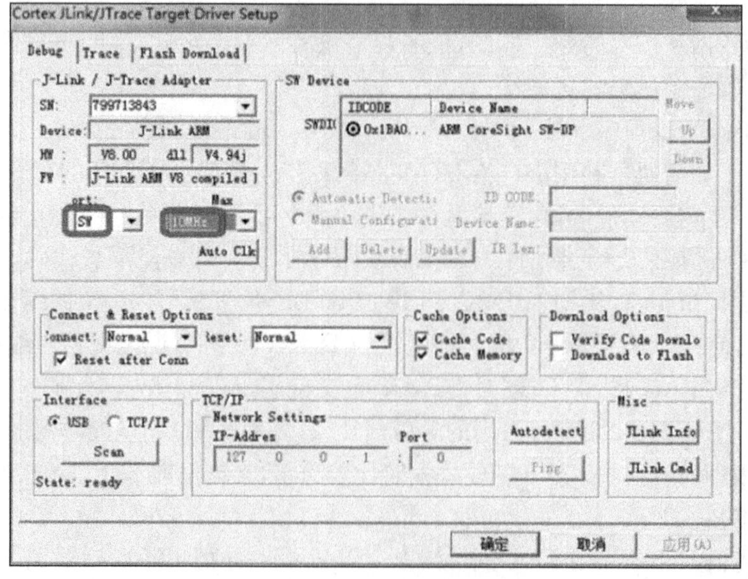

图 5.2.69　仿真调试界面

图 5.2.69 中，使用 J-LINK V8 的 SW 模式调试，因为 JTAG 需要占用比 SW 模式多很多的 I/O 口，而在 ALIENTEK 战舰 STM32 开发板上这些 I/O 口可能被其他外设用到，可能造成部分外设无法使用。所以，建议大家在调试的时候，一定要选择 SW 模式。Max

Clock，可以点击 Auto Clk 来自动设置，图 5.2.69 中设置 SWD 的调试速度为 10 MHz，这里，如果 USB 数据线比较差，那么可能会出问题，此时，可以通过降低这里的速率来试试。

④ 单击"OK"，完成此部分设置，接下来还需要在"Utilities"选项卡里面设置下载时的目标编程器，如图 5.2.70 所示。

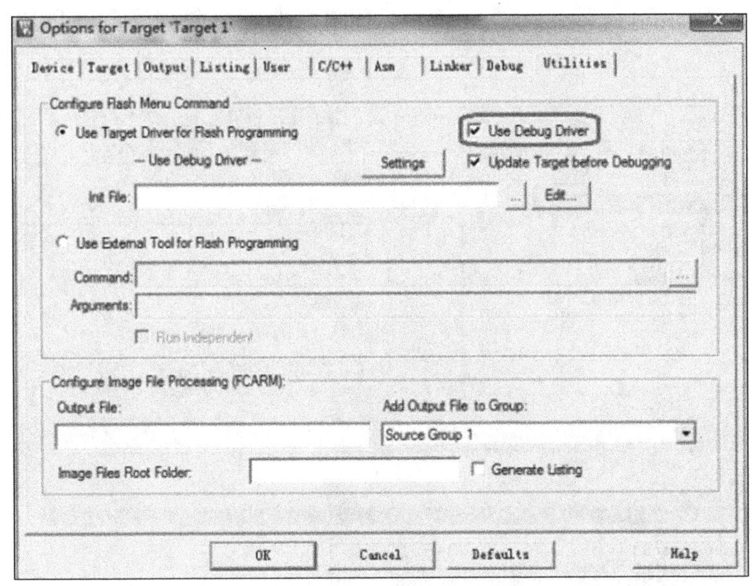

图 5.2.70 "Utilities"选项卡设置

⑤ 在图 5.2.70 中直接勾选"Use Debug Driver"，即和调试一样，选择 JLINK 来给目标元器件的 FLASH 编程，然后点击"Settings"按钮，进入 Flash 算法设置，如图 5.2.71 所示。

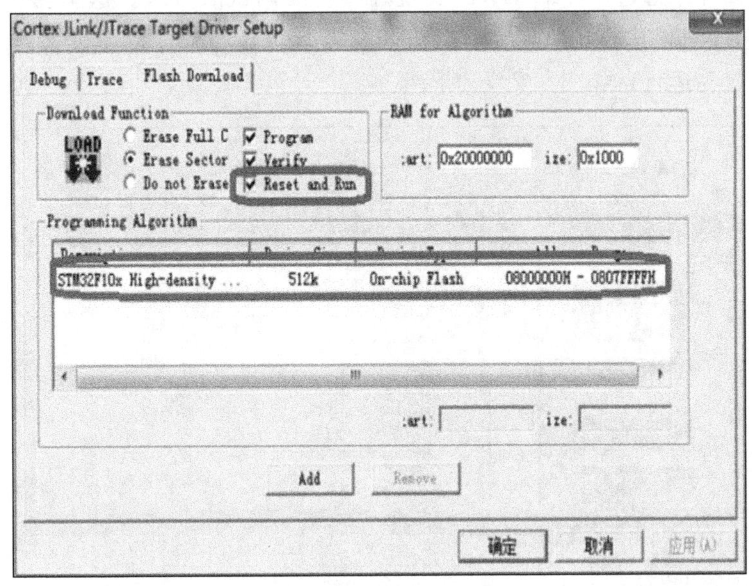

图 5.2.71 选项卡设置

这里 MDK5 会根据新建工程时选择的目标元器件，自动设置 Flash 算法。使用的 STM32F103ZET6，Flash 容量为 512 K 字节，所以"Programming Algorithm"里面默认会有

512 K 型号的“STM32F10x High-density Flash”算法。另外，如果这里没有 Flash 算法，大家可以点击“Add”按钮，在弹出的窗口自行添加即可。

⑥ 选中“Reset and Run”选项，以实现在编程后自动运行，其他默认设置即可。设置完成之后，如图 5.2.71 所示。在设置完之后，点击“OK”，回到 IDE 界面，编译一下工程。如果这个时候要进行程序下载，那么只需要点击下载图标即可下载程序到 STM32，非常方便实用，参考图 5.2.72。

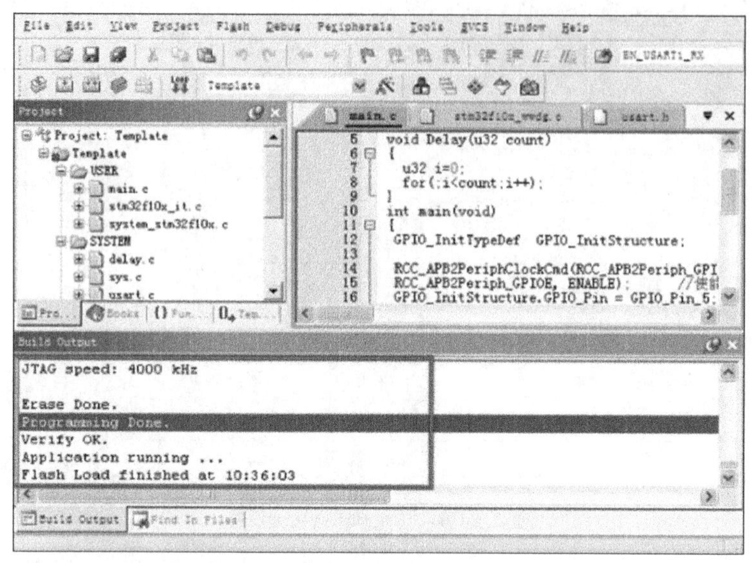

图 5.2.72　下载成功

接下来主要介绍通过 JTAG/SWD 实现程序在线调试的方法。这里，只需要点击图标就可以开始对 STM32 进行仿真(特别注意：开发板上的 B0 和 B1 都要设置到 GND，否则代码下载后不会自动运行)，如图 5.2.73 所示。

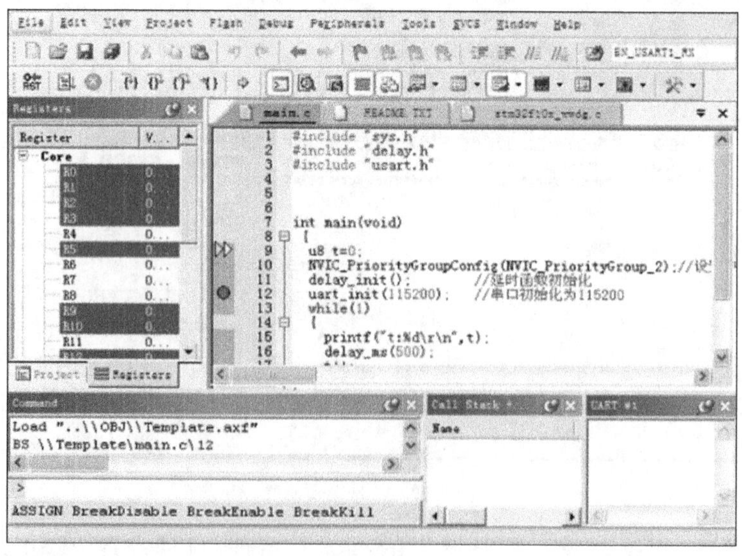

图 5.2.73　仿真

因为之前勾选了“Run to main()”选项，所以，程序直接就运行到了 main 函数的入口处，在“uart_init()”处设置了一个断点，点击，程序将会快速执行到该处。如图 5.2.74 所示。

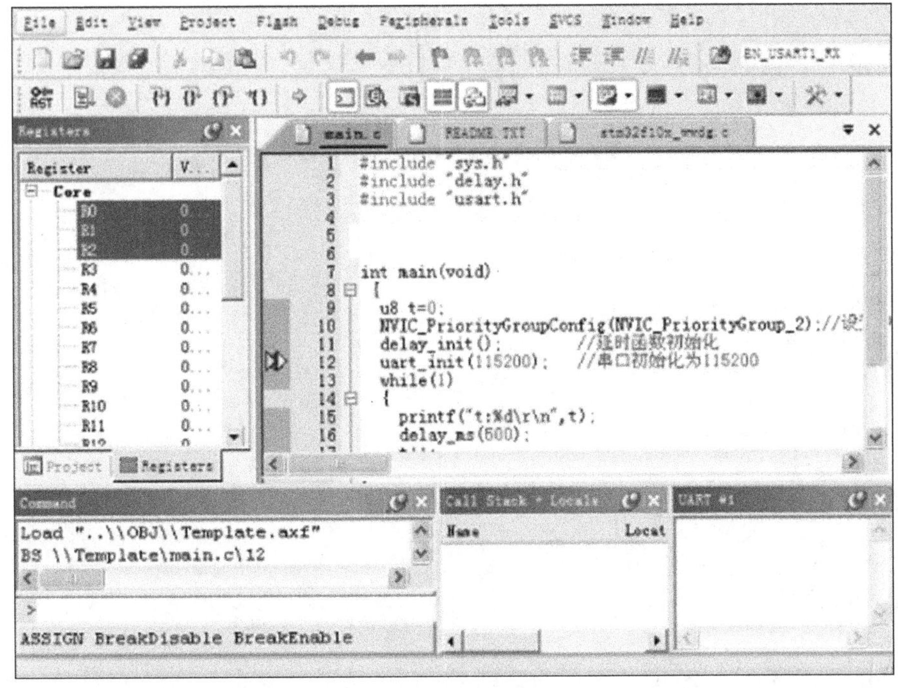

图 5.2.74　仿真到断点处

接下来，就可以开始操作了，不过这是真正地在硬件上的运行，而不是软件仿真，其结果更可信。JTAG/SWD 硬件调试就给大家介绍到这里。

5.3　STM32 单片机的基本实验

5.3.1　点亮 LED 灯

本节介绍 STM32 单片机的基本内容以及以点亮发光二极管为例讲解 STM32 单片机的输入/输出口作为“输出功能”的基本使用方法。为此，需要掌握和理解用 STM32 输入/输出端口的配置方法及其相关原理和编程技术。

1) I/O 口简介

STM32-M3 单片机有 5 个 16 位的并行 I/O 口：PA、PB、PC、PD、PE。这 5 个端口，既可以作为输入，也可以作为输出；可按 16 位处理，也可按位方式(1 位)使用。

2) 硬件设计

在本任务中，使用 PE5 和 PB5 来控制发光二极管以 1 Hz 的频率不断闪烁。

发光二极管是一种常用的二极管，当通过二极管的正负极之间的电压差≥导通电压时，发光二极管亮，否则发光二极管灭。本实验中，当输出低电平时，发光二极管亮；输出高电平时，发光二极管灭。电路图如图 5.3.1 所示。

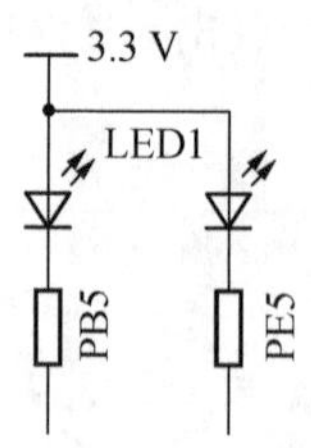

图 5.3.1　点亮发光二极管实验电路图

3）软件设计

（1）主程序

```
#include "stm32f10x.h"
#include "led.h"
#include "delay.h"
int main(void)
  {
  LED_Init(); //初始化 LED
  SysTick_Init(); //初始化时钟
  while(1)
  {
  GPIO_SetBits(GPIOE,GPIO_Pin_5); //PE5 输出高电平
  GPIO_SetBits(GPIOB,GPIO_Pin_5); //PB5 输出高电平
  Delay_ms(500);//延时 500 ms
  GPIO_ResetBits(GPIOE,GPIO_Pin_5); //PE5 输出低电平
  GPIO_ResetBits(GPIOB,GPIO_Pin_5); //PB5 输出低电平
  Delay_ms(500);//延时 500 ms
  }
  }
```

主程序是如何工作的？结合电路图可知，当 PB5 或者 PE5 输出低电平时，发光二极管亮；当 PB5 或者 PE5 输出高电平时，发光二极管灭。再看 while(1) 逻辑块中的语句，两次调用了延时函数，让单片机微控制器在给 PB5 或者 PE5 引脚端口输出高电平和低电平之间都延时 500 ms，即输出的高电平和低电平都保持 500 ms，从而达到发光二极管 LED 以 1 Hz 的频率不断闪烁的效果。

头文件 delay.h 中定义了两个延时函数：Delay_us(IO u32 nTime)；与 void Delay_ms(x)。用这两个函数控制灯闪烁的时间间隔。Delay_us()是微秒级延时；Delay_ms(x)是毫秒级延时。

以上仅从主函数角度讲解如何实现闪烁，但是仅有这些程序开发板实际是不能让二极管闪烁的。一般而言，嵌入式系统在正式工作前，都要进行一些初始化工作，主要包括 RCC_Configuration(复位和时钟设置)和 GPIO_Configuration(I/O 口设置)。接下来将讲解如何

进行外设的时钟设置和 I/O 口设置。

(2) STM32 单片机的时钟配置

如何正确使用时钟源，需要先认识一下开发板初始化函数中的复位和时钟配置函数 RCC_Configuration(Reset and Clock Configuration，RCC)，它与 STM32 系列微控制器中的时钟有关。具体时钟树图已在 5.1 节给出。

每个外设挂在不同的时钟下面，尤其需要理解的是 APB1 和 APB2 的区别，APB1 上面连接的是低速外设，包括电源接口、备份接口、CAN、USB、I2C1、I2C2、UART2、UART3 等等，APB2 上面连接的是高速外设，包括 UART1、SPI1、Timer1、ADC1、ADC2、所有普通 I/O 口(PA～PE)、第二功能 I/O 口等。在以上的时钟输出中，有很多是带使能控制的，例如 AHB 总线时钟、内核时钟、各种 APB1 外设、APB2 外设等等。当需要使用某模块时，记得一定要先使能对应的时钟。具体使用方法见以下程序：

```
RCC_APB2PeriphClockCmd(RCC_APB2Periph_GPIOB,ENABLE); //打开 PB 口时钟
RCC_APB2PeriphClockCmd(RCC_APB2Periph_GPIOE,ENABLE); //打开 PE 口时钟
```

(3) STM32 单片机的 I/O 端口配置

STM32 单片机的 I/O 端口结构如图 5.3.2 所示。

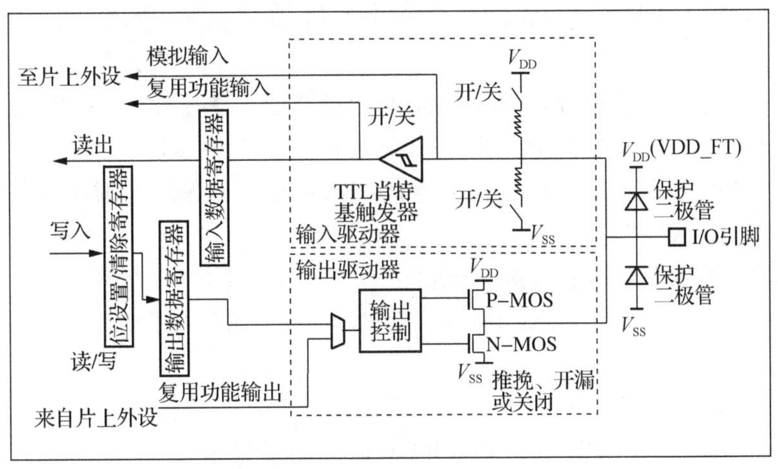

图 5.3.2　I/O 端口结构图

while(1)逻辑块中的代码是例程主程序的功能主体：

```
while(1)
{
    GPIO_SetBits(GPIOE,GPIO_Pin_5); //PE5 输出高电平
    GPIO_SetBits(GPIOB,GPIO_Pin_5); //PB5 输出高电平
    Delay_ms(500);//延时 500 ms
    GPIO_ResetBits(GPIOE,GPIO_Pin_5); //PE5 输出低电平
    GPIO_ResetBits(GPIOB,GPIO_Pin_5); //PB5 输出低电平
    Delay_ms(500);//延时 500 ms
}
```

先给 PB5 脚输出低电平，由赋值语 GPIO_ResetBits(GPIOB,GPIO_Pin_5)完成，然后

调用延时函数 delay_ms(500)等待 500 ms，再给 PB5 脚输出高电平，即 GPIO_SetBits(GPIOB,GPIO_Pin_5)，然后再次调用延时 500 ms 函数 delay_ms(500)。这样就完成了一次闪烁。

在程序中，没有看到 PB5、GPIOB 和 GPIO_Pin_5 的定义，它们已经在固件函数标准库(stm32f10x_map_h 和 stm32f10x_gpio. h)中定义好了，由头文件 stm32f10x_led. h 包括进来。GPIO_SetBits 和 GPIO_ResetBits 这两个函数在 stm32f10x_gpio. c 中实现，后面将作介绍。

时序图反映的是高、低电压信号与时间的关系图，时间从左到右增长，高、低电压信号随着时间在低电平或高电平之间变化。这个时序图显示的是刚才实验中的 1 000 ms 的高、低电压信号片段。右边的省略号表示的是这些信号是重复出现的。

微控制器的最大优点之一就是它们从来不会抱怨不停地重复做同样的事情。为了让单片机不断闪烁，需要把让 LED 闪烁一次的几个语句放在 while(1){…}循环里。这里用到了 C 语言实现循环结构的一种形式：

while(表达式)　循环体语句

当表达式为非 0 值时，执行 while 语句中的内嵌语句，其特点是先判断表达式，后执行语句。例程中直接用 1 代替了表达式，因此总是非 0 值，所以循环永不结束，也就可以一直让 LED 灯闪烁。

注意：循环体语句如果包含一个以上的语句，就必须用花括号("{　}")括起来，以复合语句的形式出现。如果不加花括号，则 while 语句的范围只到 while 后面的第一个分号处。例如，本例中 while 语句中如果没有花括号，则 while 语句的作用范围只到"GPIO_SetBits(GPIOB,GPIO_Pin_5);"。

循环体语句也可以为空，就直接用 while(1);程序将一直停在此处。

接下来认识下 GPIO_Configuration 函数，I/O 口在使用前除了要使能时钟外，还必须使能端口。具体参考以下程序：

```
GPIO_InitTypeDef GPIO_InitStructure;
GPIO_InitStructure. GPIO_Pin=GPIO_Pin_5; //端口速度
GPIO_InitStructure. GPIO_Speed=GPIO_Speed_50 MHz; //输出为推挽模式
GPIO_InitStructure. GPIO_Mode=GPIO_Mode_Out_PP; //初始化 PB、PE
GPIO_Init(GPIOB,&GPIO_InitStructure);
```

使能端口一共分为三步：选择 I/O 的引脚号，比如 PB5 都需要使能 GPIO_Pin_5；

选择端口的工作速度，GPIO_Speed_2/10/50MHz；选择 I/O 引脚的工作模式，STM32 系列单片机的 I/O 引脚可配置成以下 8 种(4 输入+2 输出+2 复用输出)：

浮空输入：In_Floating。

带上拉输入：IPU(In Push-Up)。

带下拉输入：IPD(In Push-Down)。

模拟输入：AIN(Analog In)。

开漏输出：OUT_OD，OD 代表开漏：Open-Drain。(OC 代表开集：Open-Collector)。

推挽输出：OUT_PP。PP 代表推挽式：Push-Pull。

复用功能的推挽输出：AF_PP。AF 代表复用功能：Alternate-Function。

复用功能的开漏输出：AF_OD。

点亮 LED 灯主要采用的是 I/O 端口的输出功能，一般采用开漏输出或推挽输出，具体区别如下：

开漏输出：MOS 管漏极开路。要得到高电平状态需要上拉电阻才行。一般用于线或、线与，适合做电流型的驱动，其吸收电流的能力相对强（一般 20 mA 以内）。开漏是对 MOS 管而言，开集是对双极型管而言，在用法上没区别，开漏输出端相当于三极管的集电极。如果开漏引脚不连接外部的上拉电阻，则只能输出低电平。因此，对于经典的 MCS-51 单片机的 P0 口，要想做输入输出功能必须加外部上拉电阻，否则无法输出高电平逻辑。一般来说，可以利用上拉电阻接不同的电压，改变传输电平，以连接不同电平（3.3 V 或 5 V）的元器件或系统，这样就可以进行任意电平的转换了。

推挽输出：如果输出级的两个参数相同 MOS 管（或三极管）受两互补信号的控制，始终处于一个导通、一个截止的状态，就是推挽相连，这种结构称为推拉式电路。推挽输出电路输出高电平或低电平时，两个 MOS 管交替工作，可以减低功耗，并提高每个管的承受能力。又由于不论走哪一路，管子导通电阻都很小，使 RC 常数很小，逻辑电平转变速度很快，因此，推拉式输出既可以提高电路的负载能力，又能提高开关速度，且导通损耗小、效率高。输出既可以向负载灌电流（作为输出），也可以从负载抽取电流（作为输入）。

除此以外，其他的外设引脚设置应该参考以下原则：

外设对应的引脚为输入：则根据外围电路的配置可以选择浮空输入、带上拉输入或带下拉输入；ADC 对应的引脚：配置引脚为模拟输入；外设对应的引脚为输出：需要根据外围电路的配置选择对应的引脚为复用功能的推挽输出或复用功能的开漏输出。

如果把端口配置成复用输出功能，则引脚和输出寄存器断开并和片上外设的输出信号连接。将引脚配置成复用输出功能后，如果外设没有被激活，那么它的输出将不确定。

当 GPIO 口设为输入模式时，输出驱动电路与端口是断开的，此时输出速度配置无意义，不用配置。在复位期间和刚复位后，复用功能未开启，I/O 端口被配置成浮空输入模式。所有端口都有外部中断能力。为了使用外部中断线，端口必须配置成输入模式。

当 GPIO 口设为输出模式时，有 3 种输出速度可选（2 MHz、10 MHz 和 50 MHz），这个速度是指 I/O 口驱动电路的响应速度而不是输出信号的速度，输出信号的速度与程序有关（芯片内部在 I/O 口的输出部分安排了多个响应速度不同的输出驱动电路，可以根据需要选择合适的驱动电路）。

对于串口，假如最大波特率只需 115.2 Kbit/s，那么用 2 MHz 的 GPIO 的引脚速度就够了，既省电噪声也小；对于 I2C 接口，假如使用 400 Kbit/s 传输速率，若想把余量留大些，那么用 2 MHz 的 GPIO 的引脚速度或许不够，这时可以选用 10 MHz 的 GPIO 引脚速度；对于 SPI 接口，假如使用 18 MHz 或 9 MHz 传输速率，用 10 MHz 的 GPIO 的引脚速度显然不够了，需要选用 50 MHz 的 GPIO 的引脚速度。

由此可见，STM32 系列单片机的 GPIO 功能很强大，具有以下功能：

最基本的功能是可以驱动 LED、产生 PWM、驱动蜂鸣器等；具有单独的位设置或位清除，编程简单。端口配置好以后只需 GPIO_SetBits（GPIOx，GPIO_Pin_x）就可以实现对

GPIOx 的 pinx 位为高电平，GPIO_Reset Bits(GPIOx，GPIO_Pin_x)就可以实现对 GPIOx 的 pinx 位为低电平；具有外部中断唤醒能力，端口配置成输入模式时，具有外部中断能力；具有复用功能，复用功能的端口兼有 I/O 功能等；软件重新映射 I/O 复用功能：为了使不同元器件封装的外设 I/O 功能的数量达到最优，可以把一些复用功能重新映射到其他一些脚上，这可以通过软件配置相应的寄存器来完成；GPIO 口的配置具有锁定机制，当配置好 GPIO 口后，在一个端口位上执行了锁定(LOCK)，可以通过程序锁住配置组合，在下一次复位之前，将不能再更改端口位的配置。STM32 系列单片机的每个 GPIO 端口有两个 32 位配置寄存器(GPIOx_CRL，GPIOx_CRH)，两个 32 位数据寄存器(GPIOx_IDR，GPIOx_ODR)，一个 32 位置位/复位寄存器(GPIOx_BSRR)复位寄存器(GPIOx_BRR)和一个 32 位锁定寄存器(GPIOx_LCKR)。GPIO 端口可以由软件分别配置成多种模式。每个 I/O 端口位可以自由编程。

5.3.2 蜂鸣器实验

本节讲解 STM32 单片机的基本内容以及以蜂鸣器实验为例巩固 STM32 单片机的输入输出口作为“输出功能”的基本使用方法，通过本实验加深理解用 STM32 I/O 端口的配置方法及其相关原理和编程技术。

1) 蜂鸣器简介

蜂鸣器是一种一体化结构的电子讯响器，采用直流电压供电，广泛应用于计算机、打印机、复印机、报警器、电子玩具、汽车电子设备、电话机、定时器等电子产品中作发声元器件。蜂鸣器主要分为压电式蜂鸣器和电磁式蜂鸣器两种类型。

前面我们已经对 STM32 的 I/O 作了简单介绍。上一章，我们就是利用 STM32 的 I/O 口直接驱动 LED 的，本章的蜂鸣器，我们能否直接用 STM32 的 I/O 口驱动呢？让我们来分析下：STM32 的单个 I/O 最大可以提供 25 mA 电流(来自数据手册)，而蜂鸣器的驱动电流是 30 mA 左右，两者十分相近，但是全盘考虑，STM32 整个芯片的电流，最大也就 150 mA，如果用 I/O 口直接驱动蜂鸣器，其他地方用电就得省着点了……所以，我们不用 STM32 的 I/O 直接驱动蜂鸣器，而是通过三极管扩流后再驱动蜂鸣器，这样 STM32 的 I/O 只需要提供不到 1 mA 的电流就足够了。

I/O 口使用虽然简单，但是和外部电路的匹配设计，还是要十分讲究的，考虑越多，设计就越可靠，可能出现的问题也就越少。

2) 硬件设计

在本任务中，使用 PB8 来控制蜂鸣器以 2 Hz 的频率不断工作。

本实验需要用到的硬件有蜂鸣器。蜂鸣器在硬件上也是直接连接好了的，不需要经过任何设置，直接编写代码就可以了。蜂鸣器的驱动信号连接在 STM32 的 PB8 上。如图 5.3.3 所示。

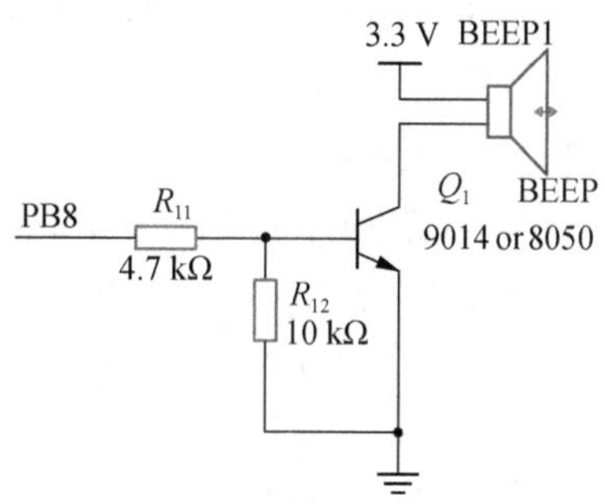

图 5.3.3　蜂鸣器实验电路图

3）软件设计

(1) 主程序

```
#include "stm32f10x.h"
#include "beep.h"
#include "delay.h"
int main(void)
{
beep_Init(); //初始化 beep
SysTick_Init(); //初始化时钟
while(1)
  {
  GPIO_SetBits(GPIOB,GPIO_Pin_8); //PB8 输出高电平
  Delay_ms(1 000); //延时 1 000 ms
  GPIO_ResetBits(GPIOB,GPIO_Pin_5); //PB8 输出低电平
  Delay_ms(1 000); //延时 1 000 ms
  }
}
```

主程序是如何工作的？结合电路图可知，当 PB8 发出低电平时，蜂鸣器发出响声；当 PB8 输出高电平时，蜂鸣器停止响声。再看 while(1)逻辑块中的语句，两次调用了延时函数，让单片机微控制器在给 PB8 引脚端口输出高电平和低电平之间都延时 1 000 ms，即输出的高电平和低电平都保持 1 000 ms，从而达到蜂鸣器以 2 Hz 的频率不断响和断的效果。

头文件 delay.h、时钟配置及端口配置方法与点亮二极管实验是一致的。

(2) STM32 单片机的时钟配置

当需要使用某模块时，记得一定要先使能对应的时钟。PB 口是挂在 APB2 时钟上，具体使用方法见以下程序：

```
RCC_APB2PeriphClockCmd(RCC_APB2Periph_GPIOB,ENABLE); //打开 PB 口时钟
```

(3) STM32 单片机的 I/O 端口配置

STM32 单片机的 I/O 端口结构和配置方法等内容，在前面已经介绍，这里不再重复介绍。

接下来认识下 GPIO_Configuration 函数，I/O 口在使用前除了要使能时钟外，还必须使能端口。具体参考以下程序：

```
GPIO_InitTypeDef GPIO_InitStructure;
GPIO_InitStructure.GPIO_Pin=GPIO_Pin_8; //端口速度
GPIO_InitStructure.GPIO_Speed=GPIO_Speed_50 MHz; //输出为推挽模式
GPIO_InitStructure.GPIO_Mode=GPIO_Mode_Out_PP; //初始化 PB
GPIO_Init(GPIOB,&GPIO_InitStructure);
```

使能端口一共分为三步：选择 I/O 的引脚号，比如 PB8 都需要使能 GPIO_Pin_8；选择端口的工作速度，GPIO_Speed_2/10/50 MHz；选择输入/输出引脚的工作模式，蜂鸣器实验需要的是输出功能，没有特殊要求，选择推挽输出即可。

5.3.3 按键输入实验

本节讲解 STM32 单片机的基本内容以及以按键输入实验为例讲解 STM32 单片机的输入输出口作为“输入功能”的基本使用方法，通过本实验加深理解用 STM32 I/O 端口的配置方法及其相关原理和编程技术。

1）开关简介

开关是一种控制电流是否通过的元器件，是电工电子设备中用来接通、断开和转换电路的机电元器件。开关的种类非常多，有按钮开关、钮子开关、船型开关、键盘开关、拨动开关等，如图 5.3.4 所示。

图 5.3.4 各种开关

2）硬件设计

在本任务中，使用 4 个按键分别来控制两个 LED 灯的不同变化。

本实验用到的硬件资源有：指示灯（LED2、LED3）；4 个按键（S1、S2、S3 和 S4）。

LED2、LED3 和 STM32 的连接在上两章都已经分别介绍了，在 STM32 开发板上的按键 S1 连接在 PE4 上、S2 连接在 PE3 上、S3 连接在 PE2 上、S4 连接在 PA0 上。如图 5.3.5 所示。这里需要注意的是：S1、S2 和 S3 是低电平有效的，而 S4 是高电平有效的，并且外部都没有上下拉电阻，所以，需要在 STM32 内部设置上下拉。

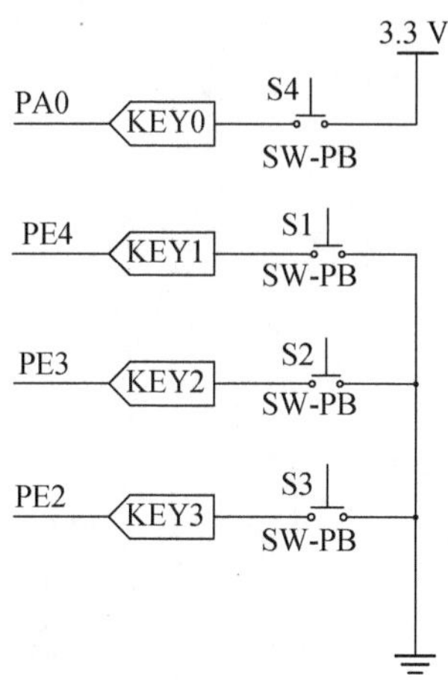

图 5.3.5 按键实验电路图

3）软件设计

（1）主程序

先进行一系列的初始化操作，然后在死循环中调用利用按键值，最后根据按键值控制 LED。

```
#include "stm32f10x.h"
#include "led.h"
#include "key.h"
#include "delay.h"
int main(void)
{
BEEP_Init(); //初始化 BEEP
KEY_Init(); //按键初始化
SysTick_Init(); //初始化时钟
while(1)
{
  if(! S1)
  {
    Delay_ms(10);
    if(! S1)
    {
      while(! S1);//等待按键释放
      LED2_REV;
    }
  }
  ////////////////////////////////////////////
  if(! S2)
```

```
    {
      Delay_ms(10);
      if(! S2)
      {
        while(! S2);
        LED3_REV;
      }
    }
    //////////////////////////////////////////
    if(! S3)
    {
      Delay_ms(10);
      if(! S3)
      {
        while(! S3);
        LED2_REV;
        LED3_REV;
      }
    }
  //////////////////////////////////////////
  if(S4)
    {
      Delay_ms(10);
      if(S4)
      {
        while(S4);
        for(j=0;j<10;j++)
      {
        LED2_REV;
        LED3_REV;
        Delay_ms(100);
        }
      }
    }
```

主程序是如何工作的？结合电路图可知，S1 控制 LED2，按一次亮，再按一次灭；S2 控制 LED3，按一次亮，再按一次灭；S3 控制 LED2 和 LED3，它们的状态就立刻翻转一次；S3 控制 LED2 和 LED3，它们的状态就翻转十次。

(2) STM32 单片机的时钟和 I/O 端口配置

① void KEY_Init(void)函数

首先使能 GPIOA 和 GPIOE 时钟，然后实现 PA0、PE2～4 的输入设置。

```
void KEY_Init(void)
{
    GPIO_InitTypeDef GPIO_InitStructure; //打开 PB 口时钟
    RCC_APB2PeriphClockCmd(RCC_APB2Periph_GPIOB,ENABLE); //打开 PA 口时钟
    RCC_APB2PeriphClockCmd(RCC_APB2Periph_GPIOA,ENABLE); //打开 PE 口时钟
    RCC_APB2PeriphClockCmd(RCC_APB2Periph_GPIOE,ENABLE); //PE2,PE3,
PE4 引脚设置
    GPIO_InitStructure.GPIO_Pin=GPIO_Pin_2|GPIO_Pin_3|GPIO_Pin_4; //端口速度
    GPIO_InitStructure.GPIO_Speed=GPIO_Speed_10 MHz; //端口模式，此为输入上
拉模式
    GPIO_InitStructure.GPIO_Mode=GPIO_Mode_IPU; //初始化对应的端口
    GPIO_Init(GPIOE,&GPIO_InitStructure); //PA0 引脚设置
    GPIO_InitStructure.GPIO_Pin=GPIO_Pin_0; //端口速度
    GPIO_InitStructure.GPIO_Speed=GPIO_Speed_10 MHz; //端口模式，此为输入下
拉模式
    GPIO_InitStructure.GPIO_Mode=GPIO_Mode_IPD; //初始化对应的端口
    GPIO_Init(GPIOA,&GPIO_InitStructure);
}
```

5.3.4　串口实验

1) 串口简介

串行通信是指数据的各个二进制位按照顺序一位一位地进行传输。单片机的串行通信是将数据的二进制位，按照一定的顺序进行逐位发送，接收方则按照对应的顺序逐位接收，并将数据恢复出来。串行通信的示意图如图 5.3.6 所示。这种通信方式的优点是所需的数据线少，节省硬件成本及单片机的引脚资源，并且抗干扰能力强，适合于远距离数据传输，其缺点是每次发送一个比特，导致传输速度慢，效率低。

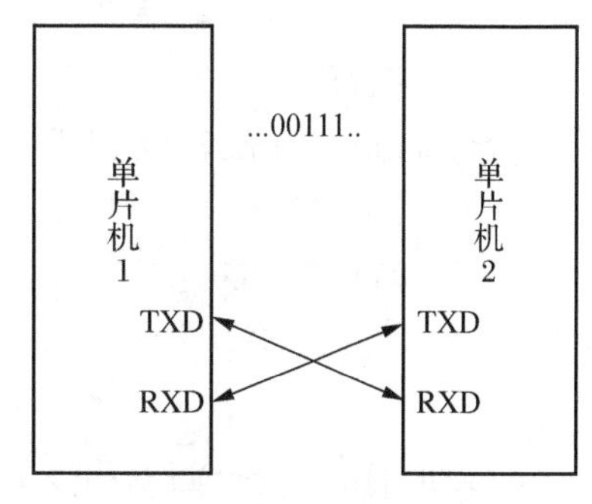

图 5.3.6　串行通信

串口作为 MCU 的重要外部接口，同时也是软件开发重要的调试手段。STM32F3 系列单片机最多可提供 5 路串口，有分数波特率发生器、支持同步单线通信和半双工单线通信等。

2) 硬件设计

本实验任务是每间隔 500 ms，通过串口向外发送“开发板串口测试程序”，同时 LED2 灯状态取反一次。

本实验需要用到的硬件资源有:LED2 和串口 1。

串口 1 之前还没有介绍过,本实验用到的串口 1 与 USB 串口并没有在 PCB 上连接在一起,需要通过跳线帽来连接一下。这里我们把 P6 的 RXD 和 TXD 用跳线帽与 PA9 和 PA10 连接起来,如图 5.3.7 所示。

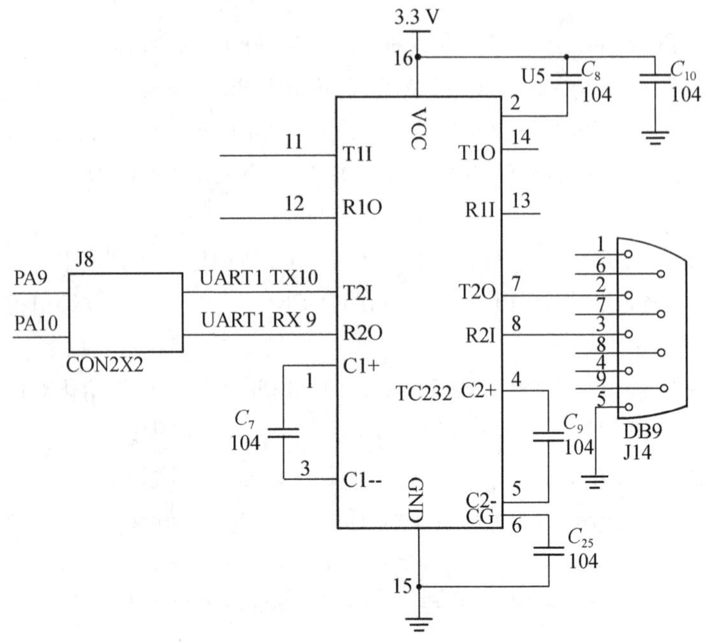

图 5.3.7 串口通信

3) 软件设计

串口设置的一般步骤可以总结为如下几个步骤:串口时钟使能,GPIO 时钟使能;串口复位;GPIO 端口模式设置;串口参数初始化;开启中断并且初始化 NVIC(如果需要开启中断才需要这个步骤);使能串口;编写中断处理函数。

(1) 主程序

```
#include "stm32f10x. h"
#include "led. h"
#include "delay. h"
int main(void)
{
GPIO_InitTypeDef GPIO_InitStructure;
USART_InitTypeDef USART_InitStructure;
RCC_APB2PeriphClockCmd(RCC_APB2Periph_USART1 | RCC_APB2Periph_GPIOA,ENABLE);//使能 USART1,GPIOA 时钟
USART_DeInit(USART1); //复位串口 1//USART1_TX PA. 9
GPIO_InitStructure. GPIO_Pin=GPIO_Pin_9; //PA. 9
GPIO_InitStructure. GPIO_Speed=GPIO_Speed_50 MHz;
```

```
    GPIO_InitStructure.GPIO_Mode=GPIO_Mode_AF_PP; //复用推挽输出
    GPIO_Init(GPIOA,&GPIO_InitStructure); //初始化 PA9
    GPIO_InitStructure.GPIO_Pin=GPIO_Pin_10;
    GPIO_InitStructure.GPIO_Mode=GPIO_Mode_IN_FLOATING; //浮空输入
    GPIO_Init(GPIOA,&GPIO_InitStructure); //初始化 PA10
    USART_InitStructure.USART_BaudRate=9600;
    USART_InitStructure.USART_WordLength=USART_WordLength_8b;
    USART_InitStructure.USART_StopBits=USART_StopBits_1;
    USART_InitStructure.USART_Parity=USART_Parity_No;
    USART_InitStructure.USART_HardwareFlowControl=USART_HardwareFlowControl_None;
    USART_InitStructure.USART_Mode=USART_Mode_Rx|USART_Mode_Tx;
    USART_Init(USART1,&USART_InitStructure);
    USART_Cmd(USART1,ENABLE); //使能串口
    LED_Init();//LED 初始化
    SysTick_Init();//延时初始化
    while(1)
      {
        printf("\n\rUSART Printf Example:开发板串口测试程序\r");
        Delay_ms(500);
        LED2_REV;
      }
    }
```

(2) 串口通信程序相关配置程序

① 串口时钟使能。串口是挂载在 APB2 下面的外设，所以使能函数为：

RCC_APB2PeriphClockCmd(RCC_APB2Periph_USART1);

② 串口复位。当外设出现异常的时候可以通过复位设置，实现该外设的复位，然后重新配置这个外设达到让其重新工作的目的。一般在系统刚开始配置外设的时候，都会先执行复位该外设的操作。复位的是在函数 USART_DeInit()中完成：

void USART_DeInit(USART_TypeDef * USARTx); //串口复位

比如我们要复位串口 1，方法为：USART_DeInit(USART1); //复位串口 1

③ 串口参数初始化。

一般的实现格式为：

USART_InitStructure.USART_BaudRate=bound; //波特率设置;

USART_InitStructure.USART_WordLength=USART_WordLength_8b; //字长为 8 位数据格式

USART_InitStructure.USART_StopBits=USART_StopBits_1; //一个停止位

USART_InitStructure.USART_Parity=USART_Parity_No; //无奇偶校验位

USART_InitStructure. USART_HardwareFlowControl

USART_HardwareFlowControl_None；//无硬件数据流控制

USART_InitStructure. USART_Mode=USART_Mode_Rx|USART_Mode_Tx；//收发模式

USART_Init(USART1,&USART_InitStructure)；//初始化串口

从上面的初始化格式可以看出初始化需要设置的参数为：波特率、字长、停止位、奇偶校验位、硬件数据流控制、模式(收、发)。我们可以根据需要设置这些参数。

④ 数据发送与接收。STM32的发送与接收是通过数据寄存器USART_DR来实现的，这是一个双寄存器，包含了TDR和RDR。当向该寄存器写数据的时候，串口就会自动发送，当收到数据的时候，也是存在该寄存器内。

STM32库函数操作USART_DR寄存器发送数据的函数是：

void USART_SendData(USART_TypeDef * USARTx,uint16_t Data)；

通过该函数向串口寄存器USART_DR写入一个数据。

STM32库函数操作USART_DR寄存器读取串口接收到的数据的函数是：

uint16_t USART_ReceiveData(USART_TypeDef * USARTx)；//通过该函数可以读取串口接受到的数据

⑤ 串口状态。串口的状态可以通过状态寄存器USART_SR读取。

在我们固件库函数里面，读取串口状态的函数是：

FlagStatus USART_GetFlagStatus(USART_TypeDef * USARTx,uint16_t USART_FLAG)；

这个函数的第二个入口参数非常关键，它是标示要查看串口的哪种状态，比如上面讲解的RXNE(读数据寄存器非空)以及TC(发送完成)。例如我们要判断读寄存器是否非空(RXNE)，操作库函数的方法是：

USART_GetFlagStatus(USART1,USART_FLAG_RXNE)；

要判断发送是否完成(TC)，操作库函数的方法是：

USART_GetFlagStatus(USART1,USART_FLAG_TC)；

这些标识号在MDK里面是通过宏定义定义的：

```
#define USART_IT_PE((uint16_t)0x0028)
#define USART_IT_TXE((uint16_t)0x0727)
#define USART_IT_TC((uint16_t)0x0626)
#define USART_IT_RXNE((uint16_t)0x0525)
#define USART_IT_IDLE((uint16_t)0x0424)
#define USART_IT_LBD((uint16_t)0x0846)
#define USART_IT_CTS((uint16_t)0x096A)
#define USART_IT_ERR((uint16_t)0x0060)
#define USART_IT_ORE((uint16_t)0x0360)
#define USART_IT_NE((uint16_t)0x0260)
#define USART_IT_FE((uint16_t)0x0160)
```

⑥ 串口使能。串口使能是通过函数 USART_Cmd()来实现的,使用方法是:

USART_Cmd(USART1,ENABLE); //使能串口

5.3.5 中断实验

1) 中断简介

单片机中断是指 CPU 在正常执行程序的过程中,由于计算机内部或外部发生了另一事件(如定时时间到,外部中断触发等),请求 CPU 迅速去处理,CPU 暂时停止当前程序的运行,而转去处理所发生的事件,等这个突发事件处理完成后,再回到正常执行程序。常见的单片机中断方式有三种:外部中断、定时中断和串口中断,本节主要讲解外部中断的使用。

STM32 的每个 I/O 都可以作为外部中断的中断输入口,这点也是 STM32 的强大之处。STM32F103 的中断控制器支持 19 个外部中断事件请求。每个中断设有状态位,每个中断事件都有独立的触发和屏蔽设置。STM32F103 的 19 个外部中断为:线 0 至线 15 对应外部 I/O 口的输入中断;线 16 连接到 PVD 输出;线 17 连接到 RTC 闹钟事件;线 18 连接到 USB 唤醒事件。

STM32 供 I/O 口使用的中断线只有 16 个,但是 STM32 的 I/O 口却远远不止 16 个,STM32 就这样设计,GPIO 的管脚 GPIOx. 0～GPIOx. 15(x＝A,B,C,D,E,F,G)分别对应中断线 0～15。这样每个中断线对应了最多 7 个 I/O 口,以线 0 为例,它对应了 GPIOA0、GPIOB0、GPIOC0、GPIOD0、GPIOE0、GPIOF0、GPIOG0。而中断线每次只能连接到 1 个 I/O 口上,这样就需要通过配置来决定对应的中断线配置到哪个 GPIO 上了。

2) 硬件设计

本次试验任务要实现同 5.3.3 相同功能,但是这里使用的是中断来检测按键,S1 控制 LED2,按一次亮,再按一次灭;S2 控制 LED3,按一次亮,再按一次灭;S3 控制 LED2 和 LED3,它们的状态就立刻翻转一次;S3 控制 LED2 和 LED3,它们的状态就翻转十次。

本实验用到的硬件资源有:指示灯(LED2、LED3);4 个按键(S1、S2、S3 和 S4)。

LED2、LED3 和 STM32 的连接在上两章都已经分别介绍了,在 STM32 开发板上的按键 S1 连接在 PE4 上、S2 连接在 PE3 上、S3 连接在 PE2 上、S4 连接在 PA0 上。如图 5.3.4 所示。这里需要注意的是:S1、S2 和 S3 是低电平有效的,而 S4 是高电平有效的,并且外部都没有上下拉电阻,所以,需要在 STM32 内部设置上下拉电阻。

3) 软件设计

(1) 主程序

```
#include "stm32f10x.h"
#include "led.h"
#include "delay.h"
#include "key.h"
#include "exti.h"
int main(void)
{
delay_init(); //延时函数初始化
```

```
NVIC_PriorityGroupConfig(NVIC_PriorityGroup_2)；//设置 NVIC 中断分组 2
LED_Init()；//初始化与 LED 连接的硬件接口
KEY_Init()；//初始化与按键连接的硬件接口
EXTIX_Init()；//外部中断初始化
LED2=0；//点亮 LED2
while(1)
{
  printf("OK\r\n")；//打印 OK
  delay_ms(1 000)；
}
    }
```

在初始化完中断后，点亮 LED2，就进入死循环等待了，这里死循环里面通过一个 printf 函数来告诉我们系统正在运行，在中断发生后，就执行中断服务函数做出相应的处理。

(2) 中断服务程序

使用 I/O 口外部中断的一般步骤：

① 初始化 I/O 口为输入。

② 开启 AFIO 时钟。

③ 设置 I/O 口与中断线的映射关系。

④ 初始化线上中断，设置触发条件等。

⑤ 配置中断分组(NVIC)，并使能中断。

⑥ 编写中断服务函数。

下面具体介绍中断服务程序的具体内容：

外部中断初始化函数：

void EXTI0_IRQHandler(void)是外部中断 0 的服务函数，负责 S1 按键的中断检测；

void EXTI2_IRQHandler(void)是外部中断 2 的服务函数，负责 S2 按键的中断检测；

void EXTI3_IRQHandler(void)是外部中断 3 的服务函数，负责 S3 按键的中断检测；

void EXTI4_IRQHandler(void)是外部中断 4 的服务函数，负责 S4 按键的中断检测；

对于每个中断线的配置几乎都是雷同的，下面我们列出中断线 2 的相关配置代码：

首先调用 KEY_Init()函数，接着配置中断线和 GPIO 的映射关系，然后初始化中断线。

```
#include "exti. h"
#include "led. h"
#include "key. h"
#include "delay. h"
#include "usart. h"
#include "beep. h"
//外部中断 0 服务程序
void EXTIX_Init(void)
{
```

```
EXTI_InitTypeDef EXTI_InitStructure;
NVIC_InitTypeDef NVIC_InitStructure;
KEY_Init(); //① 按键端口初始化
RCC_APB2PeriphClockCmd(RCC_APB2Periph_AFIO,ENABLE); //② 开启 AFIO 时钟
//GPIOE.2 中断线以及中断初始化配置,下降沿触发
GPIO_EXTILineConfig(GPIO_PortSourceGPIOE,GPIO_PinSource2); //③ 设置 I/O 与中断线的映射关系
EXTI_InitStructure.EXTI_Line=EXTI_Line2;
EXTI_InitStructure.EXTI_Mode=EXTI_Mode_Interrupt;
EXTI_InitStructure.EXTI_Trigger=EXTI_Trigger_Falling; //下降沿触发
EXTI_InitStructure.EXTI_LineCmd=ENABLE;
EXTI_Init(&EXTI_InitStructure); //④ 初始化中断线参数
NVIC_InitStructure.NVIC_IRQChannel=EXTI2_IRQn; //使能按键外部中断通道
NVIC_InitStructure.NVIC_IRQChannelPreemptionPriority=0x02; //抢占优先级 2
NVIC_InitStructure.NVIC_IRQChannelSubPriority=0x02; //子优先级 2
NVIC_InitStructure.NVIC_IRQChannelCmd=ENABLE; //使能外部中断通道
NVIC_Init(&NVIC_InitStructure); //⑤ 初始化 NVIC
}
//⑥外部中断 2 服务程序
```

接下来我们介绍各个按键的中断服务函数,一共 4 个。

先看按键 S2 的中断服务函数 void EXTI2_IRQHandler(void),该函数代码比较简单,先延时 10 ms 以消抖,再检测 KEY2 是否还是为低电平,如果是,则执行此次操作(翻转 LED0 控制信号),如果不是,则直接跳过,在最后有一句 EXTI_ClearITPendingBit(EXTI_Line2);通过该句清除已经发生的中断请求。同样,我们可以发现 S1、S3 和 S4 的中断服务函数和 S2 按键的中断服务函数十分相似。

```
void EXTI2_IRQHandler(void)
{
delay_ms(10); //消抖
if(KEY2==0) //按键 KEY2
{
LED3=! LED3;
}
EXTI_ClearITPendingBit(EXTI_Line2); //清除 LINE2 上的中断标志位
}
```

6　互联网+实验入门

本章以上海有擎科技有限公司"硬木课堂"为基础，选用其系列产品 e-Lab 模数混合综合实验平台作为实践支撑，进行互联网+实验的入门学习。该平台集成了多种仪器(包括示波器、信号源、电源、数字 I/O 等功能)。学生可以在实验室外随时随地动手实践，充分利用课后的"碎片时间"进行与实践相关的预习、复习和动手设计，从时间和空间上保证了理论和实验课程同步进行，甚至在理论课堂上就同步开展实验验证，这有助于帮助学生理解理论知识，提高实践能力。

e-Lab 模数混合综合实验平台的准确性和易用性可以帮助学生在课外实践中获得和实体实验室非常近似的体验，从电路设计伊始就得到源和测试结果的帮助，有效提升了实验的效率和成功率，该实验平台的目标是实现"实验地点"及"实验时间"的完全灵活，以及"实验内容"向设计型转变和普及。

6.1　平台介绍

e-Lab 模数混合综合实验平台(EPI-EWB204+)如图 6.1.1 所示，集成 4 路模拟数据采集通道、32 路数字 I/O 通道、2 路模拟输出通道、12 款最为常用的仪器(包括示波器、数字万用表、函数发生器、数据采集卡、幅频特性分析仪、频谱图仪、对外供电、逻辑分析仪、脉冲信号发生器、静态输入和输出、多功能数字 I/O 等)。该平台既可作为课程实验平台，又可作为综合课程设计和学生创新实践项目的开放平台。

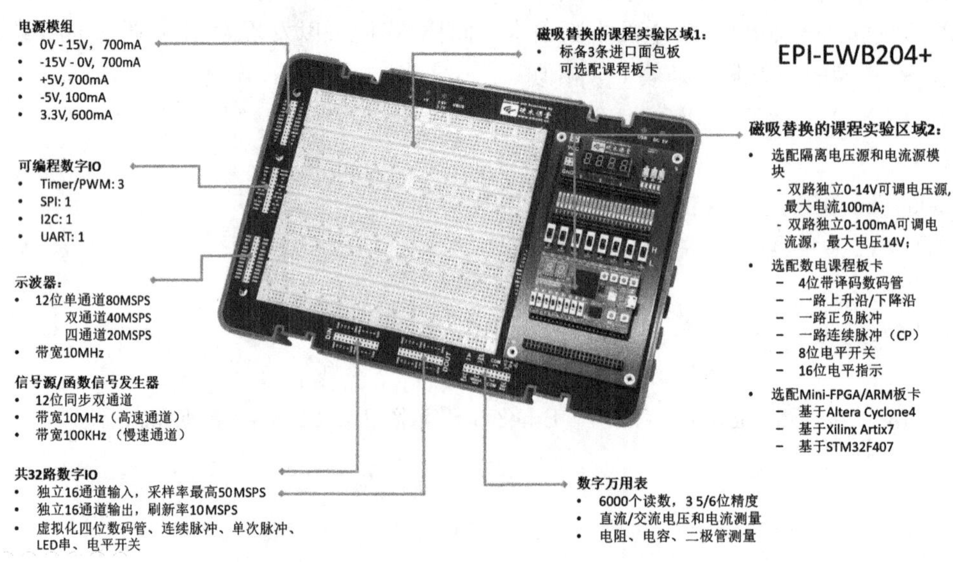

图 6.1.1　e-Lab 模数混合综合实验平台

e-Lab 模数混合综合实验平台通过 USB 连接 PC 机，连接简单，便于调试。该平台提供免费的上位机软件用于访问 12 款仪器，通过上位机界面提供交互式的人机接口来显示仪器采集结果，并且可以对仪器进行参数配置。该平台提供的动态链接库文件可以在 VC、VB、Labview、Labwindows、Matlab、Python 中对平台进行二次开发，对采集到的数据完成自定义以及更为复杂的分析，提供完整的 VC、Labview、LabWindows、Python、Matlab 的开发例程。

e-Lab 模数混合综合实验平台提供 Multisim 中的仪器接口，可以在 Multisim 的 Labview Instruments 中调用，提供示波器、信号源、电源、万用表、数字输入和输出功能，实现虚拟仿真波形与实测波形的对比。

e-Lab 模数混合综合实验平台提供免费的远程互联功能，教师和学生在任意地点可以通过网络访问并控制对方的设备，进行演示或联调协助，数据交互在上位机软件中以波形数据和控制数据实现。该实验平台同时提供使用情况统计报告功能，可以分析批量设备的利用率和学生的使用习惯分析。该实验平台提供电子实验报告系统接口，实现互联网+实验教学管理，包括实验和课件资源发布、实验报告上传、实验数据和实验仪器截图上传、教师批改等一系列功能。

6.1.1 平台 EPI-EWB204+接口

EWB204+还提供了业界标准的 BNC 接口供示波器和信号源使用，提供香蕉头插孔供万用表使用。图 6.1.2 展示了 6 路 BNC 接口，包含四路示波器、两路信号源。

图 6.1.2 6 路 BNC 接口

图 6.1.3 展示了万用表香蕉插孔、DC 5 V 输入接口和 USB 数据通信接口。

USB 数据通信接口，同时给内部虚拟仪器和对外供电提供电源；注意使用此 USB 口对外供电时，仅能提供 1.5 W 的功率，当超过 1.5 W 后，对外供电将关断；建议使用 USB3.0 口为 EWB204+提供充足的电流。

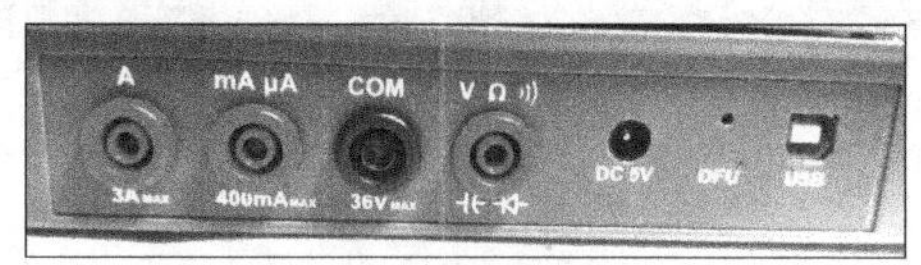

图 6.1.3 万用表和 USB 通信接口

功率 DC 5 V 输入，当对外供电需要更大功率时，请接入 5 V 电源，对外供电电路将自动切换到 DC 5 V 输入。此时对外供电的输出根据 DC 5 V 功率而定。

6.1.2 平台板卡扩展

实验平台课程模块磁吸/插接区域，除了标配的高品质面包板外还可以选配各种课程实验板卡，可以完成下面一系列课程的教学和实验需求，如“电路原理实验”“模拟电路实验”“数字电路实验”等。

在数字电路实验中除了标配的数电课程板卡如图 6.1.4 所示，还可以选配 Mini-FPGA 板卡如图 6.1.5 所示。

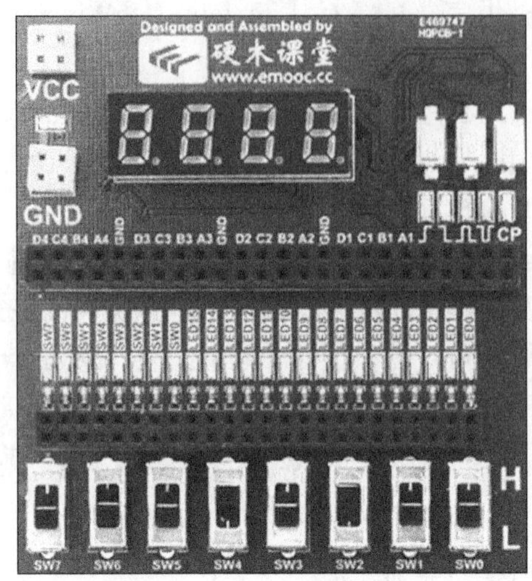

图 6.1.4　标配数电课程板卡

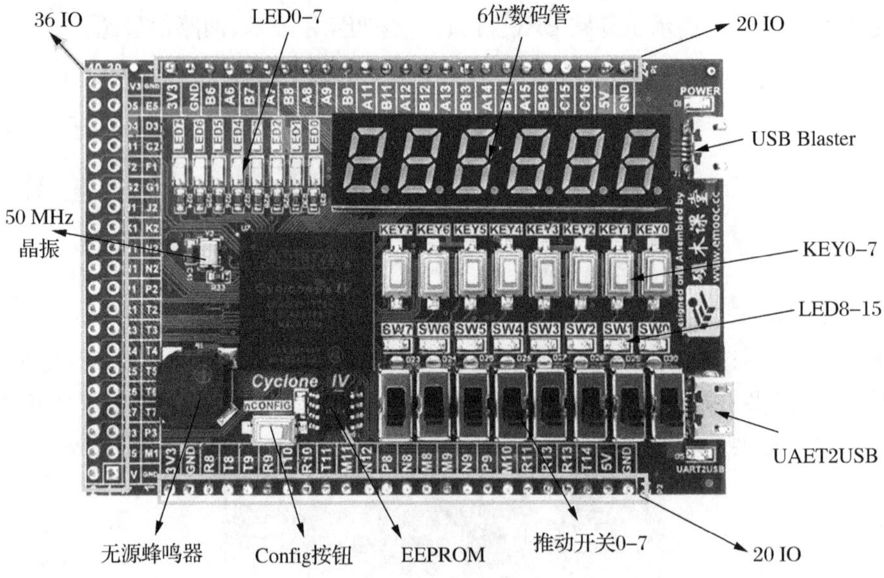

图 6.1.5　Mini_FPGA_Cyclone4 板卡

标配课程办卡数电实验外设有：4 位带译码数码管、1 路上升沿和下降沿、1 路正脉冲和负脉冲、1 路连续脉冲、8 位电平开关、16 位电平指示 LED。

SW0—SW7：电平开关，推向上方对应插孔输出高电平，同时插孔上方 LED 亮起；推向下方对应插孔输出低电平，同时插孔上方 LED 熄灭。

LED0—LED15：电平指示 LED，对应插孔输入高电平时亮起，输入低电平或悬空时熄灭。

数码管控制输入，带译码功能：D4—A4，D3—A3，D2—A2，D1—A1 上输入的二进制 0000—1111 控制 4 位数码管从左到右 4 个管子显示 0—F。

边沿按键下降沿：初始时输出高电平，按下输出低电平，松手返回高电平。

边沿按键上升沿：初始时输出高电平，按下输出低电平，松手返回高电平。

脉冲按键正脉冲：初始时输出低电平，按下输出高电平，250 ms 后返回低电平。

脉冲按键负脉冲：初始时输出高电平，按下输出低电平，250 ms 后返回高电平。

CP 按键：每次按下 CP 按键，都会改变 CP 引脚的输出时钟的频率，从 1 Hz、10 Hz、100 Hz、1 kHz、10 kHz、100 kHz 到 1 MHz 依次进行切换，切换时同时在数码管上显示当前频率值。

Mini_FPGA_Cyclone4 板卡的框架设计主要包括三个部分：

(1) 核心 FPGA 芯片：选用 256 个管脚的 FPGA 芯片 CycloneIV EP4CE6F17C8。

(2) 外围设备：包含 LED 灯、数码管、蜂鸣器、按键开关、拨动开关、JTAG 接口和 DART 接口等；开发板的上方、下方和左方共有 76 个通用 I/O 口，加上一定的 GND 或 Power 通道；此外，为减少携带难度，开发板上还集成了下载器电路、外扩存储器、电源与一个能产生 50 MHz 时钟信号的晶体振荡器。

(3) USB 下载电缆：实现计算机与 Mini_FPGA 板卡之间的传输功能。

6.2　虚拟仪器上位机软件

在 PC 机上安装 Electronics Pioneer 十二合一虚拟仪器上位机软件，该软件兼容硬木课堂的 102\104\204\302\304\404 全系列平台。

在桌面快捷方式、开始菜单—所有应用中可以找到“Electronics Pioneer”如图 6.2.1 所示的程序快捷方式。点击程序图标，可以启动主界面。

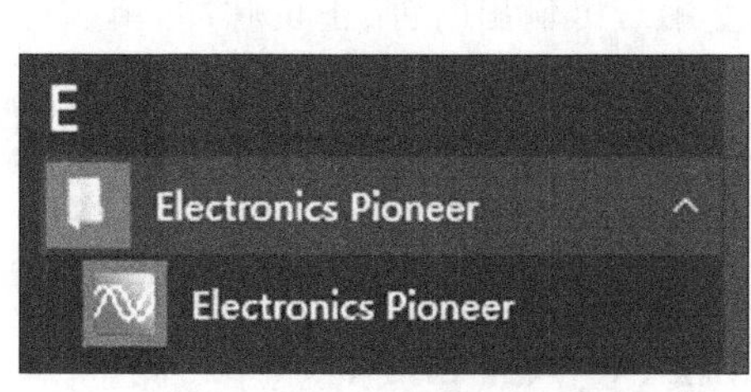

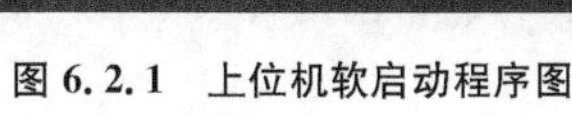
图 6.2.1　上位机软启动程序图

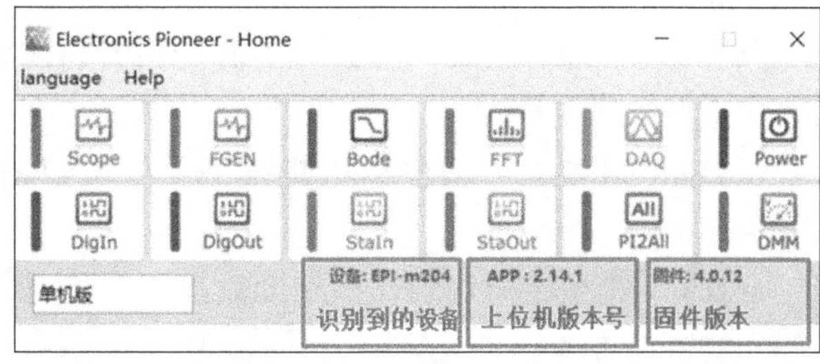

图 6.2.2　12 种虚拟仪器

将平台和 PC 机连接，上位机软件会识别到插入的设备型号和其固件号，此时屏幕弹出 12 种虚拟仪器，如图 6.2.2 所示，在此上位机软件界面上可选用所需的仪器。

如果没有识别到设备和固件，重试几次都没能找到设备，通常都是因为设备驱动没有安装成功，连接好平台但是在设备管理器中没有发现设备，或被 Windows 识别为“unknown device”，此情况代表 USB 枚举失败，多是硬件问题，请尝试更换 USB 线缆，更换 USB 口(台式机请使用后置的 USB 口，它们是直接焊接在主板上的，信号质量和供电能力都更好)，或者更换易派，看看是哪一部分的硬件出了问题。

6.3 虚拟仪器的使用

6.3.1 相关虚拟仪器图标

(1) 12 位 80 MSPS(Million Samples per Second)实时采样模拟输入通道,输入范围±25 V,可通过×10 探头扩展到±250 V,带宽 5 MHz;可配置为 4 通道 20 MSPS,双通道 40 MSPS 或单通道 80 MSPS 示波器。

(2) 两通道函数信号发生器/信号源,可输出正弦、方波、三角波和任意波形,高速通道最高支持频率 5 MHz,频率步进 1 Hz,波形幅度范围 10 V_{pp},调节步进 1 mV;慢速通道最高支持频率 100 kHz,频率步进 1 Hz,波形幅度范围 10 V_{pp},调节步进 1 mV。

(3) 波特图分析仪,频率范围为 1 Hz 至 5 MHz。

(4) 频谱图仪,DC-20 MHz,可选带宽和窗函数、平均模式。

(5) 数据采集卡支持 4 通道模拟输入的实时采样和存储,采样率可设置,最高每通道 1 MSPS,采样深度根据电脑内存决定。

(6) 对外供电,提供一组正负可调输出,输出电压±3 V 至±15 V,调节步进 50 mV,输出电流 700 mA,提供输出限流调节和输出电流监测功能;一组固定±5 V 输出,输出电流 700 mA/100 mA;一组固定 3.3 V 输出,输出电流 600 mA;所有电源均带有短路保护功能。

(7) 逻辑分析仪,独立 16 通道,最高采样率 50 MSPS,支持单次、连续和实时采样模式。

(8) 脉冲信号发生器,独立 16 通道,最高刷新率 10 MSPS,可输出自定义的脉冲序列。

(9) 静态输入,16 通道(与逻辑分析仪复用),可配置为带译码的 4 位数码管,或 16 路 LED。

(10) 静态输出,16 通道(与脉冲信号发生器复用),可输出时钟、正负脉冲、单次边沿、电平开关等时序。

(11) 独立可编程多功能数字 I/O 端口,提供参数化编程的 SPI、I2C、UART 和 PWM 功能。

(12) 数字万用表,6 000 读数,3 5/6 位,提供交直流电压(0.1 mV~36 V(安全电压))、交直流电流(0.1 μA~10 A)、电阻(0.1 Ω~40 MΩ)、电容(10 pF~4 000 μF)测量。

6.3.2 示波器的使用

点击图 6.2.2 上的示波器按钮,打开示波器界面,如图 6.3.1 所示。仅开启通道 1 时,通道 1 采样率最高 80 MSPS;当示波器界面上仅开启通道 1 和通道 2 时,每通道采样率最高40 MSPS;当示波器界面上通道 3 或通道 4 有任意一个开启时,每通道采样率最高 20 MSPS。

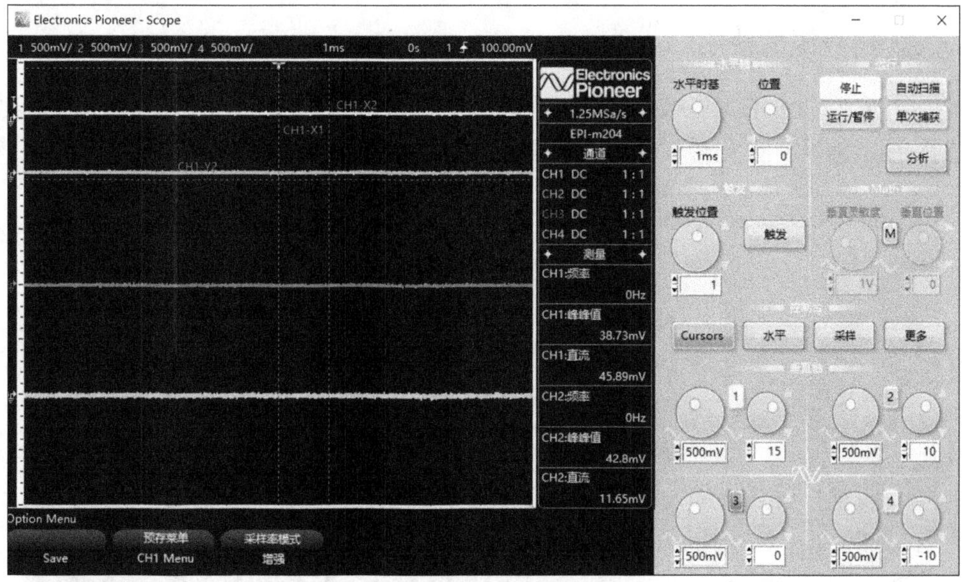

图 6.3.1　示波器界面

示波器界面分为左右两部分：显示和二级菜单区域、操作区域，在操作区域通过按钮操作，显示区域会有对应的变化，操作区的所有旋钮都可以用鼠标中键的滚轮来操作，用上下滚动鼠标中键来模拟旋钮的转动。示波器的参数如表 6.3.1 所示。

图 6.3.1　示波器参数

参数	数值
通道数量	4 个
输入阻抗	1 MΩ，10 pF
耦合方式	AC/DC
过压保护	±50 V
输入带宽	>10 MHz
ADC 分辨率	12 位
最大采样率	80 MSPS@1CH，40 MSPS@2CH，20 MSPS@4CH
最大采样深度	10 000 点
电压量程	±25 V
垂直精度	±1%
垂直分辨率	10 mV/div～5 V/div
时基量程	50 ns～200 ms
自动扫描	有
带预触发的单次捕获	有
触发斜率	上升沿/下降沿，脉冲宽度
触发源	通道 1、通道 2、通道 3、通道 4
触发电平可调	是
光标测量	有
自动测量	频率、峰峰值、直流等
Office 报告和源数据保存	有

6.3.3　信号源的使用

点击图 6.2.2 上的信号源按钮 ，打开信号源界面，如图 6.3.2 所示。信号源上需要设定的主要参数包括：信号类型、信号频率、信号峰峰值、信号直流分量和双通道信号的相对相位。

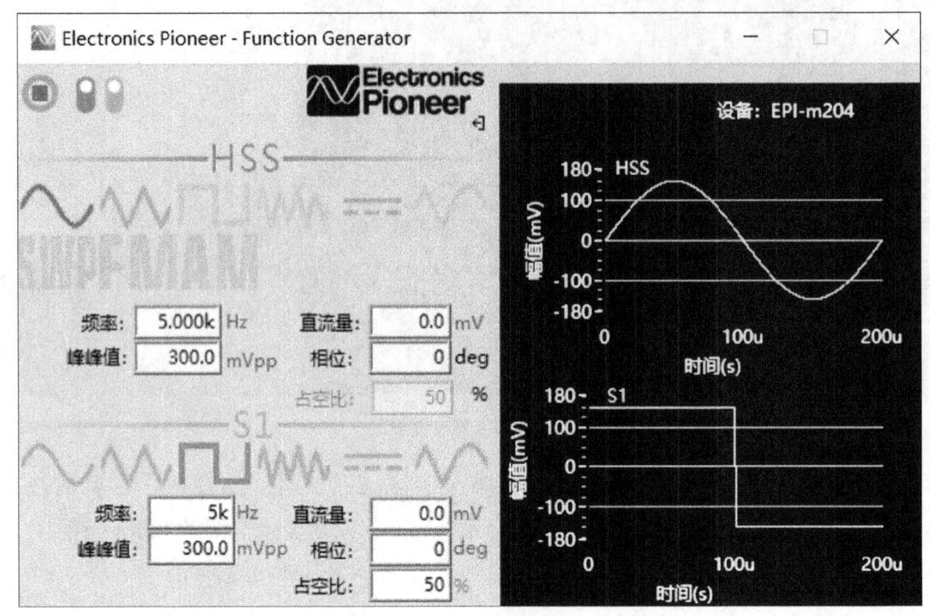

图 6.3.2　信号源界面

的三个图标依次表示：信号源的总"开关"、高速信号源开关、信号源 1 开关。

的六个图标依次表示：正弦波、三角波、方波、白噪声、直流、任意波。

所有的数据框，除了手动输入数据外，还可以用鼠标中键滚轮来改变数值，根据鼠标光标所在的位置进行数值的递增或递减，信号源的参数如表 6.3.2 所示。

表 6.3.2　信号源参数

参数	数值
通道数量	2 个
DAC 分辨率	12 位
ROM 深度	1 000 采样点
最小模拟信号输出	±2.5 mV
最大模拟信号输出	±5 V
输出阻抗	50 Ω
最大输出电流	±20 mA
输出信号类型	正弦波、方波、三角波、白噪声、直流
输出正弦波最大频率	10 MHz(HSS 通道) 100 kHz(S1)，步进 1 Hz
输出三角波最大频率	1 MHz(HSS 通道) 20 kHz(S1)，步进 1 Hz
输出方波最大频率	100 kHz(S1)
直流输出范围	±5 V，步进 5 mV

EPI-EWB204+信号源 S1 带宽有限，输出方波的上升沿大概在 150 ns，用作数字电路时钟时可能某些芯片会产生误触发。根据所驱动的数字电路的供电，选择是 5 V 还是 3.3 V 的时钟或电平输出，给数字电路提供时钟，请尽量使用静态输出中的时钟输出，或 PI2ALL 中的 PWM 配合逻辑分析仪使用。

6.3.4　电源的使用

点击图 6.2.2 上的电源按钮，打开对外供电主界面，如图 6.3.3 所示。

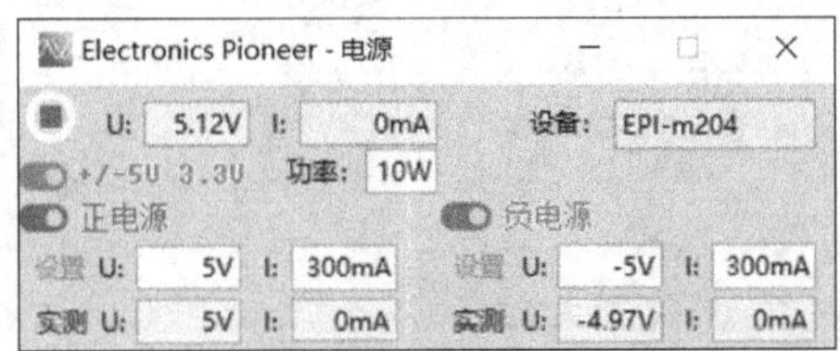

图 6.3.3　电源界面

对外供电的使用步骤：

(1) 插入 DC 5 V；

(2) 打开对外供电的电源开关，观察输入电压值是否正常(5 V±0.5 V)，并设置总输入功率保护；

(3) 如果只需使用±5 V 或 3.3 V，打开±5 V 和 3.3 V 的使能开关即可，注意通过 DC 5 V 的输入电流来判断电路工作是否正常；

(4) 如果要使用正负电源，先请根据需要设置好正负电源的输出电压和限流保护值，检查接线，避免硬件上的短路，再开启正负电源；注意通过正负电源的输出电流和电压的实测值来判断电路工作状态。

对外供电电源的参数如表 6.3.3 所示。

表 6.3.3　电源的参数

参数	数值
额定输入	5 V，最大不超过 6 V
输出电压值	±5 V，3.3 V
电压范围	+3 到+15 V −3 到−15 V
额定电流	±500 mA
±5 V 额定电流	+5 V：500 mA −5 V：100 mA
3.3 V 额定电流	600 mA
短路和过流保护	有
5 V 输入功率测量	有，电压和电流测量
±V 输出功率测量	有，电压和电流测量

6.3.5 逻辑分析仪的使用

点击图 6.2.2 上的逻辑分析仪按钮，打开逻辑分析仪界面，如图 6.3.4 所示，独立 16 通道，最高采样率 50 MSPS，支持单次、连续和实时采样模式。

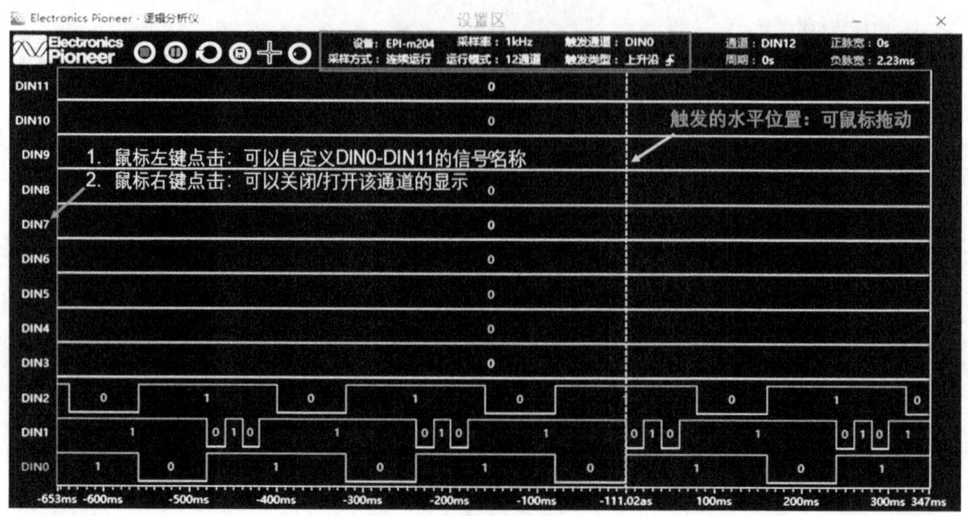

图 6.3.4 逻辑分析仪界面

的六个图标依次表示：电源开关、运行/暂停开关、触发水平位置归 0、保存按钮、鼠标/拖动切换按钮、运行状态显示。

逻辑分析仪支持三种采样方式：

(1) 连续运行：此方式类似于数字存储式示波器的工作方式，以固定的采样率采集一段定长的数据后传给上位机分析。在“连续采样”模式下，在波形区域显示区滚动鼠标中键可以快捷切换采样率；向上滚动，增加采样率；向下滚动，降低采样率。

(2) 单次捕获：此方式类似于示波器的单次模式，用户在暂停状态下首先选择单次模式，设定好采样率、触发通道和触发边沿，然后点击运行，逻辑分析仪将等待该触发条件的到来，并显示该触发条件前后的数据流。

(3) 实时采集：此方式下，平台连续不断地将采集到的数据发到上位机，存储在上位机的内存中，此时没有死区时间，适合长时间记录低速信号，例如交通灯；注意：此模式下，触发选项无效。

6.3.6 脉冲信号发生器的使用

点击图 6.2.2 上的脉冲信号发生器按钮，打开脉冲信号发生器界面，如图 6.3.5 所示，16 位并行逻辑输出，DOUT0～DOUT15，输出电平 3.3 V 和 5 V 可选，最高刷新率 10 MSPS。

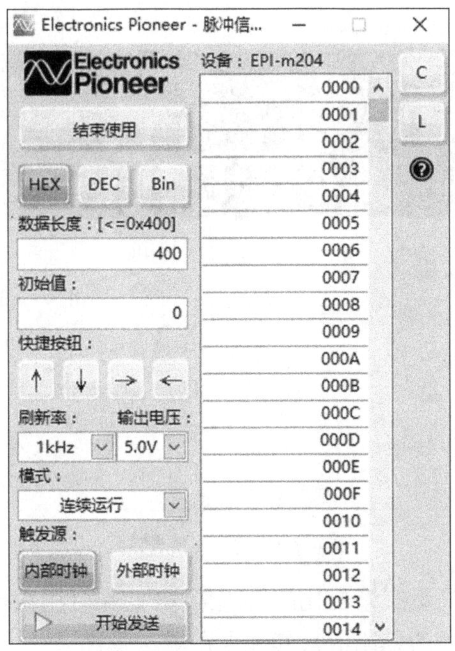

图 6.3.5　脉冲信号发生器界面

数据格式：HEX 为十六进制，DEC 为十进制，Bin 为二进制。

数据长度：数组长度。

初始值：数组首地址数据 Array[0]的值。

快捷按钮：快捷数据生成按钮。

↑ 表示 Array[n]=输入的初始值(Array[0])+n；

↓ 表示 Array[n]=输入的初始值(Array[0])−n；

→ 表示 Array[n]=输入的初始值(Array[0])≫n(右移)；

← 表示 Array[n]=输入的初始值(Array[0])≪n(左移)；

C 表示清空数组；

L 表示载入用户数据(.csv 格式)。

6.3.7　数字万用表的使用

点击图 6.2.2 上的数字万用表按钮，打开数字万用表界面，如图 6.3.6 所示，提供交直流电压(0.1 mV～36 V(安全电压)、交直流电流(0.1 μA～10 A)、电阻(0.1 Ω～0 MΩ)、电容(10 pF～4 000 μF)测量。

交流测量的频率响应为 20～1 000 Hz，低于或高于该频率范围都会导致测量不准确。上电时，输入悬空时，直流电压会显示 350 mV 左右，短接 COM 和 V 或接入待测电路后即放电消失。

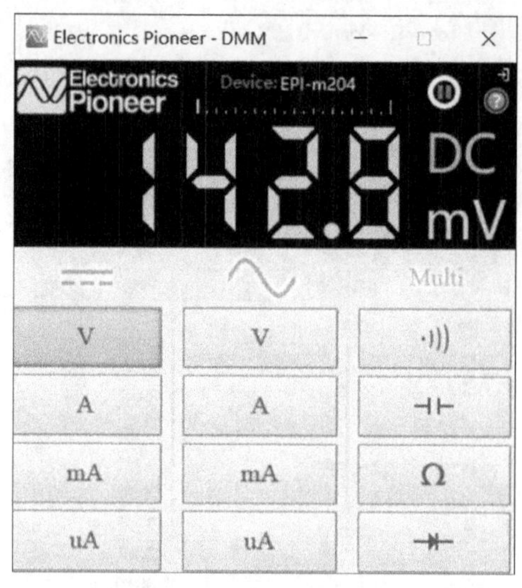

图 6.3.6　数字万用表界面

数字万用表主要用于测量缓慢变化的直流信号(低端万用表即使是测量 AC 值,也是进行有效值转直流之后再测量的直流值),其优点在于:

(1) 测量范围宽,测量精度高;

(2) 可以直接测量电流信号;

(3) 可以直接测量电阻值;

(4) 可以直接测量电容值;

(5) 通断测试对判断电路是否短路非常有用。

数字万用表和主机部分是隔离的,因此可以实现真正全差分的测量,例如测量电阻两端的电压差,串入电路实现电流的测量。

6.4　实验案例

实验要求:利用双 D 触发器 SN74LS74 构成异步计数器。

双 D 触发器 SN74LS74 构成的异步计数器电路,一个 D 触发器是两分频,将两个 D 触发器串联就可以实现 4 分频,由于时钟是串联关系,这个分频器是异步分频器,电路如图 6.4.1 所示。

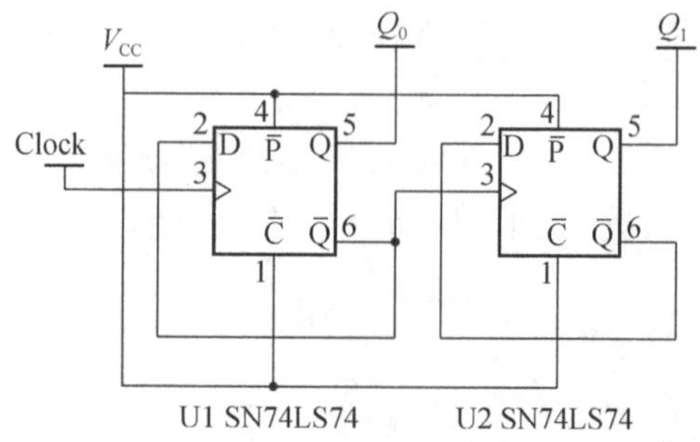

图 6.4.1　D 触发器 SN74LS74 构成异步计数器原理图

6.4.1　电路搭建

根据图 6.4.1 在 e-Lab 模数混合综合实验平台上搭建电路，如图 6.4.2 所示。

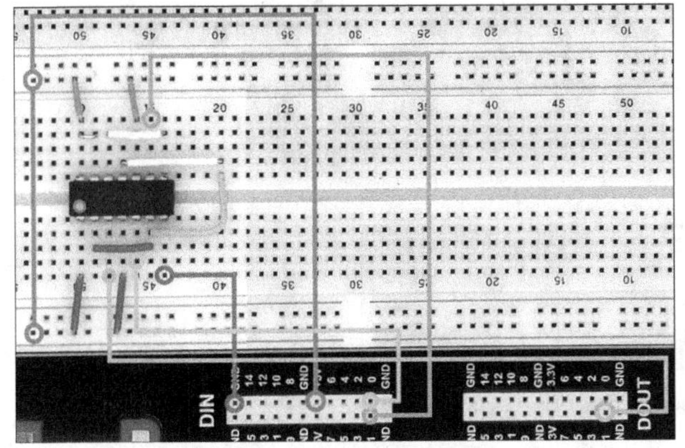

图 6.4.2　D 触发器 SN74LS74 构成异步计数器电路图

1）电源供电

SN74LS74 的电源由对外供电的 5 V 提供。开启电源供电步骤，如图 6.4.3 所示：① 打开电源；② 开启电源使能；③ 打开＋5 V 电源。

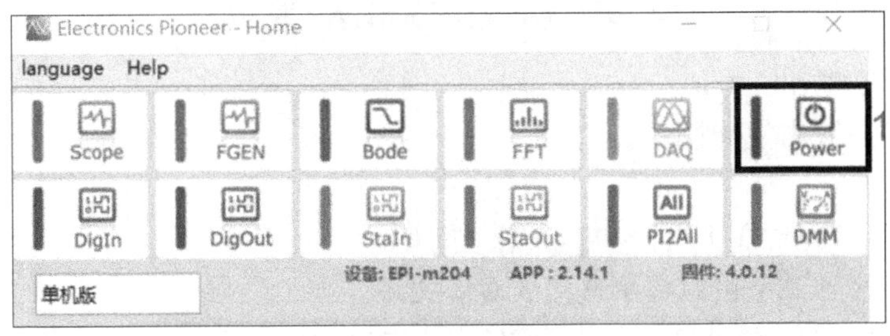

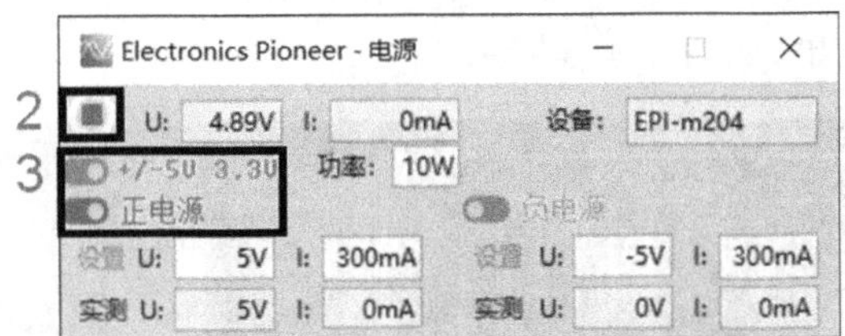

图 6.4.3　电源供电

2）时钟 Clock 的产生方式

静态逻辑中边沿按钮产生 DOUT1；脉冲发生器产生 DOUT0。

3）观测方式

示波器；逻辑分析仪。

6.4.2　电路测试

1）静态逻辑中边沿按钮产生时钟 Clock，用示波器观测实验结果。

设置静态逻辑产生边沿步骤如图 6.4.4 所示。

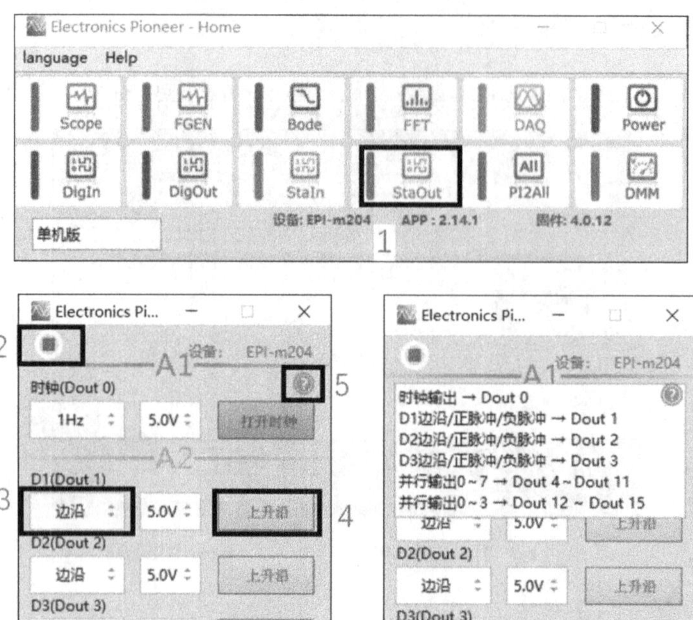

图 6.4.4　静态逻辑中边沿按钮产生时钟

(1) 打开静态输出。

(2) 开启静态输出使能按钮。

(3) 选择边沿。

(4) 点击发出边沿,在上升沿和下降沿之间切换。

(5) 鼠标针放到 上可以提示连接的对应关系。

注意:D1 边沿对应 DOUT1 输出,DOUT1 接在 SN74LS74 芯片的 3 管脚。

用示波器观测实验结果,如图 6.4.5 所示。

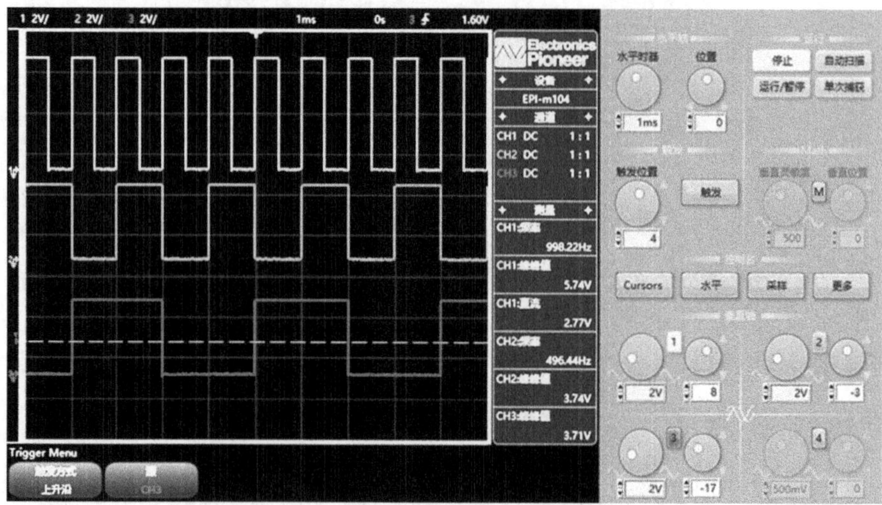

图 6.4.5　用示波器观测实验结果图

(1) 打开示波器,使能 CH2 和 CH3。

(2) 调节 CH1、CH2、CH3 的垂直分辨率为 2 V。

(3) 调节垂直位置,分开三个通道的波形。

(4) 点击触发,选择触发源为 CH1。

(5) 移动触发位置,使得虚线进入 CH1 波形中,这时通道 1 稳定显示,但 CH2 和 CH3 依然滑动。

(6) 对于倍频关系的信号,应使用慢的来做触发源,于是选择触发源为 CH3,移动触发位置到 CH3 的波形中,这时三路信号都能同步稳定地显示在屏幕上。

2) 使用脉冲发生器产生时钟 Clock,用逻辑分析仪观测实验结果。

设置脉冲发生器产生时钟 Clock 步骤如图 6.4.6 所示。

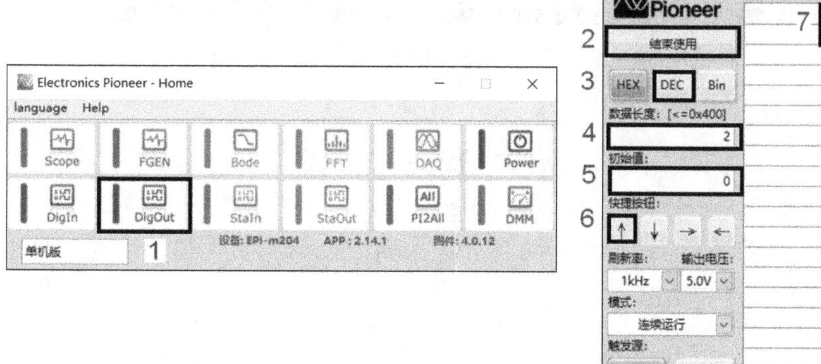

图 6.4.6　脉冲发生器产生时钟图

(1) 打开脉冲产生。

(2) 点击开始使用。

(3) 选择十进制 DEC。

(4) 输入数据长度。因为要产生 0 和 1 跳变的时钟,所以长度为 2。

(5) 填写初始值。

(6) 点击递增按钮。

(7) 产生了表格里的数据。

(8) 点击"开始发送",即可循环发送,在 DOUT0 上产生时钟。

注意:跟静态逻辑比较有改动:DOUT0 接 SN74LS74 的 3 管脚。

用逻辑分析仪观测实验结果,如图 6.4.7 所示。

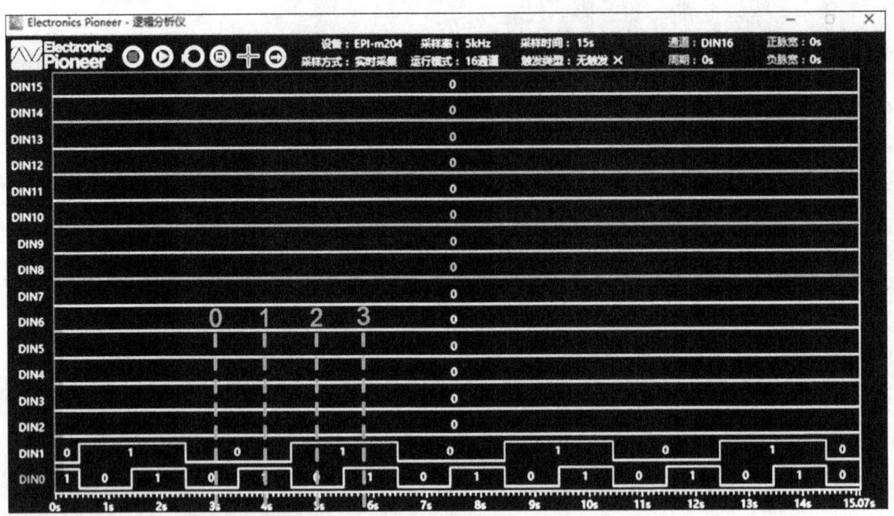

图 6.4.7　逻辑分析仪观测实验结果图

(1) 点击暂停按钮。

(2) 选择采样方式为实时采集，对弹出的提示点击“确定”。

(3) 选择采样率为 5 kHz，采样时间为 15 s。

(4) 点击“运行”，等待 15 s，待右侧的百分比达到 100%后，数据就显示在屏幕上。

(5) 读取时序可以清楚看到 0、1、2、3。

附　录

常用集成电路引脚图

74LS00 四2输入与非门

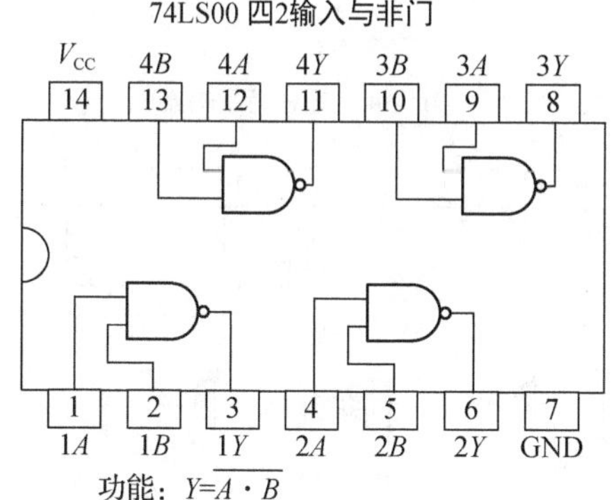

功能：$Y=\overline{A\cdot B}$

74LS02 四2输入或非门

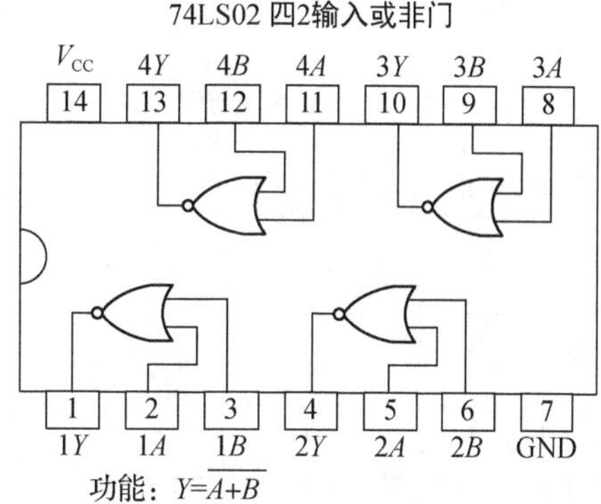

功能：$Y=\overline{A+B}$

74HC01 四2输入OC与非门

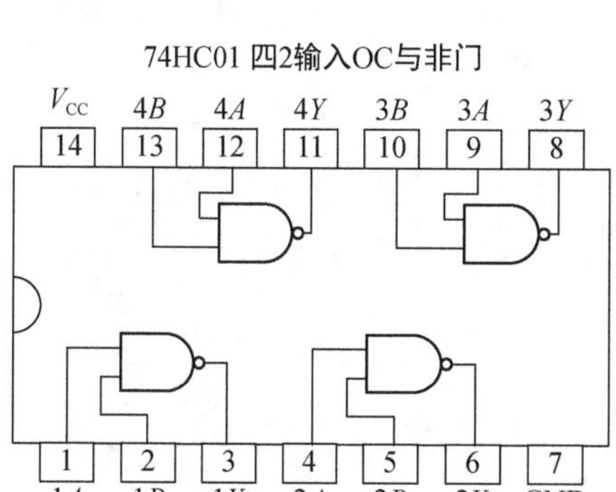

功能：$Y=\overline{A\cdot B}$

74LS03 四2输入OC与非门

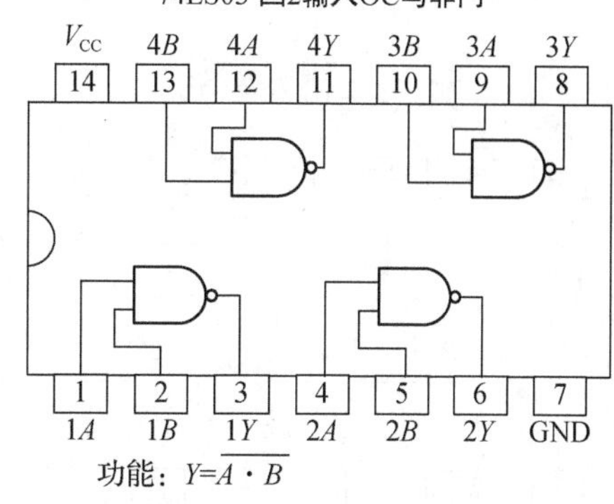

功能：$Y=\overline{A\cdot B}$

74LS04 六反相器

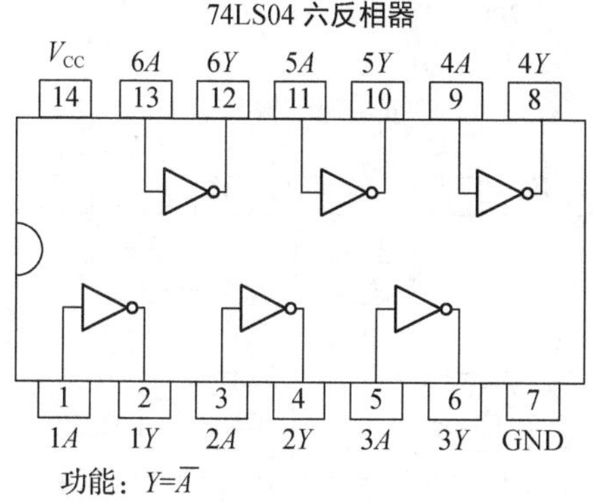

功能：$Y=\overline{A}$

74LS06六输出高压反相器

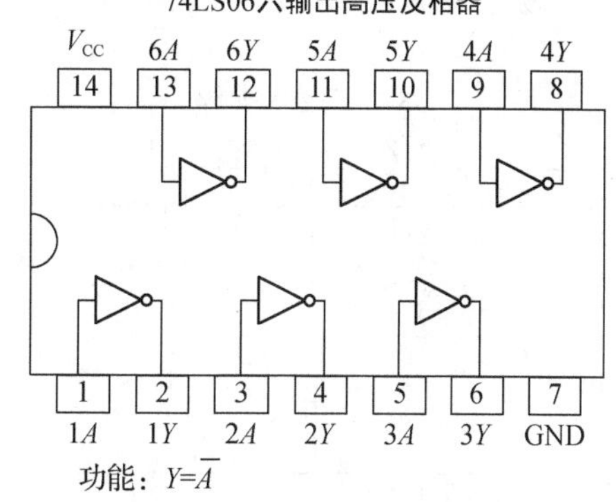

功能：$Y=\overline{A}$

74LS08 四2输入与门

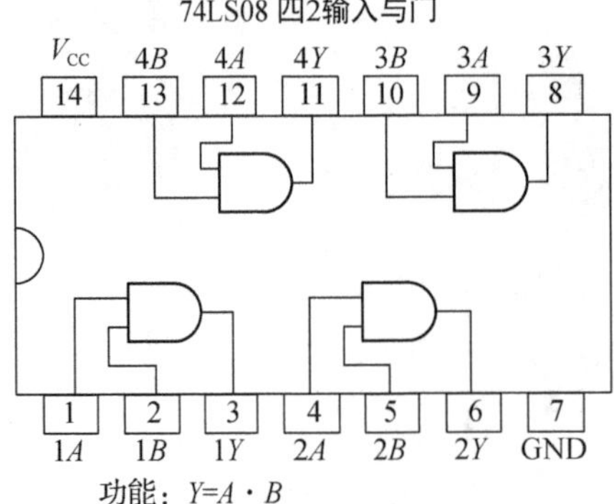

功能：$Y=A\cdot B$

74LS10 三3输入与非门

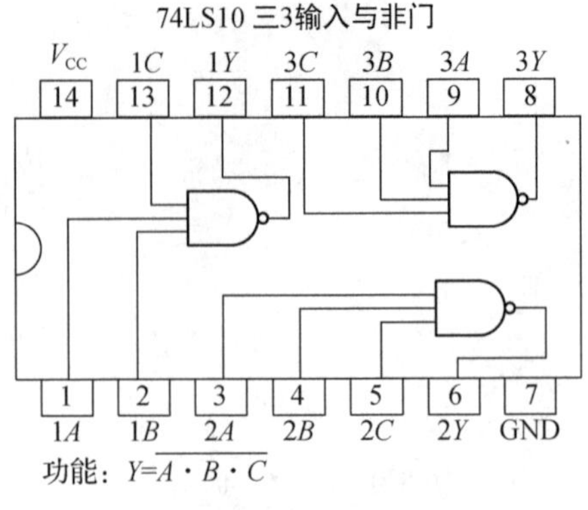

功能：$Y=\overline{A\cdot B\cdot C}$

74LS11 三3输入与门

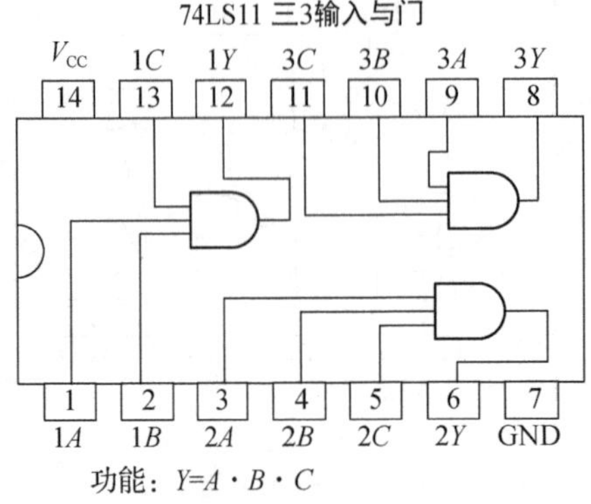

功能：$Y=A\cdot B\cdot C$

74LS14 六施密特反相器

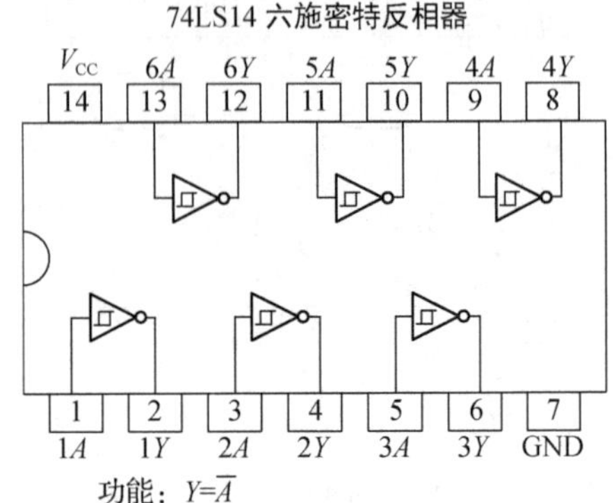

功能：$Y=\overline{A}$

74LS20 二4输入与非门

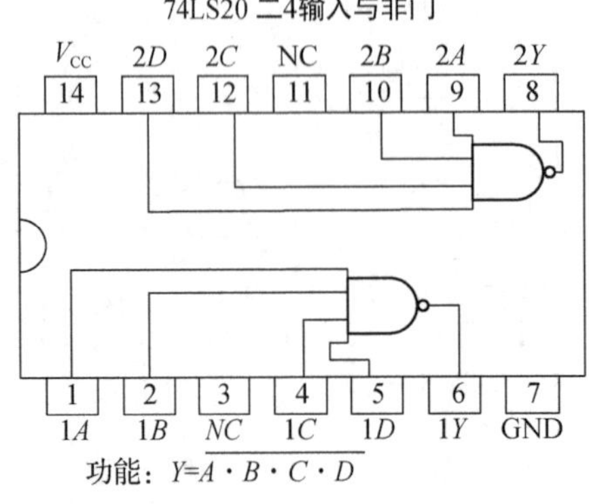

功能：$Y=\overline{A\cdot B\cdot C\cdot D}$

74LS21 二4输入与门

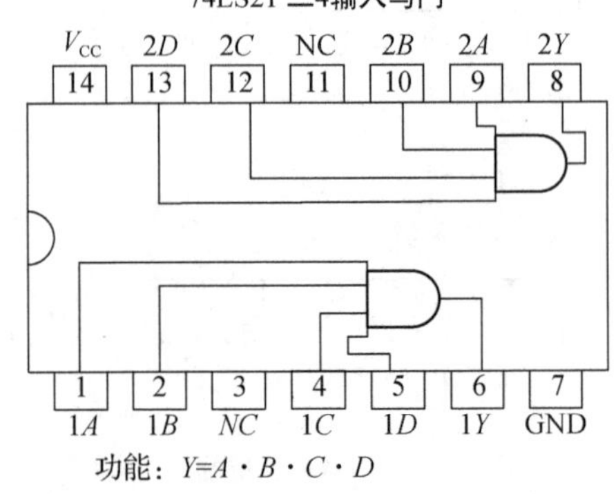

功能：$Y=A\cdot B\cdot C\cdot D$

74LS27 三3输入或非门

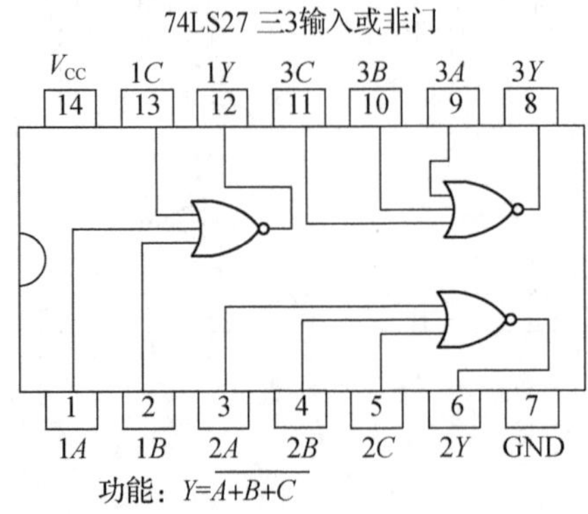

功能：$Y=\overline{A+B+C}$

74LS32 四2输入或门

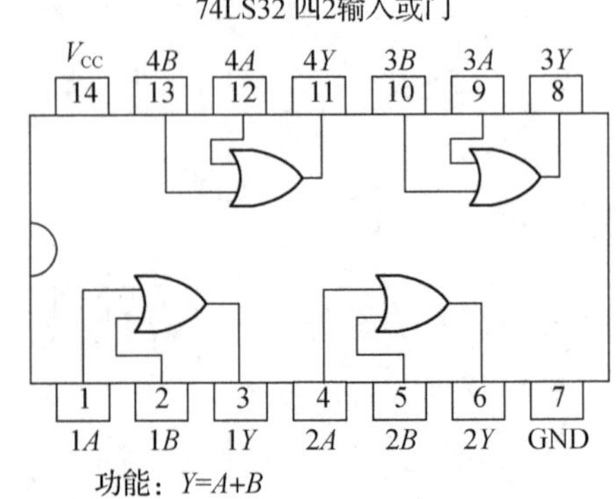

功能：$Y=A+B$

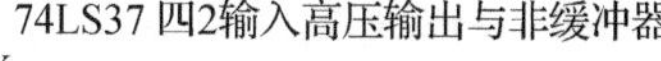

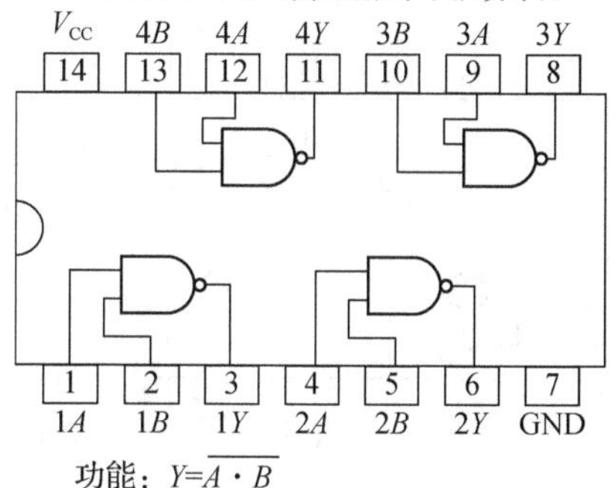

功能：$Y=\overline{A \cdot B}$

74LS48 七段译码器/驱动器

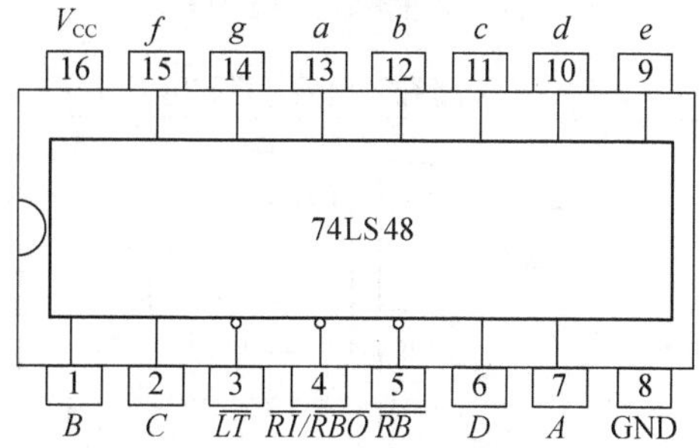

74LS51 3、2输入与或非门

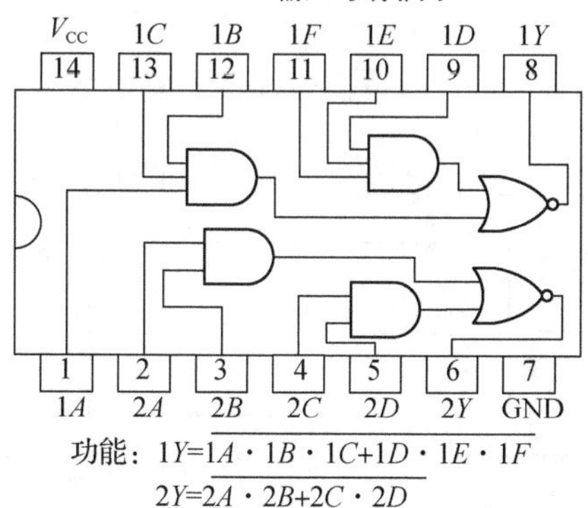

功能：$1Y=\overline{1A \cdot 1B \cdot 1C+1D \cdot 1E \cdot 1F}$

$2Y=\overline{2A \cdot 2B+2C \cdot 2D}$

74LS74 双上升沿D型触发器

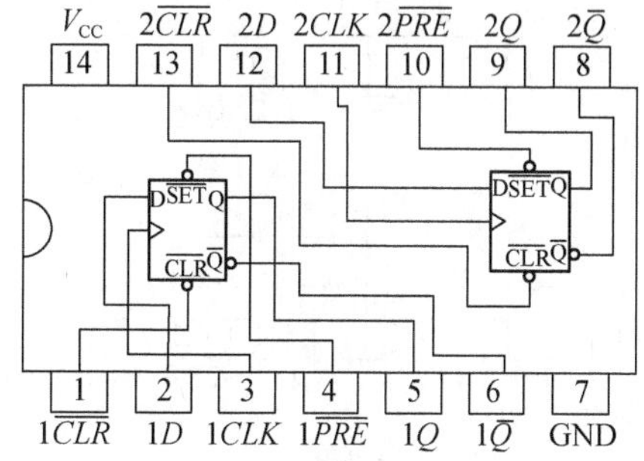

74LS85 四位数值比较器

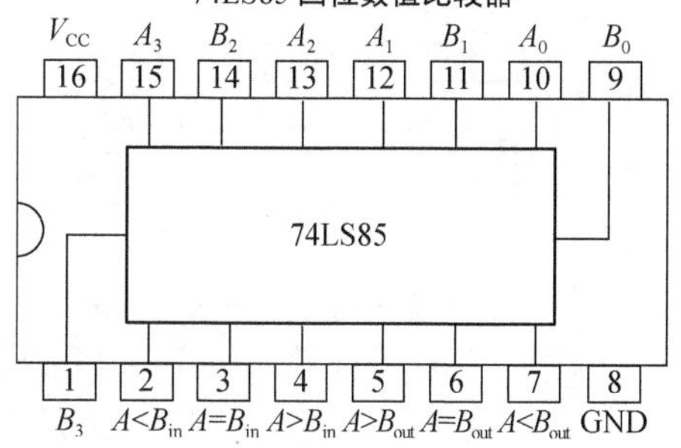

74LS86 四2输入异或门

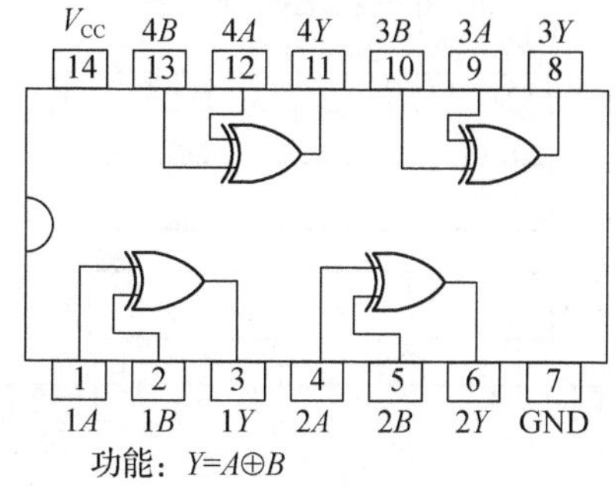

功能：$Y=A \oplus B$

74LS90 十进制计数器

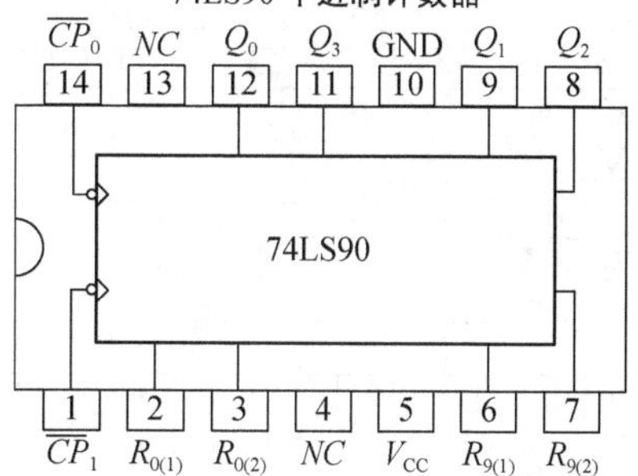

74LS112双下降沿J-K触发器

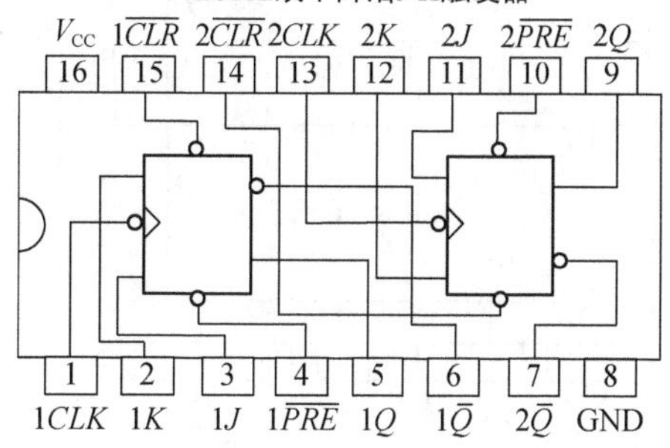

74LS123可重触发双稳态触发器

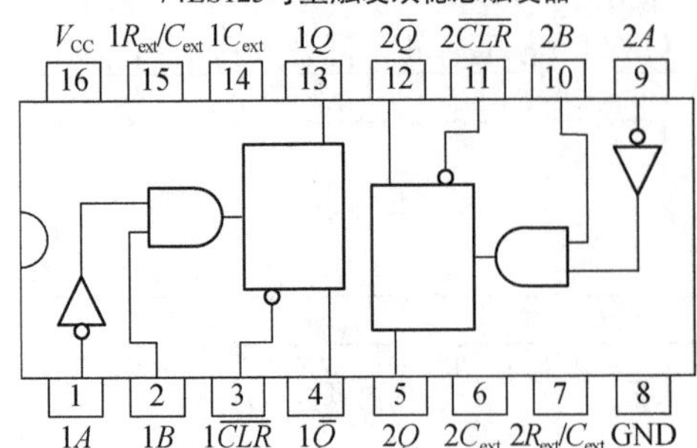

74LS125 四总线缓冲器(三态门)

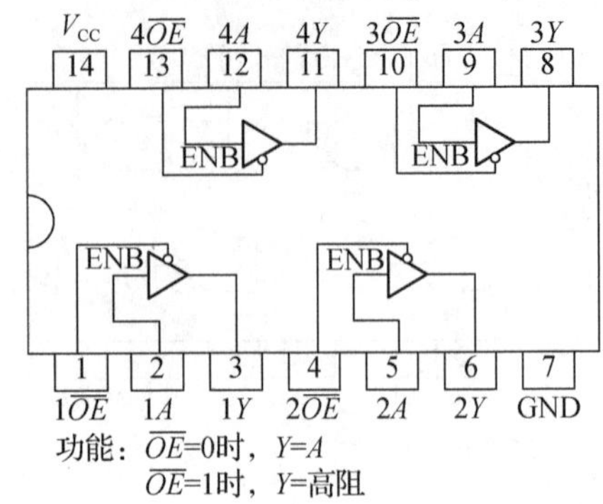

功能：$\overline{OE}$=0时，$Y=A$
$\overline{OE}$=1时，Y=高阻

74LS126 四总线缓冲器(三态门)

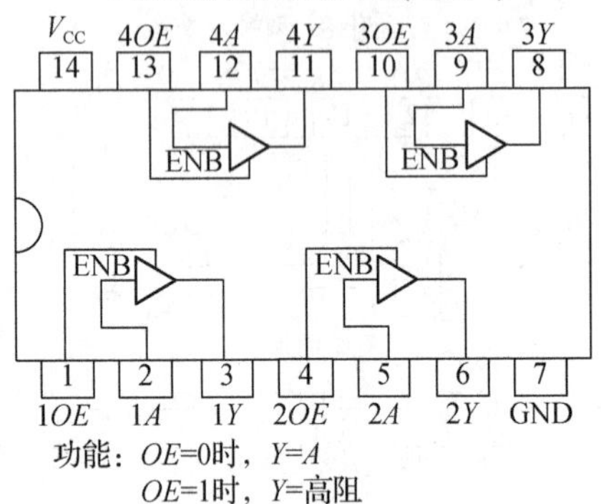

功能：OE=0时，$Y=A$
OE=1时，Y=高阻

74LS138 3线-8线译码器

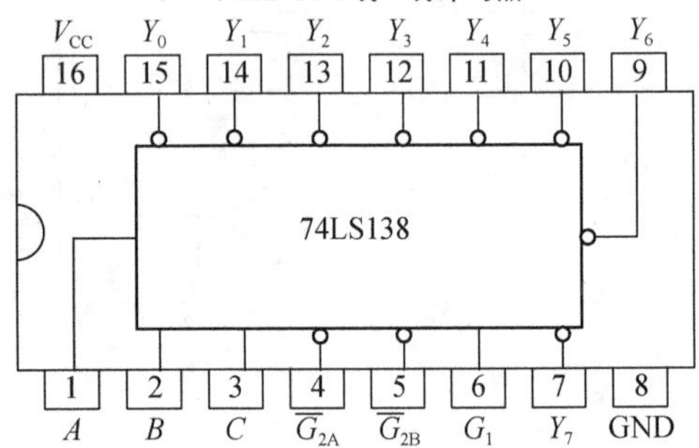

74LS139 双2线-4线译码器

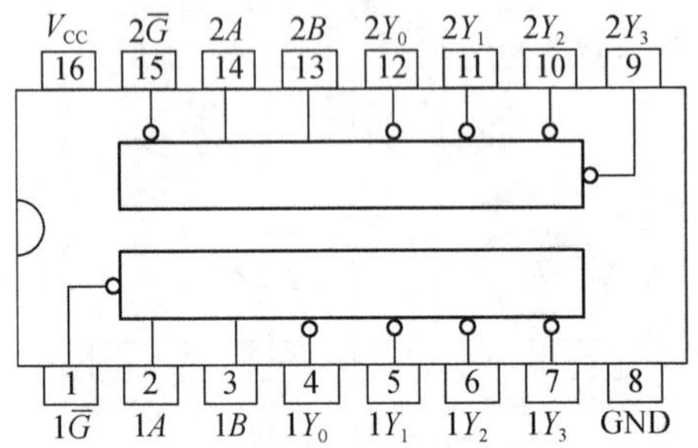

74LS147 10线-4线8421BCD码优先编码器

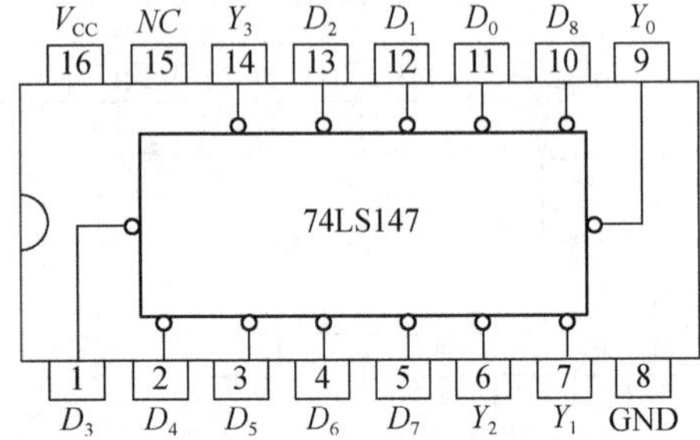

74LS151 8选1数据选择器

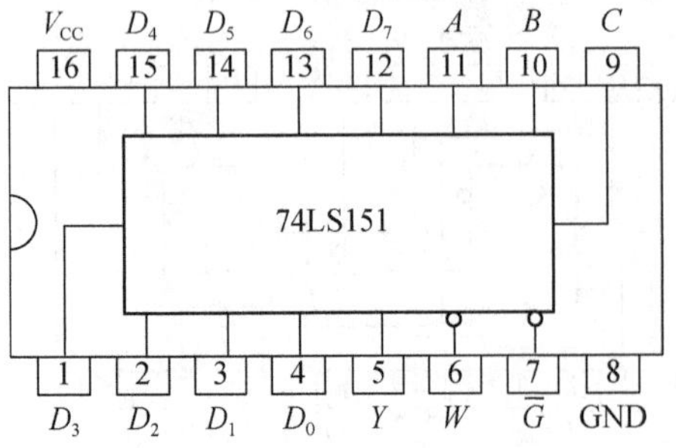

74LS153 双4选1数据选择器

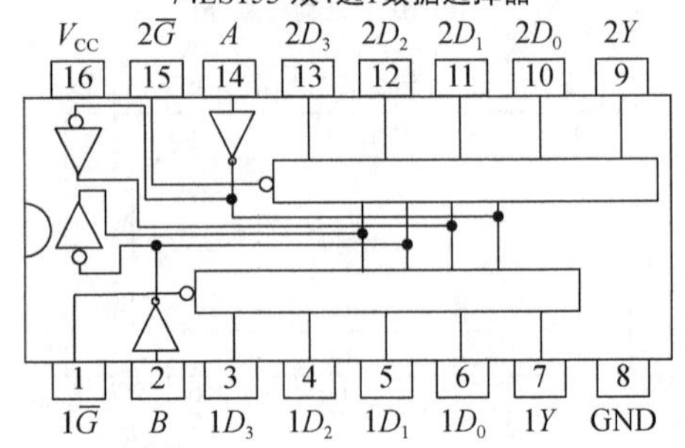

74LS160 4位十进制同步计数器

74LS161 4位二进制同步计数器

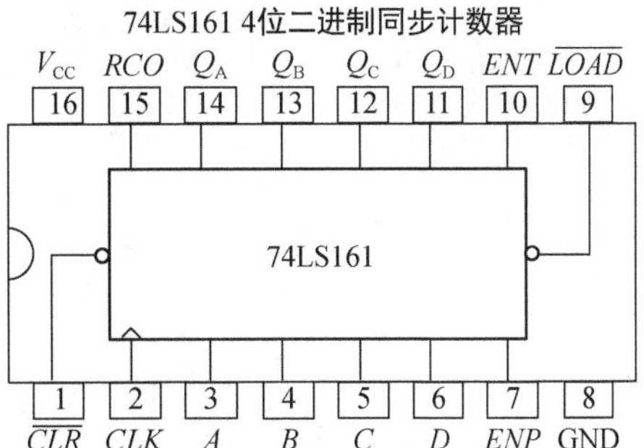

74LS163 4位二进制同步计数器

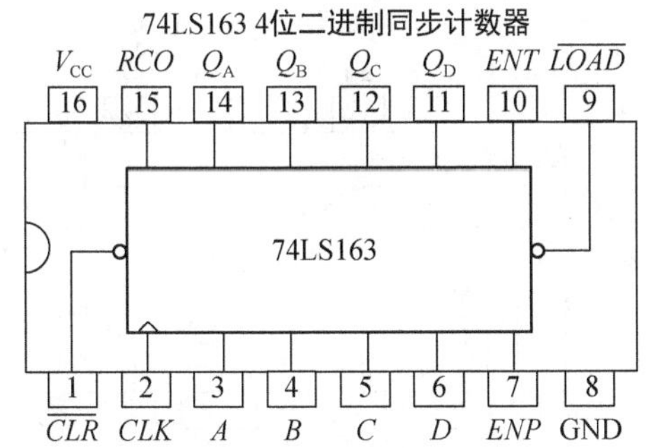

74LS183 双保留进位全加器

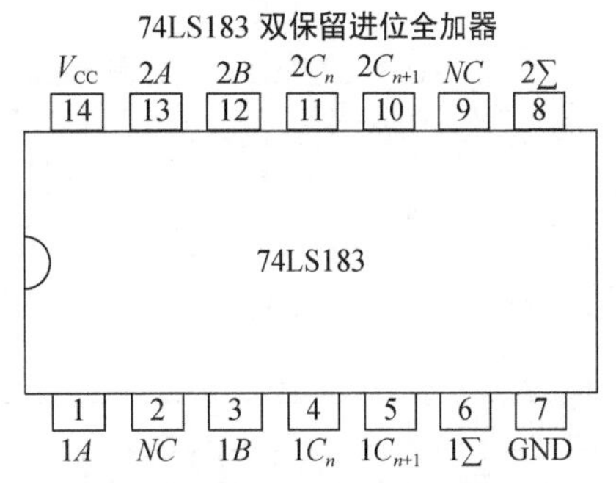

74LS190 十进制同步加/减计数器

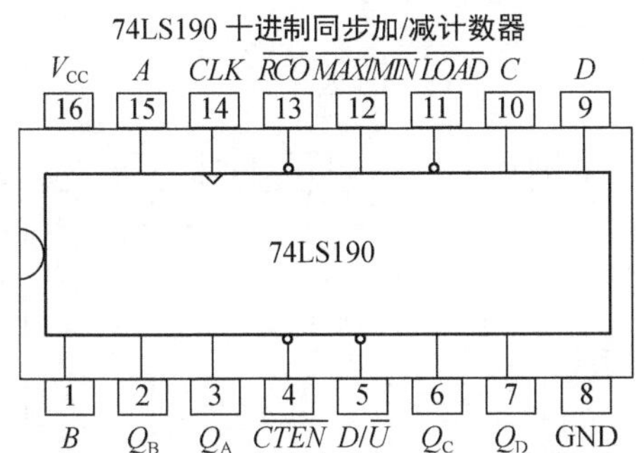

74LS192 十进制同步可逆计数器

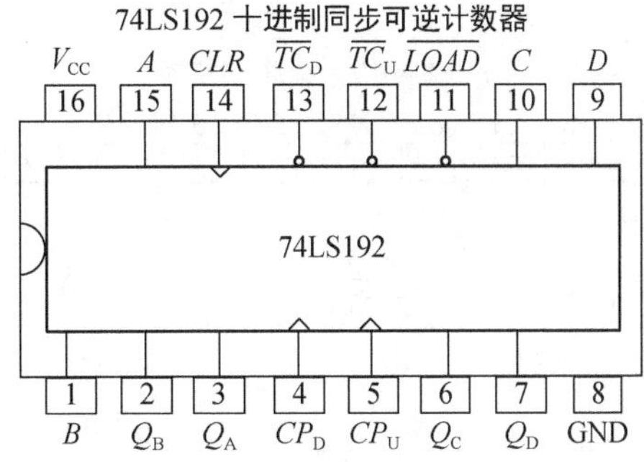

74LS194 四位双向通用移位寄存器

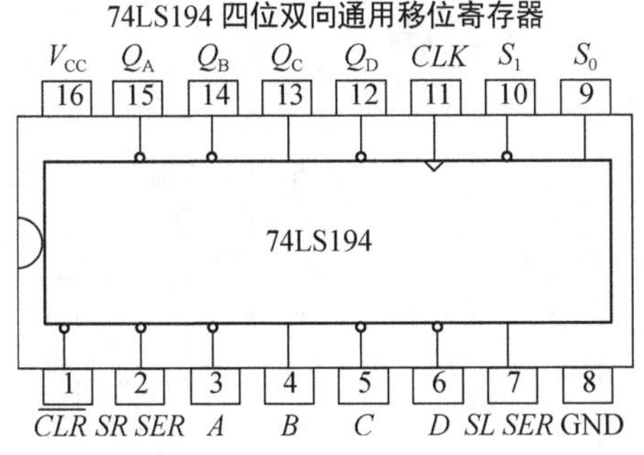

74LS247 4线-七段译码/驱动器

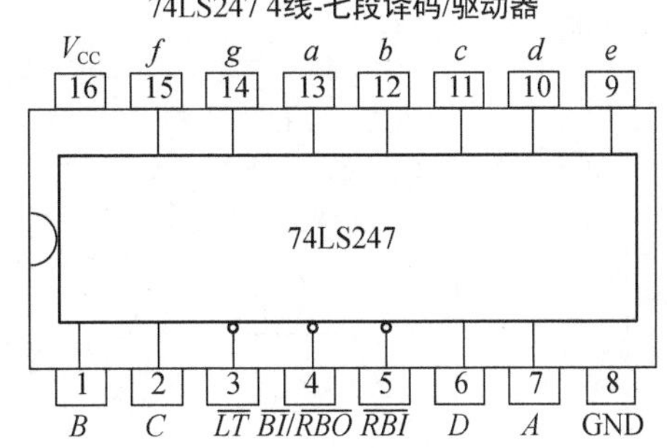

74LS283 快速进位四位二进制全加器

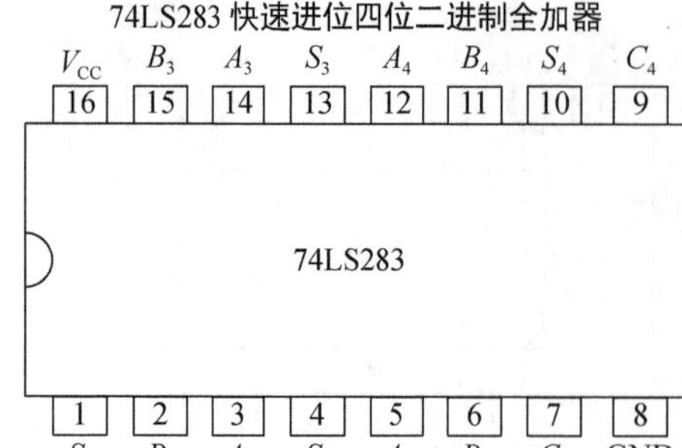
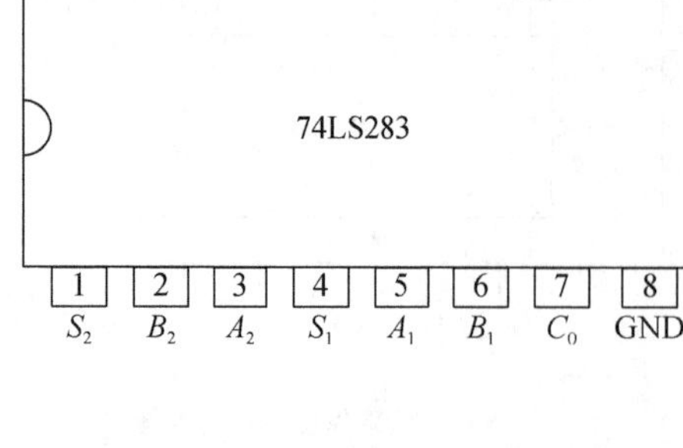

74LS290 十进制计数器

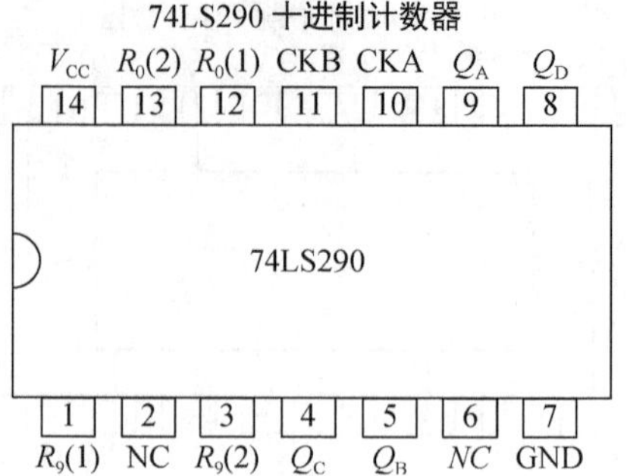

74LS390 LSTTL 型双四位十进制计数器

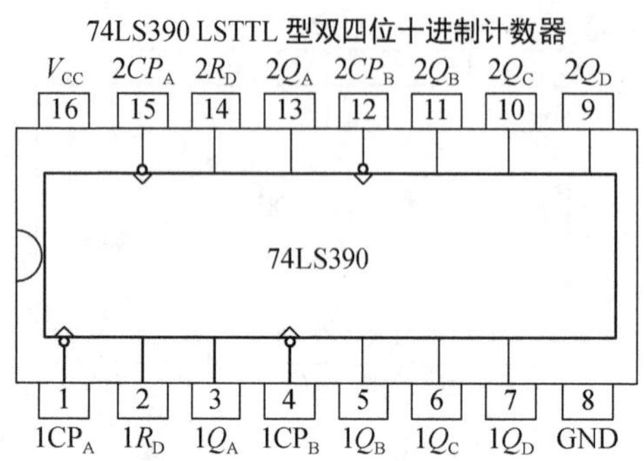

CD4001 四2输入或非门

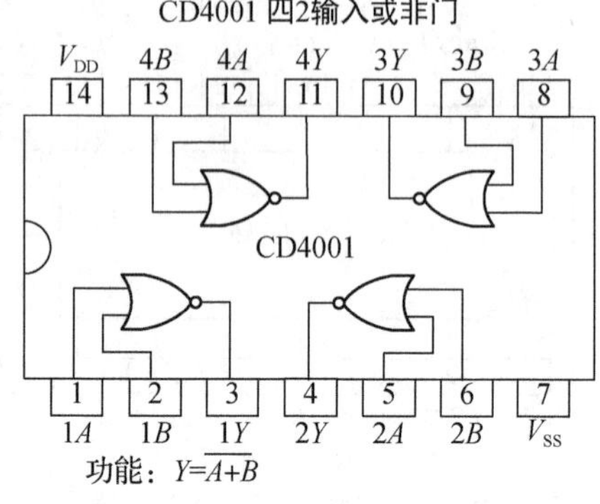

功能：$Y=\overline{A+B}$

CD4010 六缓冲/转换器

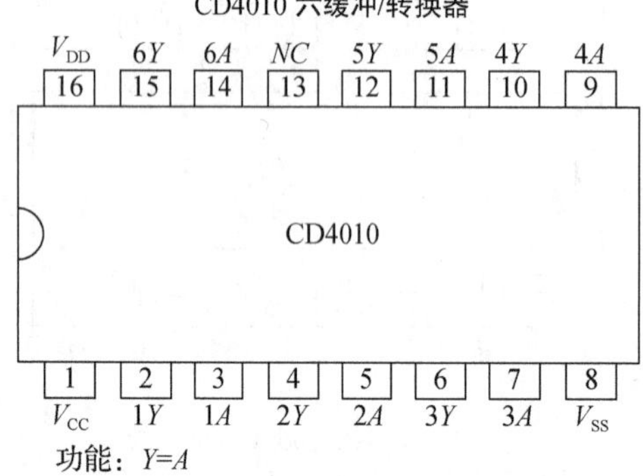

功能：$Y=A$

CD4011 四2输入与非门

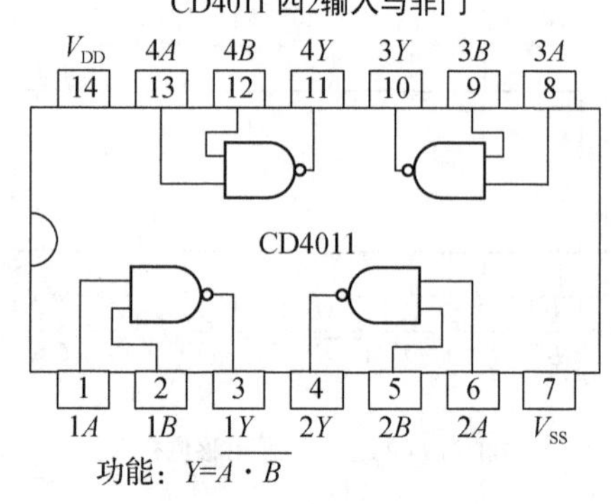

功能：$Y=\overline{A \cdot B}$

CD4012 二4输入与非门

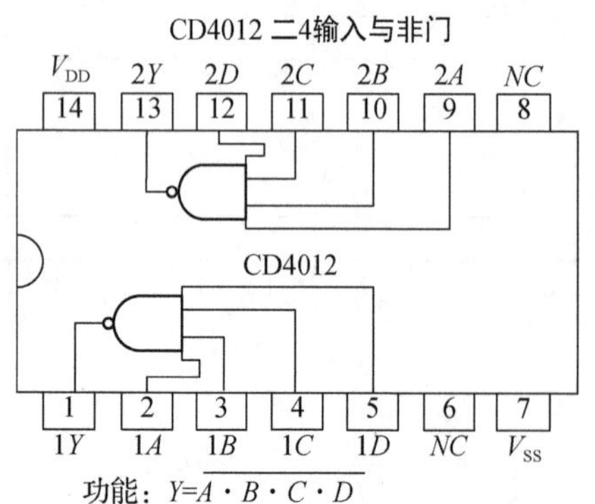

功能：$Y=\overline{A \cdot B \cdot C \cdot D}$

CD4013 双上开沿D触发器

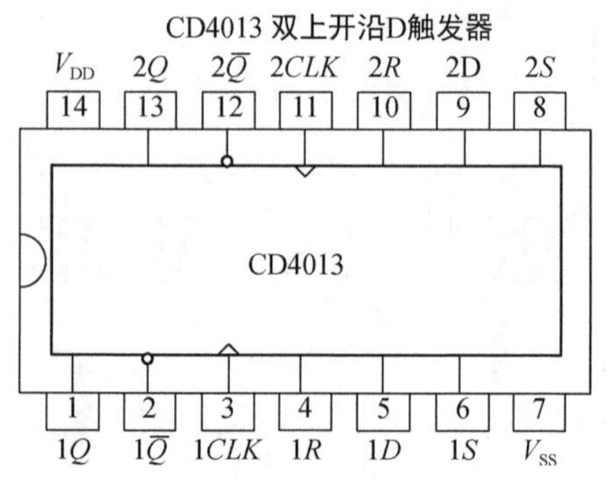

CD4017 十进制计数/分频器

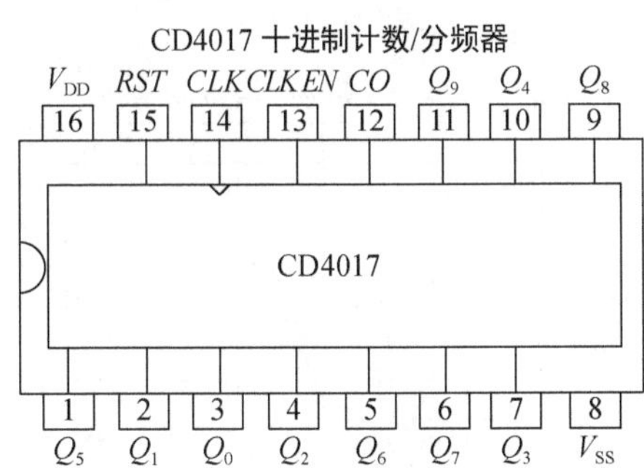

CD4043 四3态R-S锁存触发器

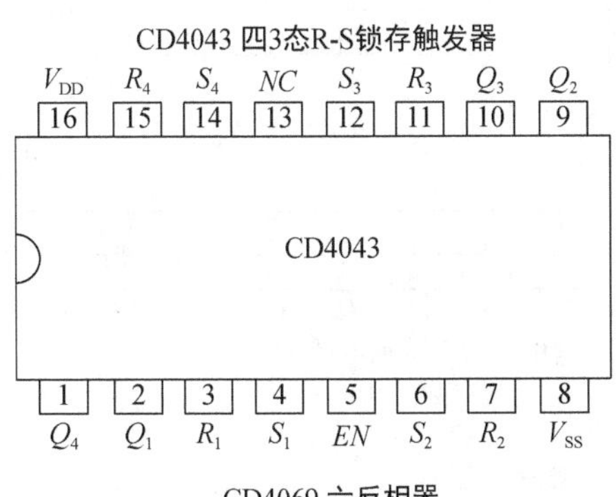

CD4069 六反相器

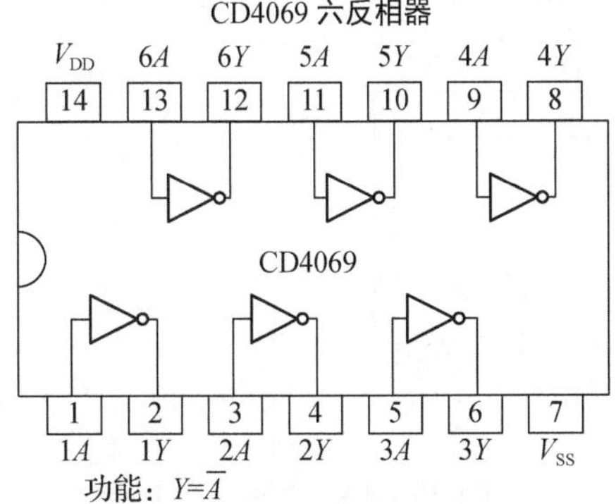

功能：$Y=\overline{A}$

CD4081 四2输入与门

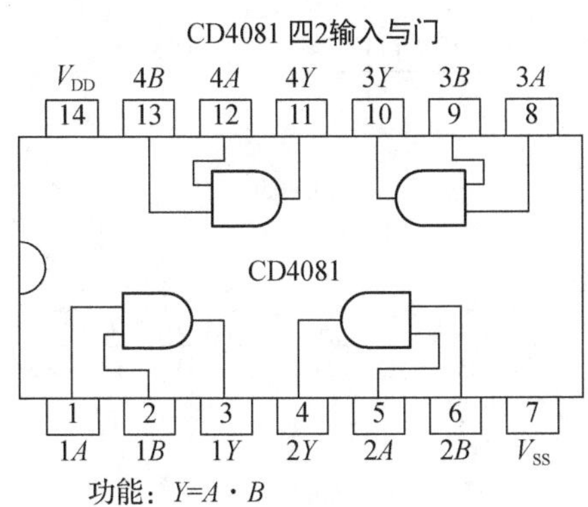

功能：$Y=A \cdot B$

CD4042 四锁存D触发器

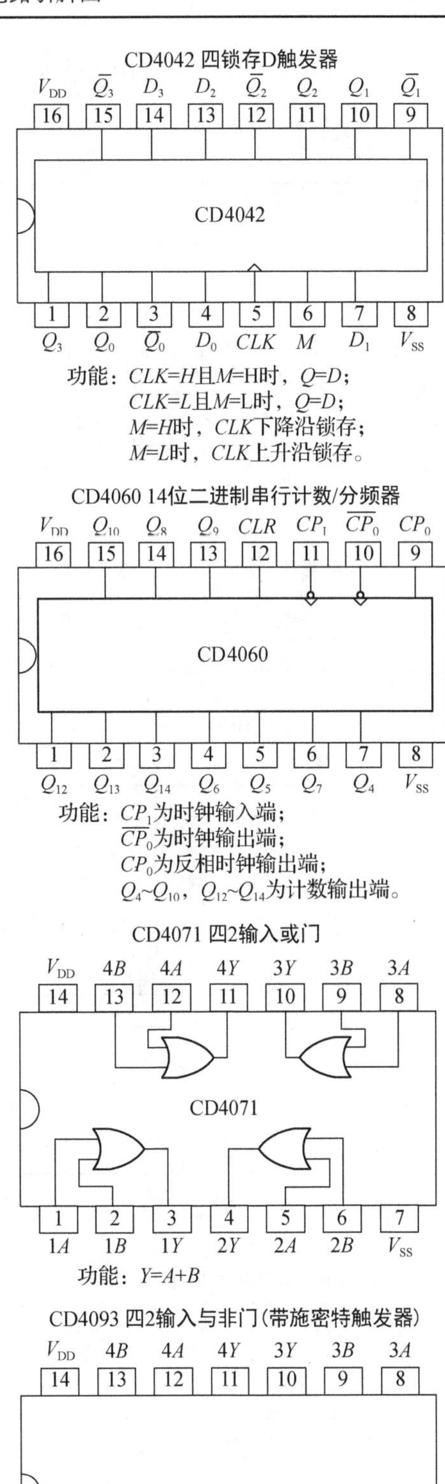

功能：$CLK=H$且$M=$H时，$Q=D$；
$CLK=L$且$M=$L时，$Q=D$；
$M=H$时，CLK下降沿锁存；
$M=L$时，CLK上升沿锁存。

CD4060 14位二进制串行计数/分频器

功能：CP_1为时钟输入端；
$\overline{CP}_0$为时钟输出端；
CP_0为反相时钟输出端；
Q_4~Q_{10}，Q_{12}~Q_{14}为计数输出端。

CD4071 四2输入或门

功能：$Y=A+B$

CD4093 四2输入与非门(带施密特触发器)

功能：$Y=\overline{A \cdot B}$

CD40110 十进制可逆计数器/锁存器/译码器/驱动器

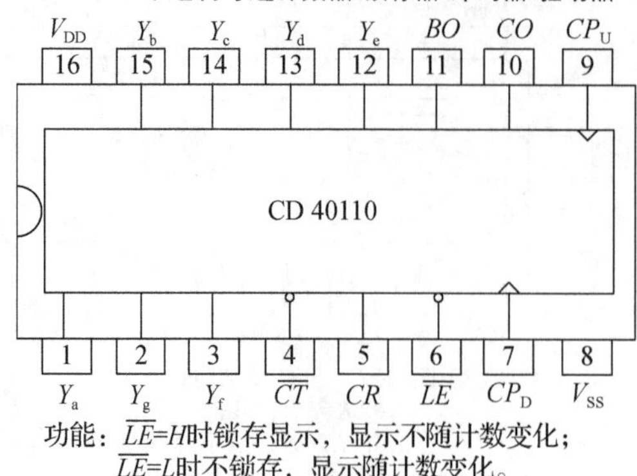

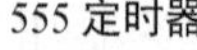

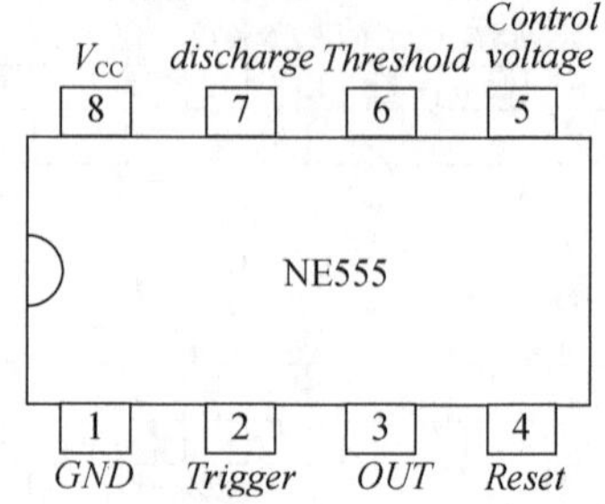

CD40192 十进制同步加/减计数器

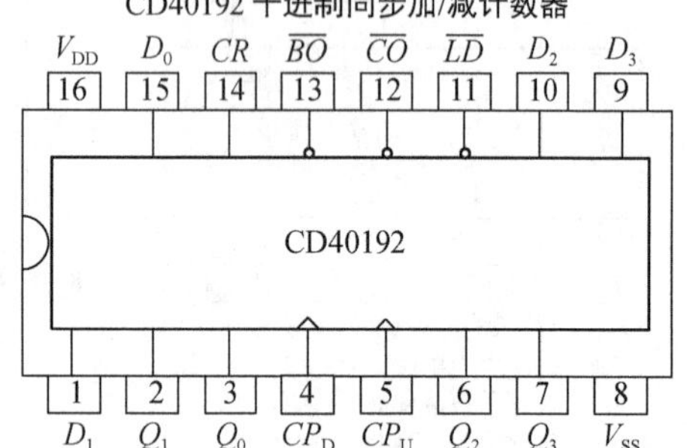

CD4510 可预置BCD码加/减计数器

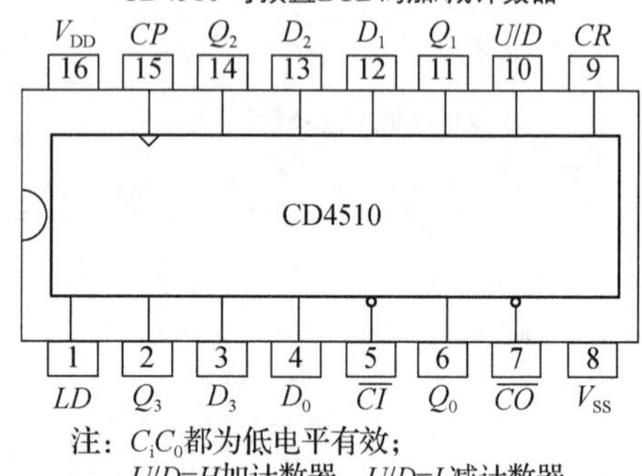

注：C_iC_0都为低电平有效；

$U/D=H$加计数器，$U/D=L$减计数器。

CD4511 BCD锁存/七段译码器/驱动器

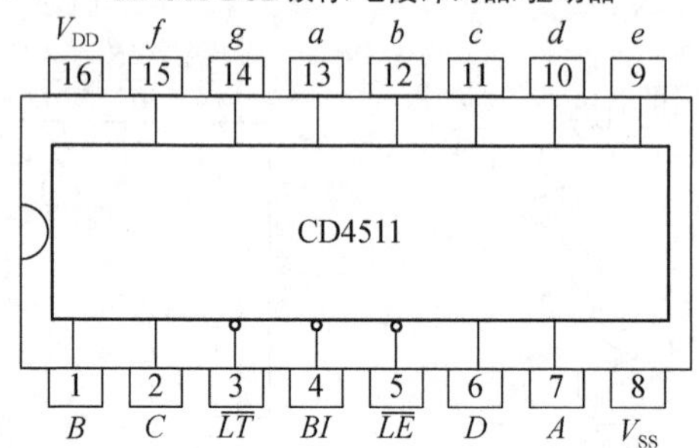

CC4049 6反相缓冲器/电平转换器

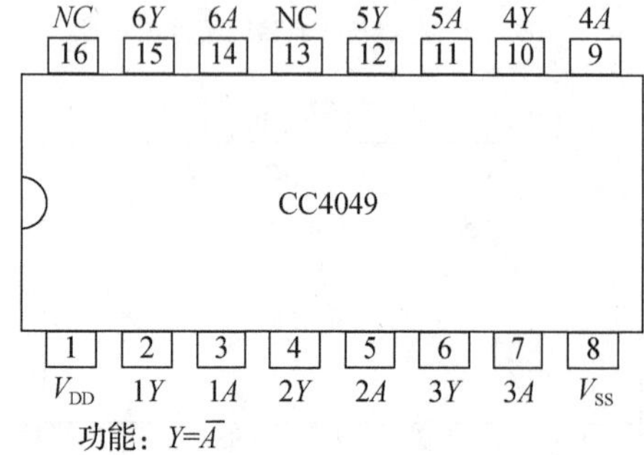

功能：$Y=\overline{A}$

CC4050 6同相缓冲器/电平转换器

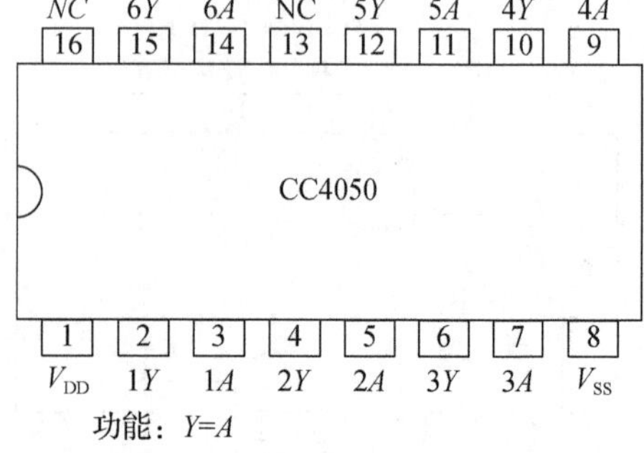

功能：$Y=A$

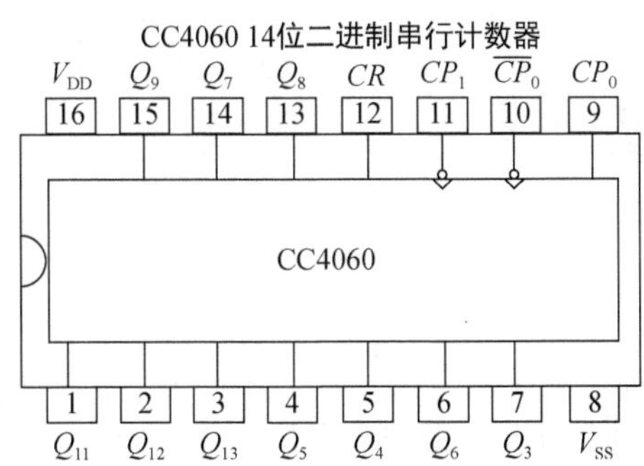

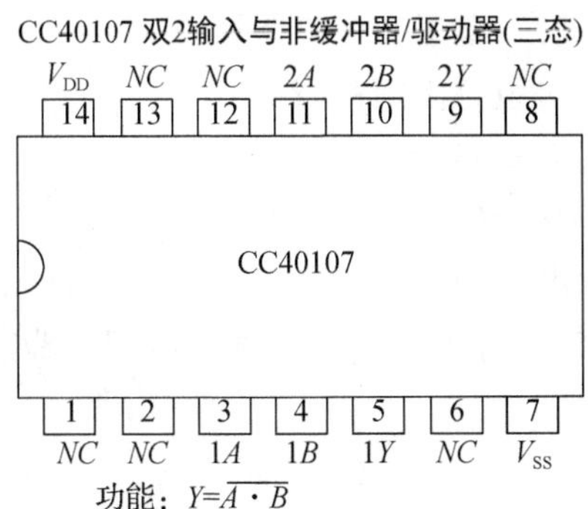

功能：$Y=\overline{A \cdot B}$

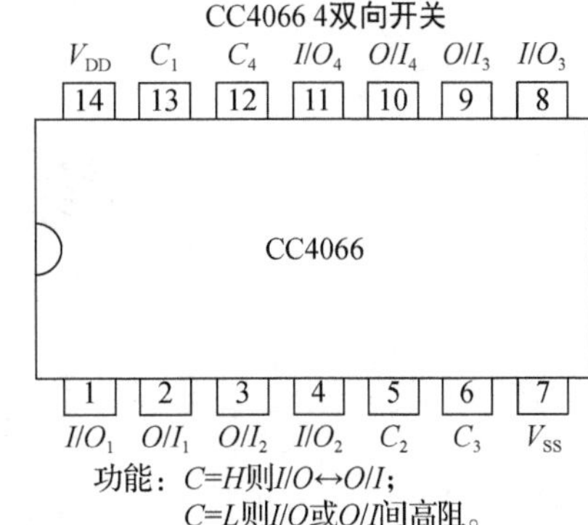

功能：$C=H$则$I/O \leftrightarrow O/I$；
$C=L$则I/O或O/I间高阻。

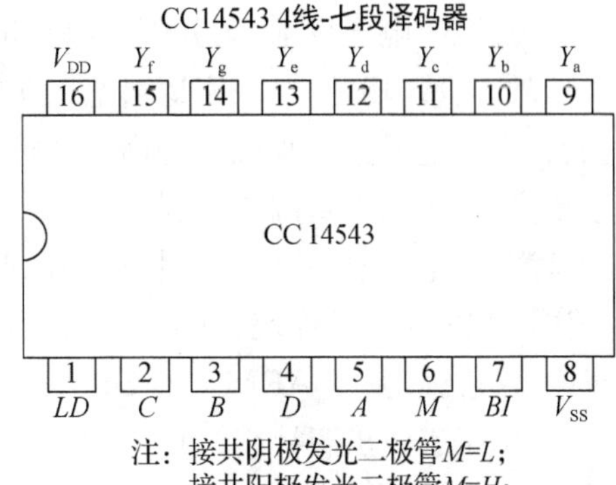

注：接共阴极发光二极管$M=L$；
接共阳极发光二极管$M=H$；
接液晶显示器，从M端输入

参 考 文 献

[1] 朱清慧. Proteus 电子技术虚拟实验室[M]. 北京：中国水利水电出版社，2010.
[2] 王博，姜义. 精通 Proteus 电路设计与仿真[M]. 北京：清华大学出版社，2018.
[3] 杨志忠. 数字电子技术(第五版)[M]. 北京：高等教育出版社，2018.
[4] 侯传教，刘霞，杨智敏. 数字逻辑电路实验[M]. 北京：电子工业出版社，2009.
[5] 阎石. 数字电子技术基础(第五版)[M]. 北京：高等教育出版社，2006.
[6] 康华光. 电子技术基础(第六版)[M]. 北京：高等教育出版社，2014.
[7] 刘常澎. 数字逻辑电路(第二版)[M]. 北京：高等教育出版社，2010.
[8] 张洋，刘军. 原子教你玩 STM32-库函数版[M]. 北京：北京航空航天大学出版社，2015.
[9] 彭刚，秦志强. 基于 ARM Cortex-M3 的 STM32 系列嵌入式微控制器应用实践[M]. 北京：电子工业出版社，2011.
[10] 易派-多功能模数混合实验平台建设方案. http://www.emooc.cc/.
[11] 上海有擎科技有限公司. 基于 FPGA 的数字实验指导书(MINI FPGA 版本)，2019.06.